工程训练(劳动教育版)

主编　林晓亮　汪志能

ZHEJIANG UNIVERSITY PRESS
浙江大学出版社
·杭州·

图书在版编目（CIP）数据

工程训练 ：劳动教育版 / 林晓亮，汪志能主编．—
杭州 ：浙江大学出版社，2022.12(2025.1重印)
ISBN 978-7-308-23345-3

Ⅰ．①工… Ⅱ．①林… ②汪… Ⅲ．①机械工程—工
程技术—高等学校—教材 Ⅳ．①TH

中国版本图书馆CIP数据核字(2022)第232804号

工程训练(劳动教育版)
GONGCHENG XUNLIAN (LAODONG JIAOYU BAN)

林晓亮　汪志能　主　编

责任编辑　王　波
责任校对　吴昌雷
封面设计　雷建军
出版发行　浙江大学出版社
(杭州市天目山路148号　邮政编码310007)
(网址：http://www.zjupress.com)
排　　版　杭州晨特广告有限公司
印　　刷　杭州宏雅印刷有限公司
开　　本　787mm×1092mm　1/16
印　　张　12.25
字　　数　268千
版 印 次　2022年12月第1版　2025年1月第2次印刷
书　　号　ISBN 978-7-308-23345-3
定　　价　39.00元

浙江大学出版社市场运营中心联系方式：0571-88925591；http://zjdxcbs.tmall.com

本书是根据中共中央、国务院对大学生劳动教育的指导意见，同时基于教育部高等学校工程训练教学指导委员会要求，结合应用型本科院校的实际情况和编者多年来对工程训练教学的经验积累编写而成的。全书以立德树人为根本，适用于在本科院校开展基于工程训练的劳动教育课程。

我国的高等教育要求培养学生不仅具有良好的工程实践能力、工程创新意识、工程综合素养，而且要树立正确的劳动价值观和良好的劳动品质，在未来的工作岗位上能够忠于职守、甘于奉献、爱岗敬业、精益求精，具备社会责任感、使命感，形成强烈的爱国主义情怀。本书作为融合劳动教育内容的工程训练教材，用劳动教育理论引导学生积极的劳动意识和主动性，让学生形成正确的劳动价值观，并对工程训练内容由浅入深、从知识到方法、从理论到实践、按工种进行一一讲解。本书还配套了实践教学视频，内容通俗易懂，实用性强，对于工程类专业学生的工程训练教学具有重要的支撑作用。

本书共10章，涵盖了劳动教育知识、传统加工技能训练、数控加工技能训练和特种加工技能训练四个方面的内容。劳动教育知识（共3章）包括劳动教育概述、劳模故事与劳动精神、劳动安全，通过劳动教育知识的教学让学生了解劳动教育的相关政策，理解劳动的概念和意义，学习劳模的先进事迹和高尚的劳动精神，掌握劳动安全的基本知识；传统加工技能训练（共4章）包括车削技能训练、铣削技能训练、磨削技能训练、钳工技能训练，通过传统加工技能训练让学生了解传统工种的加工范围、加工特点、加工原理，学习各工种的理论知识和技能要点，掌握各工种的安全操作规程，通过学习和训练能完成基本操作和工件加工；数控加工技能训练（共2章）包括数控车削技能训练、加工中心技能训练，为学生讲解基本的程序编写知识、数控机床的操作规范，训练学生的数控加工技能；特种加工技能训练（共1章）为线切割技能训练，通过讲解线切割机床的基本理论和使用方法，让学生了解特种加工的相关知识，熟练掌握线切割加工的安全要点和基本操作。

本书由衢州学院林晓亮和汪志能担任主编，邓小雷、翁盛槟、陈澜、林峰担任副主编。林晓亮编写了第1章、第4章、第7章，汪志能编写了第5章、第8章、第9章、第10章，邓小雷编写了第2章，并组织与优化了本书的整体架构，翁盛槟编写了第3章，陈澜编写了第6章，林峰承担了本书编写的指导工作。此外，姜永平、潘永铭、王珅、汤帅印、查炎红、龚人俊也给本书的编写工作给予了帮助。

本书编者对衢州学院与浙江大学出版社给予的大力支持和帮助表示感谢,同时也感谢黄云峰、章方育给教材完成提供的有利条件。此外,特别感谢衢州市总工会以及潘志强、吴坚、郑裕财、姜振军、王定飞、刘佳文、毛晓荣等同志对本书编写的大力支持。

由于编者水平和经验有限,书中不足之处在所难免,衷心希望各位同行和读者批评指正。编者邮箱为:lxlgcxl@163.com。

编　者

目录 CONTENTS

第1章 劳动教育概述

1.1 劳动教育的时代背景

1.1.1 新时代背景下劳动教育的国家政策

党的十八大以来，我国对于教育的改革和发展不断出现新的变化。2017年，教育部官方网站曾经从数据视角总结和分析了党的十八大以来我国教育在一系列改革之后的新面貌。教育部分析报告指出，我国在2016年已成为高等教育第一大国，高等教育正在向普及化阶段快速迈进，国际竞争力明显提升。之后，我国出台的多项教育改革政策为教育的发展指明了新方向。2018年，全国教育大会提出构建德智体美劳全面培养的教育体系，从此，劳动教育带着新时代背景下的新内涵和新特征与德育、智育、体育、美育构建出"五育并举"新格局。2019年，中共中央办公厅、国务院办公厅印发了《加快推进教育现代化实施方案(2018—2022年)》，提出要大力加强体育、美育和劳动教育。2020年，《关于全面加强新时代大中小学劳动教育的意见》发布，明确了要以习近平新时代中国特色社会主义思想为指导，全面贯彻党的教育方针，积极探索具有中国特色的劳动教育模式。同年，教育部印发了《大中小学劳动教育指导纲要(试行)》，对劳动教育实施提出了具体指导措施。

《加快推进教育现代化实施方案(2018—2022年)》(以下简称《实施方案》)以"立足当前，着眼长远；聚焦重点，带动全局；问题导向，改革创新；分区规划，分类推进"为实施原则，提出了加快推进教育现代化的总体目标，目标中描述了要在5年努力下，全面实现各级各类教育普及，全面构建现代化教育制度体系。《实施方案》提出了推进教育现代化的十项重点任务，其中之一就是实施新时代立德树人工程。在本项任务中明确了要"大力加强体育美育劳动教育。加强劳动和实践育人，构建学科教学和校园文化相融合、家庭和社会相衔接的综合劳动、实践育人机制"。

为构建德智体美劳全面培养的教育体系，中共中央办公厅、国务院办公厅发布了《关于全面加强新时代大中小学劳动教育的意见》(以下简称《意见》)，从劳动教育新要求、劳动教育体系、实践活动开展、支撑保障能力以及组织实施五个方面就如何加强新时代大中小学劳动教育提出了意见。《意见》明确了新时代社会主义建设者和接班人培养对加强劳动教育的新要求。劳动教育是中国特色社会主义教育体系的重要内容，社会主义建设者和接班人的劳动精神面貌、劳动价值取向和劳动技能水平的培养对于新时代中国特色社会主义建设具有重大意义，劳动教育要以习近平新时代中国特色社会主义思想为指导，把握育人导向、遵循教育规律、体现时代特征、强化综合实施、加强政府统筹、坚持因地制宜，将劳动教育纳入普通高等学校人才培养方案，形成具有综合性、实践性、开放性、针对性的劳动教育课程体系。普通高等学校要明确劳动教育主要依托课程，其中本科阶段不少于32学时。除劳动教育必修课程外，其他课程结合学科、专业特点，有机融入劳动教育内容，要将劳动教育纳入学生综合素质评价体系，把劳动素养评价结果作为衡量学生全面发展情况的重要内容，让学生动手实践、出力流汗、接受锻炼、磨炼意志，培养学生正确的劳动价值观和良好的劳动品质。通过劳动教育，使学生能够理解和形成马克思主义劳动观，牢固树立劳动最光荣、劳动最崇高、劳动最伟大、劳动最美丽的观念。

为深入贯彻习近平总书记关于教育的重要论述，全面贯彻党的教育方针，落实中共中央、国务院《关于全面加强新时代大中小学劳动教育的意见》，加快构建德智体美劳全面培养的教育体系，教育部印发了《大中小学劳动教育指导纲要（试行）》（以下简称《指导纲要》）。《指导纲要》规定，劳动教育的内容主要包括日常生活劳动教育、生产劳动教育和服务性劳动教育三个方面。强调劳动教育途径要注重课内外结合，在开设劳动教育必修课的同时，还要在课外、校外活动中安排劳动实践。普通高等学校要明确生活中的劳动事项和时间，纳入学生日常管理。学校和教师要抓住关键环节，灵活运用讲解说明、淬炼操作、项目实践、反思交流、榜样激励等多种方式方法，增强劳动教育效果，要开展平时表现评价、学段综合评价和学生劳动素养监测，发挥评价的育人导向和反馈改进功能。

在中央教育政策对劳动教育的倡导和要求下，各省份也相继出台了关于大中小学劳动教育的政策，如为构建德智体美劳全面培养的教育体系，中共浙江省委、浙江省人民政府就加强新时代大中小学劳动教育提出了《关于全面加强新时代大中小学劳动教育的实施意见》。劳动教育的政策在全国各地开花结果，学生的劳动身影在校园内外、课堂上下呈现出积极活跃的场景。

1.1.2 当下劳动认知与劳动价值观的不良表现

近年来，一些高校在一定程度上忽视了劳动的独特育人价值，淡化劳动在课程中的育人作用，校园内外也出现了一些高校学生在劳动认知与劳动价值观方面的不良表现，这使得学生在成长与发展的过程中出现了诸多问题。

1. 新时代劳动观学习不足致使劳动意识匮乏与观念扭曲

思政课程是高校各专业人才培养课程体系中非常重要的组成部分，不仅能正确地启迪学生思想，影响大学生的意识形态和价值观，而且为学生专业知识和专业技能的正确应用发挥先导作用，指明专业意义的方向。然而，部分大学生只注重专业成绩的提高与专业成果的产出，而忽视了思政课的重要性，对马克思主义及其劳动观点学习不够，对习近平新时代中国特色社会主义思想理解不够深入，对社会主义核心价值观没有深刻领悟，从而导致对普通劳动人民没有敬重之心，对人民的劳动成果不够珍惜，劳动时拈轻怕重，甚至厌恶劳动、投机取巧，久而久之思想颓废，劳动意识匮乏，严重者劳动观念扭曲，在大是大非、事关法纪甚至国家安全等重大抉择上容易立场不定，受人蛊惑或迷失方向，从而导致虽具有较强的专业能力却不能为社会、国家做出积极贡献，反而造成危害。

2. 大学生劳动实践能力匮乏导致眼高手低问题

部分学生，尤其是理工科的学生，在接触部分专业课程后，思想观念还没有完成从中学阶段向大学阶段的转变，仍然停留在中学的学习方式上，认为只要完成课程考试、取得高分就是对专业课的熟练掌握，而未能意识到专业学习最终必须走向应用与创新，因此，对知识的认知仅局限于课本，缺乏学科竞赛、科研活动、创新项目等专业实践活动的锻炼，导致专业实践能力较弱、创新能力表现较差，严重缺乏知识运用能力和问题解决能力，从而在就业和考研时表现出高分低能的现象。

还有部分学生由于缺乏劳动实践经历，导致劳动能力不足，身体素质不佳，平日里常常体弱多病，稍微承担一点日常生活劳动就气喘吁吁，头昏脑涨，身体不良反应强烈，甚至在日后的工作岗位上由于体质原因，容易出现身体疾病和安全事故。

3. 大学生错误择业观对“高期望”“慢就业”的加剧

目前，学生在走出校门进行择业时对工作岗位的“高期望”现象越来越明显，由于缺乏专业方面的实习劳动以及未能与相关的行业生产有过接触，对当下行业状况的了解较为片面，同时又盲目高估自身的能力，使得在择业期或者就业初期发现工作内容及薪酬待遇与期望相差太远而选择暂不就业。劳动既是产出的过程，也是学习的过程，学生没有在校园中经历过专业劳动，不够明白或者未能体会劳动所能带来的益处，就有可能产生错误的择业观。

偶像文化是流行文化中重要的一部分，明星效应在偶像文化中有着一定的地位，尤其是在信息发达的今天，许多学生对于娱乐行业的涉猎多于对国家大事、劳模典范的关注，对新时代楷模的了解和对典范事迹的学习严重匮乏。部分高校学生不能理性地辨别娱乐行业中那些只追求虚荣的丑陋面孔和有悖道德的职业劣迹，反而羡慕其华丽的外表和职业的风光，并以之树立心中的偶像，立志想满足众星捧月的虚荣，致使偶像认同与价值取向出现问题，从而扼杀了新时代社会主义建设者和接班人内心深处等待萌发的积极志向。

1.1.3 高校劳动教育可开展的教学形式

《关于全面加强新时代大中小学劳动教育的意见》明确指出，高等学校要注重围绕创新创业，结合学科和专业积极开展实习实训、专业服务、社会实践、勤工助学等，重视新知识、新技术、新工艺、新方法的应用，创造性地解决实际问题，使学生增强诚实劳动意识，积累职业经验，提升就业创业能力，树立正确择业观，具有到艰苦地区和行业工作的奋斗精神，懂得空谈误国、实干兴邦的深刻道理。注重培育公共服务意识，使学生具有面对重大疫情、灾害等危机主动作为的奉献精神。

基于高校对学生的培养方式及学生的专业背景不同，劳动教育可以以公益劳动型、专业劳动型、创新创业型等方式开展。对于工科类专业，基于工程训练开展劳动教育是十分可行和有效的教学方式。

1. 公益劳动型

公益劳动是指服务于公益事业、不取报酬的劳动，目的在于培养大学生为人民服务、为公众谋利益的良好思想品德。高校学生可以通过校园内外的各项公益活动开展劳动。在校园内可以参加迎新志愿、图书馆书籍整理、大型比赛或大型会议志愿等活动，或者参加校内义工等大学生公益性活动,为学校老师、同学以及校园建设提供劳动帮助。在校园外可以通过敬老院、展览馆等公益组织,开展诸如社区服务、环境保护、知识传播、公共福利、社会援助、文化艺术活动以及国际合作等方面的志愿活动。公益劳动可以提高大学生的劳动积极性,培养大学生的社会责任感,并且可以在团队志愿活动中强化大学生团结互助、勇于奉献的思想意识。公益劳动涉及环保、慈善、教育、安全等方方面面,形式多种多样。

2. 专业劳动型

专业劳动是基于学生的学科背景与专业基础开展的劳动教育,主要有学科竞赛、专业实训、校内外实习等。一方面,学生通过专业知识的实践与运用,可以理论联系实际,通过知识指导实践应用,通过实践巩固和验证理论方法,不仅可以活化脑海中的知识点,还可以在劳动中培养发现问题、解决问题的能力;另一方面,学生通过专业劳动产出获得满足感和自豪感,深刻认识所学专业对国家和社会的价值,并对学业形成正向激励,变被动学习为主动学习,形成干一行、爱一行、专一行、精一行的劳动意识和专业素养。另外,学生参加校外实习,实现校内外衔接,可以为以后步入社会培养自己的适应能力。

3. 创新创业型

通过创新创业比赛、创业项目孵化等进行劳创融合,是创新创业教育、劳动实践教育相辅相成、共育人才、实现劳动创新的重要途径。新时代下的人才既要尊崇劳动、热爱劳动,又要学会创新创造,将劳动工具、劳动对象、劳动方法进行创新改造,将劳动成果进行项目孵化。通过创意、创新、创造、创业深入挖掘大学生的创新创业潜质,提高大学生的创业素养和实践能力。创新创业是一个需要进行智力劳动和复杂劳动的实践过程,其每一步都离不开劳动的付出,只有树立正确的劳动观才能形成科学的创业观。

4. 基于工程训练的劳动教育

在新工科背景下,工程训练目前已成为院校规模最大、受众学生最多的实践教学课程,其具有通识性、实践性、创新性等特征,通过工程训练,学生能够了解和学习工业生产过程、掌握工程制造技术。面向各本科专业开展工程实践教育,通过劳动和训练,在进行工程素质教育、工程实践能力提升的同时树立学生工程意识、安全意识、节约意识,培养学生的工匠精神、劳模精神。工程训练中心作为高校工程训练的重要实践教学平台,既是发挥新工科建设作用、提升人才专业综合素养和创新创业精神的主要阵地,同时也是高校进行劳动实践教育的重要课堂。

1.2 劳动概念及分类

1.2.1 劳动的概念

劳动是指人们运用一定的生产工具,作用于劳动对象,以创造物质财富和精神财富的有目的的活动,是人类社会存在和发展的最基本条件,也是人维持自我生存和自我发展的唯一手段。劳动过程要顺利进行,必须具备三个基本要素:劳动者的劳动、劳动对象和劳动资料。劳动者的劳动是人类运动的一种特殊形式,在商品生产体系中,劳动是劳动力的支出和使用。马克思认为:“劳动力的使用就是劳动本身。劳动力的买者消费劳动力,就是叫劳动力的卖者劳动。”[①]人们把自己的劳动加于其上的一切东西就是劳动对象,而用来影响或改变劳动对象的一切物质资料就叫作劳动资料,最主要的劳动资料是生产工具。

《中华人民共和国宪法》第四十二条规定,中华人民共和国公民有劳动的权利和义务。

国家通过各种途径,创造劳动就业条件,加强劳动保护,改善劳动条件,并在发展生产的基础上,提高劳动报酬和福利待遇。

劳动是一切有劳动能力的公民的光荣职责,国有企业和城乡集体经济组织的劳动者都应当以国家主人翁的态度对待自己的劳动。国家提倡社会主义劳动竞赛,奖励劳动模范和先进工作者。国家提倡公民从事义务劳动。

国家对就业前的公民进行必要的劳动就业训练。

1.2.2　劳动的分类

1.体力劳动和脑力劳动

根据不同的标准,劳动可以分成不同的类别,传统的劳动分类理论按照劳动力的支出特性将劳动分为体力劳动和脑力劳动,但其实任何劳动都既有体力劳动又有脑力劳动,所谓体力劳动是以体力消耗为主的劳动,如农民种粮、建筑工人砌墙等都属于体力劳动,而脑力劳动则以脑力消耗为主,如医生给病人看病、程序员编写程序等均属于脑力劳动。

有些人在意识中,长期把劳动与体力劳动画等号,这是错误的认识。还有些人认为体力劳动通常比脑力劳动更累,这种观点也是不正确的。脑力劳动虽然看不出吃力,实际上,其机体的消耗绝不亚于体力劳动。大脑的重量只占全身的2%,却需要全身25%的氧气和20%的血液供给,也就是说,脑力劳动同样需要消耗大量的氧气和能量。体力过劳会使人身体疲惫、腰酸腿疼、四肢困倦,长期体力过劳会导致劳动效率低下、身体机能损坏甚至有猝死的危险,而脑力劳动过分紧张或持续过久后,氧气和能量供不应求,大脑就从兴奋转入抑制,导致思维不敏捷,反应迟缓,注意力不集中,记忆力下降,工作能力降低,出现脑疲劳。因此,无论是体力劳动还是脑力劳动都需要劳逸结合、张弛有度,应根据劳动强度,合理安排休息时间,选择健康的休息方式。平时在业余时间里,也应多做一些体育运动、家务劳动等来提高身体素质,增强体能。

在劳动中,体力劳动与脑力劳动相结合是利于提高劳动效率、易于劳动产出、有益身心健康的劳动方式。在体力劳动过程中,通过思考和判断来统筹劳动任务、创新劳动方法、改进劳动工具,可以达到省时省力、事半功倍的效果。在脑力劳动过程中,有时通过动手记录或者动手试验等方法可以减少脑力负担。随着社会的进步,体力劳动与脑力劳动的差别日趋缩小,更需要我们处理好两者之间的关系。

2.创新劳动和重复劳动

按照劳动过程中的智力投入情况可以将劳动分为创新劳动与重复劳动。创新劳动是运用新思维、新知识、新方法、新技术,以创新方式对劳动对象进行加工和改造的劳动,而利用

①中共中央马克思恩格斯列宁斯大林著作编译局.马克思恩格斯全集第四十二卷[M].2版.北京:人民出版社,2016.

已有的知识、经验、技能以常规方式对劳动对象进行加工或改造的劳动称为重复劳动。

创新劳动的智力投入和脑力成本较高,如任何的发明创造都是创新劳动。任何一个劳动产品从无到有的过程都是创新劳动,创新劳动突破了劳动惯例的思维方式、生产方式、组织方式。创新劳动所产生的商品往往是知识产品,知识产品表现为新的理论、新的观念、新的创意、新的技能等,知识产品转化为商品后会从根本上影响社会前进的步伐和速度。比如以蒸汽机的发明为代表的第一次工业革命,在蒸汽机产生之前,所有纺织机的动力来源于人力,整个社会的纺织业人力投入大、生产效率低、产品质量不稳定,纺织业的市场运转缓慢,但当蒸汽机问世之后,一台蒸汽机可以为多台纺织机提供动力,人力得到了解放,生产效率及产品质量大幅提高,纺织业得到革命性变革。以电力和内燃机的发明为代表的第二次工业革命,颠覆了人类通信、照明、出行的方式,社会的整体面貌和运转速率出现前所未有的改变。

重复劳动则是对创新劳动的过程进行反复和再现,例如:第一台蒸汽机的发明是创新劳动,无数纺织车间中所用蒸汽机的生产就是重复劳动;第一株杂交水稻的成功培育是创新劳动,解决人类饥荒的千万亩杂交水稻的种植就是重复劳动;零件的设计及其图纸的绘制属于创新劳动,而依据图纸所进行的批量性的生产则是重复劳动。

创新劳动与重复劳动对生产力发展和社会进步说都是不可缺少的,它们之间既对立又统一,在一定意义上,重复劳动是对创新劳动的再现,创新劳动是对重复劳动的突破。创新劳动在推动生产力和社会发展与进步,特别是跨越式发展和革命性进步中,居首要地位,起超常作用。但是创新劳动与重复劳动对科技的提升及社会的发展同等重要。有的人认为只有创新劳动才能贡献社会、成就个人,这种观点是错误的,重复劳动一样可以做出很大贡献,并且取得较大成就。比如20世纪90年代,在长三甲系列运载火箭发动机的设计中,新型大推力氢氧发动机上安装有248根壁厚只有0.33mm的细方管,方管的制造需要应用焊接技术,其所需焊缝长达900m。超薄的方管焊接是技术上的一大难点,焊接参数设置不合理、焊枪运行不流畅都会导致方管烧穿或者焊漏,如果焊缝质量不合格,当火箭发射升空时,一旦产生失效,很有可能造成航天飞机坠毁,航天员的生命受到威胁,航天事业产生巨大损失。而高凤林通过一个多月的连续奋战,凭借着高超的技艺,攻克了方管焊接技术难关,成功焊接出第一台大推力发动机的喷管。这是一项重复劳动,需要长时间反复磨炼所获得的高超技艺,而正是重复劳动与高超技艺,让高凤林成为全国劳动模范。

当今科技日新月异,大学生除了需要通过重复劳动将所学习的知识深刻掌握、熟练应用,还需在劳动的过程中提高自己的创新意识和创新能力。要在劳动时有意识地问自己下面几个问题:

(1)是否会在劳动中突破传统,打破常规?

(2)是否善于在劳动中提出新颖的观点?

(3)是否会有意识地思考如何通过创造提高劳动效率?

(4)是否会尝试使用不同寻常的思路或方法解决劳动中遇到的问题?

(5)是否有运用创意完成任务或作品的经历?

21世纪是知识经济的时代,我国目前正处于高速发展时期,需要大量高素质的创新型人才，大学生是民族的未来、国家的希望，承担着建成社会主义现代化强国、实现中华民族伟大复兴中国梦的神圣使命，培养大学生的创新思维和创新能力，有利于大学生为民族、为国家建功立业。

1.3 劳动的意义

我国劳动人民自古以来就深刻理解劳动的意义。比如面对洪水，开山挖渠，三过家门而不入的大禹告诫我们，通过劳动可以使我们免遭风险和危害；疾病流行，不求神灵，自己尝百草治病的李时珍，让我们明白，通过劳动可以让我们研究医道，治病救人；大山挡路，不畏艰难，挖山不止的愚公告诉我们，劳动需坚持不懈，方能事竟成功。在现实生活中，人类通过劳动实现自我价值，同时为社会创造物质财富和精神财富，所以劳动无论对于社会还是个人都具有重要意义。

1.3.1 劳动是人类生存和发展的前提

每个人都是通过劳动满足衣食住行的需要的，没有劳动就无法获得生存的物质基础。在生活中，每个人所从事的职业劳动不同，所实现的自我价值也不同，如教师通过教书育人成为人类灵魂的工程师，医生通过治病救人成为我们心目中的白衣天使，作家通过将智慧写入书籍进行知识传播，为我们提供精神食粮。我国将不同的职业由大到小、由粗到细分成4个层次、8个大类、66个中类、433个小类、1838个细类，写入《中华人民共和国职业分类大典》，并对规定的职业制订职业技能标准，实行职业资格证书制度。每个人都是在不同的职业岗位上为社会建设和祖国发展发挥着自己不同的作用，实现着自己不同的价值，这一切都离不开辛勤的劳动和付出。

1.3.2 劳动有益于我们的身心健康

经常参加劳动可以使人身体强健，百脉畅通，食欲旺盛，吃得香、睡得安，让人不仅拥有结实的身体而且有较强的免疫力。不经常参加体育锻炼又不参加劳动的人，对环境变化的适应能力就会下降，甚至长期体弱多病，精神不振。经常参加劳动的人还可以通过劳动奉献、劳动成果等实现自我价值，让自己获得慰藉感、充实感、愉悦感。一个人当通过参加公益劳动服务群众的时候，当通过劳动付出完成一个大项目的时候，当自己的劳动产生了大丰收的时候，便在内心形成对自我的肯定，这种积极、阳光的心态会激励着自己向着下一个更高的追求和目标前进，从而形成一种良性循环。反之则一遇到事情就畏首畏尾、缺乏自信，并容易因失败造成对自己能力的怀疑和对未来的消极。

1.3.3 劳动赋予我们改造世界的知识和技能

知识可以从书本上学到，但是技能一定要在劳动中获得，而且知识也会在劳动中得到夯实和创新。如果只是单纯地学习书本上的知识，而不加以应用和实践，存储在脑海中的知识便会逐渐淡化，就算对知识记忆深刻，也会在使用时出现眼高手低的现象。我们人类自古以来所知晓的星象、节气、时令、潮汐以及粮食的生长、动物的迁徙等自然规律知识都是在劳动的过程中通过观察和摸索而掌握的。此外,想要有高超的技能也必须通过劳动来获得,比如中国首个大深度载人潜水器——“蛟龙号”在下深海时最大的问题就是高强水压下的密封性问题,在潜水器的组装过程中,钳工顾秋亮正是由于多年来的埋头苦干、踏实钻研、挑战极限,让他获得了高超的技能,从而解决了高难度密封性问题,助力了我国潜海事业的发展。

1.3.4 劳动创造了适宜人类生活的世界

人类的美好世界和幸福生活都是通过劳动获得的,女娲补天、精卫填海、后羿射日等都是为了人类能拥有美好的世界而做出的劳动。虽然神话和传说并非现实,但是我们要知道,这些神话和传说是由古代劳动人民创造并历经千年传到现在,他们从骨子里面和思想深处就认同美好世界是通过劳动换来的这一观点,这充分说明了古代劳动人民对劳动意义的理解和领悟。人类通过劳动改造了自然,如利用春种秋收让我们丰衣足食,通过水力发电让城市灯火通明。我们无法忘记,2020年整整4万名建设者10天10夜建成了武汉火神山和雷神山医院,每一位朴实的劳动者日夜奋战,用实际行动诠释了什么是“中国速度”,他们通过劳动让武汉的疫情迅速解除,让城市的街道恢复往日的繁华,让每个人的脸上重新洋溢着美好的笑容。

1.3.5 劳动是推动社会发展和文明进步的动力

劳动是人类的本质活动,透过纷繁复杂的商品现象,只有人类劳动才是价值的唯一源泉。劳动创造了物质财富和精神财富,创造了社会,是人类文明发展的不竭动力,是推动人类社会进步的根本力量。从原始社会发展到现代科技社会,时代变迁,斗转星移,劳动的“本性”未变。正是劳动,让人类从原始的结绳记事、钻木取火走向现代文明。纵观当今社会,科技发展日新月异,技术创新层出不穷,但是所有的一切都是以人的劳动为前提。我国经济社会的发展,每前进一步都离不开亿万人民的劳动:国内生产总值跃居世界第二,是广大劳动人民辛勤劳动的成果;载人航天飞行、国产航母下水、大型客机试飞成功是科技工作者和大国工匠忘我劳动的结晶,唯有劳动让人类不断前进和发展。

1.4 工程训练劳动实践导论

1.4.1 课程背景

高等工程教育作为新工科建设的重要突破口和切入点,其水平是一个国家发展潜力的重要指标。“复旦共识”、“天大行动”和“北京指南”进一步证实了当代经济发展和产业更新需要具备高级知识技能与多领域专业背景的多能型工程人才。未来的工程科技人才必须具备更高的专业素养和综合素质,以满足和助力经济的升级转型与持续发展。工程训练是我国在进行高等教育改革发展历程中的一种实践教学新型模式。近几年来,工程训练已然成为高校规模最大、受众学生最多的重要教育教学资源。基于工程训练开展劳动教育,面向全校不同学院本科学生实施工程训练与劳动实践教学，对于培养具有劳动精神、实践技能和工程素养的高素质综合型人才具有重要意义。

1.4.2　课程目标

随着高素质人才培养模式的改革与实施，以工程实践为依托，结合劳动教育，融入各专业全员化培养过程，把劳动元素与工程训练教学相融合，课程最终将达成以下目标。

(1)知识目标：培养学生了解工程技术与生产过程，掌握制造学科的基础知识、加工工艺与方法，熟悉操作规范与安全制度。

(2)能力目标：培养学生观察与实践操作能力、知识转化能力、问题解决能力、团队协作能力、设计分析能力、创新能力与系统思维能力。

(3)素养目标：培养学生忠于职守、爱岗敬业的工匠精神和遵章守规、认真仔细、精益求精的优良作风，建立善于合作、甘于奉献的优秀品质，形成工程意识、环保意识、创新意识、成本意识，增强学生的责任感、使命感以及爱国情怀。

1.4.3　课程性质及特点

工程训练是独立设置的通识类实践课程。课程的实践过程主要是让学生通过学习科学和技术解决工程问题。这里涉及三个核心词：科学、技术和工程。科学是解决为什么的问题，技术是解决怎么做的问题，而以促进人类发展为目标所进行的有组织的改造世界的活动称为工程。举个例子来讲，导体切割磁感线能产生电流，这是科学，而如何做到让导体对磁感线进行切割从而产生不间断的电流就是技术问题，我们通过导体切割磁感线制造发电机来发电，那么设计、制造发电机以及让发电机为人类供电的过程就是工程。从这个角度讲，工程训练课程具有通识性、实践性、创新性、综合性等教学特征，其中，实践劳动是工程训练的基本特征。

1.4.4　教材内容

本教材以机械加工实践为主要内容开展实践教学，实践内容以机械产品产生的周期为背景，选取冷加工部分设置训练工种，涉及传统加工训练、数控制造训练以及特种加工训练。机械产品的产生过程如图1-1所示。

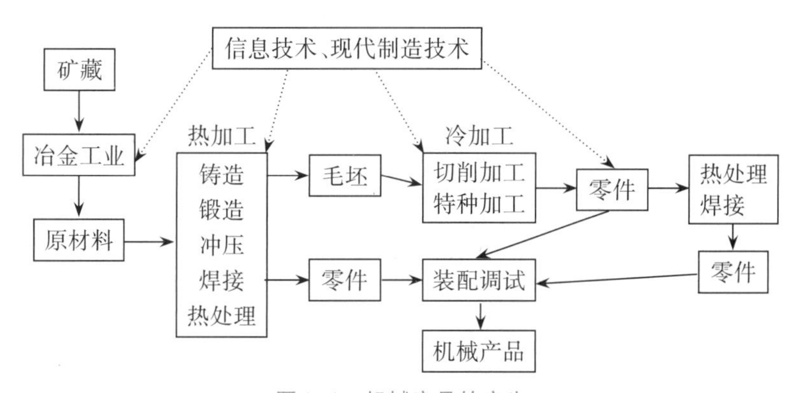

图1-1　机械产品的产生

机械产品的材料最初来源于大自然中的矿藏,经过冶金工业技术将矿藏中的金属元素提取出来,得到机械加工所需要的铝、铜、钢铁等原材料。这些原材料经过铸造、锻造、冲压、焊接以及热处理等热加工方法获得可直接用于装配的零件,或者需进一步加工的毛坯料。毛坯料经切削加工或部分特种加工等冷加工工艺生产出形状和尺寸精度较高的零件。有的零件可以直接参与装配和调试,但有的零件还需要进行焊接、热处理等工艺来提高结构强度以及材料硬度等才能得到合格的零件。将组成某一机械产品的所有零件进行装配,就得到了所设计的产品,再加上动力系统、控制系统、检测系统及其他系统,经过调试和修整,使机械产品最终实现整体功能。从冶金工业、热加工、冷加工到装配调试的整个产品制造过程涉及信息技术、现代制造技术等多学科知识的交叉、多领域技术的融合,所以,机械产品的生产是一个非常复杂的过程。

本教材仅选择冷加工的相关工种进行讲解,包含车削、铣削、磨削、钳工等4个传统加工,数控车削及立式加工中心加工2个现代数控加工,以及线切割特种加工共计7个工种,使学生了解各工种的加工特点、加工范围、加工原理、安全要点,提高观察与实践操作能力,培养学生对专业的兴趣与热爱,使学生养成遵章守规、认真仔细、精益求精的优良作风以及忠于职守、爱岗敬业的劳动精神。

第2章 劳模故事与劳动精神

2022年4月27日，在五一国际劳动节到来之际，习近平总书记在致信祝贺首届大国工匠创新交流大会中强调："我国工人阶级和广大劳动群众要大力弘扬劳模精神、劳动精神、工匠精神，适应当今世界科技革命和产业变革的需要，勤学苦练、深入钻研，勇于创新、敢为人先，不断提高技术技能水平，为推动高质量发展、实施制造强国战略、全面建设社会主义现代化国家贡献智慧和力量。"①国家要发展，一定要坚定不移走促进产业升级、制造强国之路，要推动共同富裕，根本上还是要靠劳动，靠劳动者创造价值、创新发展。因此，我们要在全社会进一步营造崇尚劳动、尊重劳动者的浓厚氛围，要牢牢把握教育阵地，切实把劳动教育落实在培养社会主义建设者和接班人的过程中，让劳动最光荣、劳动最崇高、劳动最伟大、劳动最美丽蔚然成风，进一步激发劳动育人的正能量，焕发劳动奋进的精气神。

在开展劳动教育的过程中，要让学生认识劳动模范，关爱身边无私奉献的劳动者，从他们的事迹中汲取正能量，从而充分发挥出劳模工匠示范引领作用，教育引导学生传承和弘扬劳模工匠精神，激励学生坚定理想信念，提升职业素养。在浙江衢州也涌现了一批新时代劳模工匠的杰出代表，他们在各自的工作岗位上建功立业，为衢州全力打造四省边际共同富裕示范区、四省边际中心城市做出了突出贡献，值得大家学习，例如坚守教育情怀勇书时代答卷的潘志强、长期扎根生产一线的吴坚、奋战在基层的机修工郑裕财、为变压器装上"科技芯"的姜振军、"闪闪发光"的电焊人王定飞、有情怀的造纸产业工人刘佳文、"腿勤情清心细"的街道干部毛晓荣……

2.1 全国先进工作者潘志强事迹

潘志强（图2-1），二级教授，履历只有一行：1982年大学毕业到衢州二中工作至今。他从未离开过衢州二中这片热土，一生只做一件事——坚守教育教学一线。2009年10月至2021年4月任衢州二中校长；2021年4月转任衢州二中党委书记。荣获全国先进工作者、享受国务院政府特殊津贴专家、全国五一劳动奖章、全国优秀外语教师、首届省担当作为好干部、省功勋教师、省劳动模范、省英语特级教师、长三角最具影响力校长、首届省教书育人楷模等荣誉。

①新华社.习近平致信祝贺首届大国工匠创新交流大会举办[EB/OL]. (2022-04-27)[2022-06-27].http://www.gov.cn/xinwen/2022-04/27/content_5687516.htm.

图2-1 潘志强

潘志强作为衢州二中历史上首位校友出身的校长，秉承母校"传承、创新、担当"的优良品质，肩负"为党育人、为国育才"的神圣使命，坚持"长远的、全面的、科学的"质量观，12年尽职校长岗位，用大爱情怀打造"宽容、和谐、担当"的名校"精神长相"。衢州二中教育教学质量处于全国普通高中第一方阵：大爱校园事迹三次上央视，学校教育经验多次被新华社、《光明日报》、《中国教育报》报道，连续4年有4位学生被评为"全国最美中学生"；创立全国中学界首个"中科院创新实践基地"和"教育国际交流陈列室"，为国家培养了大批创新型、国际化竞争人才。学校荣获全国文明单位、全国文明校园、全国五一劳动奖状、全国教育系统先进集体、全国首批中小学心理健康教育特色学校(基地)等荣誉称号，被评为浙江省首批一级普通高中特色示范学校、浙江省首批现代化学校、浙江省模范集体、浙江省先进基层党组织等。2018年、2020年，学校两度被衢州市政府荣记"集体三等功"，这是衢州撤地建市以来首次获此殊荣的基层单位。2020年，学校荣获衢州市政府质量奖，为全市教育系统首家单位。如今的衢州二中在全国中学界享有很高的美誉度和广泛的影响力。

1.立足专业，榜样示范，引领全省外语教学工作

1999年，潘志强被评为全国优秀外语教师；2000年，成为当时浙江省最年轻的特级教师之一；2007年，被评为浙江省功勋教师。他担任省特级教师协会副会长、省中小学外语教学研究会副会长，在引领外语教学科研、推进中学国际理解教育方面发挥着重要作用，为浙江的基础教育发展做出了突出贡献。近几年，他出版专著译著2部，主编书籍5部，在国家级刊物发表论文20篇，并受邀在全国汉语国际推广中小学基地工作会议、中英"盖普"项目庆典大会、长三角中学校长高峰论坛等作主题报告。他坚持专业听评课，培养了一支优秀的外语教师队伍：结对教师中5人成长为省英语特级教师，4人获省高中英语课堂教学评比一等奖，2人获省二等奖。

经过多年的英语教学实践，潘志强校长和同事们创造性地探索出了一条具有本校特色的教改之路，形成了衢州二中自己的国际理解教育课程：借助友好城市、国际组织、海外游学等平台，以讲台为阵地，以科研为手段，以事件为契机，以活动为载体，创建教育国际交流陈列室，把着眼于实现民族自尊基础上的国际主义与国际理解基础上的爱国主义相统一，打造具有中国心、世界情的优秀学生。

2011年，潘志强校长主持的课题"国际理解教育校本课程的探索与实践研究"荣获浙江省第四届基础教育教学成果奖一等奖；2014年，该课题荣获基础教育国家级教学成果奖二等奖。“教科书不再是学生的世界，世界才是学生的教科书”这句话开始被更多人所熟悉与肯定。

此后，潘志强校长一直深信不疑，要培养具有中国情怀、国际视野的中国人，理有固然，势在必行。面向世界，更是一种自我发现：在博雅文化浸染下成长起来的人，更懂得含蓄蕴藉的中华风度，更懂得和而不同、美美与共的华夏格局。

在潘志强校长的引领下，地处浙西偏远地区的衢州二中外语学科成为全国中学界的一面旗帜。2011年为学校斩获了浙江省唯一的“全国中小学外语教研工作示范学校”的荣誉，2020年又荣获“浙江省先进教研组”称号。衢州二中还被评为浙江省首批高中英语学科基地校和浙江省高中英语数字教育与资源应用基地校、汉语国际推广中小学基地、浙江省外国留学生教育基地、世界名中学联盟学校。

2. 大爱情怀，人文治校，打造名校独特的精神长相

“一所名校，没有优秀的高考成绩，就过不了今天；没有优秀的校园文化，就过不了明天”。潘志强校长就是坚守着这样的理念。任校长以来，他大力推动学校回归教育原点，致力于打造儒学校园、推进国际理解教育、践行绿色低碳生活三大特色校园文化，滋养学生儒雅的性情、开阔的视野、环保的理念、创新的精神和健康的心态。“儒学校园”紧紧依托中国传统文化和地处南孔圣地的优势，打造“诚信、和谐”的校园，大爱校园事迹三次上央视。“国际理解教育”紧紧依托“一带一路”国家倡议思路，建立全国中小学界首个教育国际交流陈列室，开辟跨文化交际第二课堂，与海外10多个学校建立友好关系，培养了大批具有国际视野、通晓国际规则、能够参与国际事务和国际竞争的国际化人才。“绿色低碳生活”紧扣“绿水青山就是金山银山”理念，把校园打造成绿树成荫、环保低碳的家园，学校被评为省生态文化基地，潘志强个人荣获“省绿化奖章”。邀请诺贝尔和平奖获得者、守望地球国际顾问委员会名誉主席拉杰德拉·山地来校主旨演讲，学校被“守望地球”公益组织授予“气候尖兵校际合作伙伴”称号。

潘志强校长常说，世上没有最好的学校，只有最适合孩子发展的学校。一所名校一定有自己独特的精神长相，要坚守纯真的教育信仰和情怀。

履职校长12年，他坚持亲自为400多位教职工发送个性化生日祝福短信。高三毕业典礼上，他站立近1个小时，为700多名孩子一一颁发毕业证书。他坚信，教育首先在于一颗心灵对另一颗心灵的启迪，在于人之为人，使人成为人。

在潘志强校长看来，留住了教师的心，便拥有了学校的未来。他努力为师生创设广博儒雅、发呆做梦的舒适地带，营造遗世书院般的清幽环境，让师生安静下来读书、治学，放飞梦想。他在校园“原始森林”里建起了一座树屋，供学生们在上面朗读，能看到侧耳倾听的松鼠；校门口的博雅池，经过改造引入了清澈的衢江水，池中锦鲤跃波，池畔飞鸟依人，博雅之道，寓意深远；校园里新增了公共自行车，骑行悠游，如同穿越“绿野仙踪”；致力于打造“伟大图书馆”“大学图书馆”，坚持开架借书……支持朗读达人白龙飞老师在学校图书馆建设专业录音棚；专门为爱种兰花的生物老师杜平羽开辟空地，命名为“阿杜兰花苑”，成为生物组的教研基地；为喜欢发表时评的历史老师胡欣红提供空间和平台，培养他成为各大报刊教育时评的知名专栏作者;为爱好摄影的教工们开设数百平方米装饰精美的摄影作品展……这些“另类”奇招“让每一位教师都成为人物”,找到了价值和尊严。

3.创新机制,为国育才,满足学生个性化发展

潘志强校长认为,办教育,要沉得住气、稳得住神,不为外界所扰,要有仰望星空、眺望远方的视野和境界,真正为民族、为国家培养急需人才。

他一直将“为党育人、为国育才”的责任铭记心中,扛在肩头,认为良好的教育就是要满足学生个性化、特色化发展的意愿。2011年,潘志强校长克服重重困难,成立了衢州市唯一的创新人才培养基地,坚持“本土培养”的原则,积极组建创新人才竞赛教练团队,为他们搭建多种发展平台,真正让教练们感觉到“吃苦的人吃香,实干的人实惠,有为的人有位”。如今这支团队已成为衢州二中的铁军,战功显赫,在全省享有极高的知名度。

潘志强校长意识到,要做大做强创新人才培养,必须借力发展,上接“天线”。2017年12月7日,潘志强校长原定前往北京求助中科院计算所总工程师、龙芯中科技术股份有限公司董事长、“龙芯CPU”首席科学家胡伟武教授。胡伟武教授是中共十八大、十九大、二十大代表,身兼数职,工作十分繁忙。当潘志强校长得知胡伟武教授正在贵阳开会,立即决定改签车票前往贵阳。当G1371次列车驶入贵州凯里段时,车窗外是瓢泼大雨,潘志强校长端详着改签的车票,心潮澎湃。自己所在学校已经是东部发达省份的一所强校,为何还要不远千里辗转来到西南边陲,追寻还不知道能否实现的“基地梦”……在潘志强校长的奔跑努力下,中国科学院与地方中学合作设立的全国第一个创新实践基地终于落户衢州二中。目前,学校已拥有中国科学院新能源汽车探究实验室、处理器设计探究实验室、航天工程探究实验室、3D打印设计探究实验室、中国科学技术大学量子科技创新实验室、电子科技大学物联网联合创新实验室。学校已成为全国唯一一所与中国科学院、中国科学技术大学、电子科技大学共同创建高大上的创新实验室的普通高中,和高校共同探索培养胸怀天下的国家未来科技创新人才,为迈上现代化科技型高中打下了坚实的基础。

自2011年创新人才培养基地成立至今,衢州二中学生有3406人次获得数理化生信息学五大学科竞赛省级以上奖项,184人次获得全国一等奖,978人次获省级一等奖,36人入选五大学科浙江省代表队,4人入选奥赛国家集训队,106人进入北京大学、清华大学,35人进入中国科学院大学深造,为国家培养了大批国际化竞争人才,学校四次蝉联中国科学院大学授予的“科教结合协同育人杰出贡献奖”。

4.服务桑梓,助推发展,尽显社会责任担当

潘志强校长经常向同事们传递一个理念:衢州二中是心中始终有梦想的学校,不仅要为社会提供优质教育资源,还要助推地方经济文化发展,在彰显社会责任担当之路上逐梦前行。

潘志强校长以“惠及全体”的理念开展国际理解教育系列课程,组织上千名赴海外游学的师生担任“文化大使”,推介“南孔圣地、衢州有礼”城市品牌。学校与海外十多所中学建立了友好关系,定期开展连线课堂、互访游学、教师互派等教育交流活动。一年又一年,一批又一批,至今已有数千人次的师生走出国门,上千人次国际友人来到衢州二中,他们彼此体验异域文化,树立人类命运共同体意识,让孩子们在世界舞台发出中国声音。

每年学校紧紧围绕市委、市政府中心工作，助推衢州经济发展，尽显社会责任担当。牵头承办浙皖赣闽和10个国家师生参与的2019文明校园（中国·衢州）国际交流论坛，推动校园精神文明建设；积极组织大批知名校友参加“互联网+三衢儿女”英雄会、“衢州人发展大会”；打开校门变身全域旅游景区，每年接纳游客近万人，让浩荡儒风吹拂游客的心灵；致力于推进浙港教育交流，主动与香港李兆基中学开启互派师生交流，加深香港学子对中华文化的认同；主动承办“全国农林类重点高校走进浙江”活动，为地方政府和国内农林业大咖牵线搭桥；牵头成立“浙江学生生涯教育发展联盟”，在全省率先成立生涯指导中心，解决长期困扰学生和家长的生涯规划问题；积极响应省委“五水共治”号召，鼓励学生创新发明的“智能太阳能水面清捞船”荣获省青少年科技创新大赛一等奖，并取得了国家发明专利。

2019年和2021年，潘志强校长被中共衢州市委宣传部分别授予“南孔圣地·衢州有礼”城市品牌代言人和“衢州有礼·文明使者”荣誉称号。

5.党建统领，红色传承，推动党建和教育教学深度融合

2021年4月，浙江省推行实施党组织领导下的校长负责制，潘志强校长转任衢州二中党委书记。潘志强书记积极探索以“党委领导、校长负责、教师治学、民主管理、依法治校”的现代学校治理体系，坚持党建统领，推动党建工作和教育教学各项工作深度融合，为学校高质量发展提供坚强保障，努力为衢州乃至全省经济社会发展赋能助力。

衢州二中党委在潘志强书记的带领下，着力构建党建统领教育发展工作体系，努力做好铸魂育人工作，扎实推进习近平新时代中国特色社会主义思想、社会主义核心价值观和中国梦进教材进课堂进头脑工作，让师生在党史学习教育中强化政治认同、汲取奋进力量。以爱国主义为教育核心，科学设计各级各类教育德育目标要求，大力推进思政课教学改革，以“天下述评”为载体打造“特殊的思政课”教育模式，帮助学生“扣好人生第一粒扣子”。坚持“以党带团、党团共建”，通过业余党校、班团课、“青年大学习”等平台，全方位引导团员青年红心向党、薪火相传；深入推进8090新时代理论宣讲工作，组织优秀青年教师和学生深入基层开展宣讲，让党的创新理论“飞入寻常百姓家”。2021年，潘志强书记代表衢州二中党委参加市教育局党委组织的首届“强基工程”赛马比拼活动，获得“强基之星”称号。

在迎接建党百年的活动中，潘志强书记带领全体党员教师开展了丰富多彩的党史学习教育。组织全体党员教师前往开化中共闽浙赣省委旧址和浙西革命斗争纪念馆开展主题党日活动；组织师生开展庆祝建党百年的“毅行”活动和党史学习教育游园活动；组织拍摄衢州二中百年庆党建献礼片；举办庆祝建党100周年书画、摄影展；历经一年时间，梳理衢州二中党史资料，建成省内中学第一个党史馆，传承红色根脉。

2021年，衢州二中党委被浙江省委授予“浙江省先进基层党组织”光荣称号。2022年7月1日，潘志强书记代表学校赴浙江省嘉兴市接受表彰。衢州二中党建工作被《光明日报》、浙江卫视、《衢州日报》等媒体多次报道。2022年6月28日，衢州市委书记高屹批示：“衢州二中坚持立德树人，融党建、思政、环境于一体，做法新颖可学，值得全市教育系统推广学习。”

不忘初心、牢记使命！在潘志强书记的带领下，衢州二中全校上下同心同德、勇毅前行，无愧时代的需要和呼唤，力争为打造四省边际中心城市教育桥头堡和建设四省边际社会主义现代化先行市做出更大的贡献！

2.2 全国劳动模范吴坚事迹

吴坚(图2-2),党的十九大代表,全国劳动模范,现任浙江衢州巨塑化工有限公司PVDC党支部书记,从事PVDC行业20多年,参与PVDC自主研发攻关关键阶段,为国内PVDC从无到有实现中国制造做出了不懈努力和应有贡献。

图2-2 吴坚

1.充分发挥十九大党代表作用,助推企业高质量发展

自2017年当选党的十九大代表以来,吴坚不断发挥党代表在基层一线的作用。党的十九大召开前夕"十九大党代表吴坚工作室"成立,"十九大党代表吴坚工作室"微信公众号也同步开通。吴坚依托工作室开展主题宣讲活动、党代表接待日活动以及党员学习教育和实践活动。截至2021年底,吴坚宣讲党的十九大精神及各类专题党课200余场,受众超过1万人。他把宣讲党的十九大精神与自身企业改革发展紧密结合起来、与员工岗位实际联系起来,进一步激发职工钻研技术、创新创业的热情,增强对标世界一流企业的信心和决心。他组织党员骨干围绕PVDC装置的技术创新、节能降耗、提质增效、开发攻关等工作建功立业,三年来完成3项公司级技术创新课题、9项厂级技术创新课题。他坚持开展每月一次的党代表工作室接待日活动,帮助解决职工困难,凝聚职工力量。在吴坚的带领下,全体职工凝心聚力为PVDC车间高质量发展贡献各自力量,巨塑公司被认定为2018年国家高新技术企业、2019年衢州市劳模集体,PVDC系列产品在2018年顺利拿到浙江制造国际认证联盟颁发的四张"浙江制造"认证证书,2019年荣获工信部第四批制造业单项冠军产品,"一种PVDC组合物的制备方法"荣获2018年度浙江省专利金奖,实现衢州市零的突破,后又获2019年度全国优秀专利奖。当下吴坚正带领大家为成为全球高阻隔食品包装材料行业领导者目标而接续奋斗。

2.不忘"做世界一流PVDC绿色膜"初心,实现中国制造

PVDC是一种高阻隔性绿色新型食品包装材料,日常生活中应用最多的就是火腿肠外包装膜和食品保鲜袋、保鲜膜。吴坚2001年高中毕业进入巨化工作就参与PVDC自主研发攻关，当他得知PVDC核心技术一直被国外封锁和垄断，中国全部依赖进口时，心里很是不服，默默发誓一定要做成功。包括吴坚在内的所有PVDC人始终不忘初心，夜以继日地攻坚克难，亲身经历一釜釜反复试验，失败—重来—再失败—再重来，不放弃。为了成功，用肉眼在一堆颗粒直径为零点几毫米的PVDC树脂里挑同样大小的黑黄点。在PVDC发展最关键的几年他参与各类技术改造攻关共60余项，为实现中国制造打下坚实基础。尤其是他全程参与并整整花了3年时间完成的"皂化新工艺技术创新"项目，创新伊始他亲自带领骨干每天从早上8点到晚上11点连续艰苦试验半个多月，最终为技术创新成功提供第一手参考资料。正是这次技术创新的成功，在全国率先解决原料替代，不仅实现了可观的经济效益，最关键的是突破了PVDC产业发展瓶颈。在吴坚及大家的共同努力下，2009年终于实现突破，巨化PVDC产品成功进入双汇、金锣等大型知名企业，成功打破国外长期对中国实行的技术封锁和垄断格局。实现PVDC绿色膜中国制造后，他又参与完成了28kt/a PVDC树脂和100kt/a高阻隔食品包装材料(一期、二期)等多项公司级新增建设项目。2020年PVDC乳液取得突破，水性锈转化乳液在工业防腐中批量应用。药包乳液进军高端药包包装领域，实现国产替代进口。2022年PVDC-MA树脂远销巴西、俄罗斯、希腊等国，产销量取得历史性突破。如今他们的生产线已成为国内唯一拥有自主知识产权、全球规模最大、产品最全、核心装备集约化程度最高、技术国际先进的PVDC智能化生产线。吴坚本人也相继获得巨化集团劳动模范、浙江省五一劳动奖章、全国五一劳动奖章、全国劳动模范等荣誉。

3.发扬工匠精神，打造懂技术精技能会创新的PVDC工匠队伍

吴坚始终坚持把精益、精细、精致、精心的工匠精神传承下去，并用他自己的亲身经历来启发更多的年轻职工。2007年，当PVDC主要原材料VDC装置发展处于关键阶段时，27岁有冲劲有激情的吴坚被委以重任，担任PVDC单体工段长。他以创新形式开展工段劳动竞赛活动，相继推出以"节能降耗，增产增效"为主题的"节能减排工艺小指标"、设备管理和现场综合管理等三大竞赛，并与奖金分配和绩效考核紧密挂钩。通过1年的运行，累计降本超过300多万元，加上大量新工艺、新技术的运用，3年累计降低成本超过1000万元，VDC质量也满足了PVDC生产需求，VDC装置各类消耗产能质量均稳居国内第一。在吴坚的带领下，VDC工段相继获得衢州市、浙江省和全国"工人先锋号"荣誉称号。2013年他走上了PVDC车间工艺员的新岗位，身份、岗位虽然在不断改变，但不变的是创造创新的脚步没有停止。他提出的"降低VDC单体生产的蒸汽耗""优化氯化工艺，降低氯乙烯消耗"和"PVDC车间循环水系统节能改造"合理化建议分别获得了2013年、2014年和2016年巨化集团"金点子"奖，分别为企业节省费用约265万元、212万元和450万元。同时他充分发挥劳模精神、劳动精神、工匠精神，做好传帮带。他积极开展学习互动，认真为职工授课，毫无保留地将自己的一些经验和绝活传授下去、推广出去，使职工的生产理论知识得到丰富，实践操作技能得到提高；大力开展"工匠氯碱、膜材专家"实践活动，使职工的岗位技能得到迅速提高，几年来他也成功地培养了一批PVDC工匠和技术骨干。如今，吴坚要进一步抓好人才培养，和团队一起把人才优势转化为知识优势、科技优势和产业优势，为打造全球绿色高端功能材料一流企业再立新功。

2.3 全国劳动模范郑裕财事迹

党的十九大报告中提出“建设知识型、技能型、创新型劳动者大军,弘扬劳模精神和工匠精神,营造劳动光荣的社会风尚和精益求精的敬业风气”。劳模精神是劳模在平凡岗位上做出不平凡业绩所坚持坚定的基本信念、价值追求、人生境界及其展现出的整体精神风貌。习近平总书记在关于劳模精神的表述中曾说过:“劳动模范身上体现的‘爱岗敬业,争创一流,艰苦奋斗,勇于创新,淡泊名利,甘于奉献’的劳模精神,是伟大时代精神的生动体现。”①这里要介绍的全国劳动模范郑裕财(图2-3),他的身上就很好地体现了劳模的精神风貌。

郑裕财,男,1982年6月出生,中共党员,现任浙江矽盛电子有限公司设备部主任。他自2004年加入矽盛电子以来,凭着自己对工作的热爱、对专业的钻研,始终以兢兢业业的态度,求真务实、勤奋进取、勇于奉献的工作作风履行岗位职责。他从一个普通的机修工做起,一步一步走到了现在的设备部主任岗位,参与改造了公司大大小小的生产线项目,共同研发了数十种新型实用专利。

图2-3 郑裕财

2004年7月,农村娃郑裕财怀揣着梦想加入了浙江矽盛电子有限公司,成为一名普通的机修工。刚进厂时,从无实战经验的小郑看着一台台巨大的单晶炉和NTC多线切割机,傻眼了,傻眼过后清醒过来,他明白唯有技术在身,才能“治服”这些大家伙。他抓紧一切时间“充电”。在车间里他什么活都干,每次机修任务都向“高手”讨教,在“干”中学习。生产任务结束后,他还认真学习《机械制造学》《机械原理》等十几种技术书籍,仔细钻研新设备的调试、维修、保养的专业知识,并长期投身于机器调试、养护的第一线。在光伏制造这个行业里干了18年,他从一个“从不挑活,什么活都干”的小年轻,成长为一名有技术、有担负的实力工匠。

在工作中,郑裕财时刻把追求机修新技术作为自己的奋斗目标。只要跟机修相关的事,

①新华社.习近平:在知识分子、劳动模范、青年代表座谈会上的讲话[EB/OL]. (2016-04-30)[2022-06-27]. http://www.xinhuanet.com/politics/2016-04/30/c_1118776008.htm.

他总要上前去弄个明白。公司凡有新技术、新装备,毫无疑问,在现场总能看到郑裕财的身影。近几年郑裕财以项目主要研发成员的身份陆续参与了单晶炉热场改造、砂浆在线回收、清洗工艺改善等项目,调试机台、汇总数据、形成评估报告,为公司各项技改项目的顺利实施做出了巨大贡献。在多年的工作实践中,他解决了许多硅行业生产中的技术难题,在大型生产设备的调试中屡克难关,并凭借自己精湛的机修技术和丰富的实践经验,多次参与了公司的单晶炉改造、线切机调试工作。在进入公司工作的十几年间他共提出了砂浆流量控制技术创新、线切割控制技术创新、真空泵机油循环利用技术等创新项目16项,其中第一专利人的创新项目达7项之多。这些工艺在减少环境污染的同时,也为公司创造经济效益400多万元,响应了国家节能减排的号召,提高了公司生产技术水平和综合竞争力,属于国家重点支持的高新技术领域的创新。特别在2010—2013年期间,郑裕财在工作中不断试验、总结,自行研发了多项实用性的技术,这些技术弥补了设备上的缺陷,避免了取晶过程中的碰损,提高了晶棒的成品率,给公司创造了巨大的效益。

入职18年来,作为公司诸多技改项目的组织者和参与者,郑裕财从未摆过"老资历"的架子,而是一如既往地保持着学徒工的精神。身为设备部主任,一有空就将自己在工作中碰到的机修难点和疑点记录下来。在严以律己的同时,他还不忘帮助机修新学员,深入浅出、直观明了地将自己的机修经验倾囊相授给机修新员工,让部门里的徒弟知道哪些细节如何处理、哪些异常如何规避,取得了较好的"传帮带"效果。他为车间设备的正常运作打下了稳定的"大后方",为公司的快速扩张打下了扎实的人才基础。

18年来,多少个日日夜夜,无论严暑寒冬、白天黑夜,只要是车间机器设备发生故障,郑裕财都随叫随到,及时排除故障,确保生产任务完成。18年来,他只专注于一件事——"读懂机器,改良设备",他将"木讷"当作淡定,将"无趣"当作安静,浮躁少了,也造就了他工作和技术上的辉煌。正是他默默无闻的付出,才使得他连续三年荣获公司优秀员工称号和劳动技能标兵称号,2009年3月荣获开化县劳动模范荣誉称号,2011年4月荣获浙江省五一劳动奖章荣誉称号,2013年荣获全国五一劳动奖章称号、浙江省劳动模范称号,2018年1月选为第十三届全国人民代表大会代表。荣誉的背后,是实实在在的付出和一颗热爱企业、钻研技术的心。现在,在公司的办公楼里由开化县经信局牵头的"高技能领军人才"办公室也由此成立。这些荣誉的背后,难得的是他还拥有一颗平常心。他说:"一身的机油是我的标配,干好机器养护改造工作是我的职责所在。"

从一名普通的农民工成长为优秀的机修工、实用专利发明专家,最后成长为优秀的机修主任、机修技术带头人,郑裕财用18年的光阴乃至以后更长的时间,有力地诠释了"劳模精神"。

2.4　全国五一劳动奖章获得者姜振军事迹

姜振军(图2-4),男,1967年7月出生,浙江江山变压器股份有限公司副总经理、企业研究院院长、正高级工程师、高级技师、国家级技能大师工作室领办人。他先后荣获江山工匠、衢州市优秀科技工作者、衢州市首席技师、衢州市劳动模范、江山市终身拔尖人才、衢州市第七届拔尖人才、浙江工匠、最美浙江人·最美工匠、浙江省拔尖技能人才、衢州市杰出技能人才、浙江省“万人计划”高技能领军人才、浙江省劳动模范、享受国务院政府特殊津贴人才等荣誉。

图2-4　姜振军

1. 扎根一线,厚积薄发,与时俱进

姜振军在浙江江山变压器股份有限公司从事变压器试验开发35年,一直坚持在生产技术一线探索工艺方法、研究试验技术、解决质量问题。他设计开发的“一种恒磁通宽调压范围试验用中间变压器”等多个型号中间变压器解决了困扰行业厂家变压器类产品试验电源不匹配、局部试验外部信号干扰的问题;他主持开发的智能型变压器运输三维冲击监测记录仪,实时监测,阈值报警,解决了变压器运输监测数据滞后的行业技术难题,促进了大型变压器运输质量及产品质量的提高。姜振军担任浙江省变压器产业技术联盟和浙江省变压器产业技术创新战略联盟秘书长,对行业共性技术难题组织攻关。他联合浙江大学开发的“变压器铁芯自动叠片机器人”被列入2015年度浙江省重大科技专项,该叠片机速度快、精度高,对硅钢片无损伤,是变压器行业重大的工艺突破;他主持江山市“电力变压器智能化”专项,为国家智能电网建设提供智能化产品;2016年完成浙江省现代装备制造业协同创新、协同制造试点示范项目。

2. 积极创新,勇攀高峰,成果显著

姜振军热爱发明创造,已被授权专利30多件,这些专利涉及变压器的原理结构、生产工艺、试验技术、在线监测、智能制造、自动控制等方面,在产品质量提升、设计工艺改进、提高生产效率、节能节材等方面发挥了重要作用,是企业核心自主知识产权的重要组成部分。“一种变压器箔式绕组的出线结构”“一种辐向自由排列的连续式干式变压器绕组及其加工方法”等专利技术不仅为企业产生了很好的经济效益,也将为变压器行业的技术进步发挥积极作用。姜振军担任全国变压器标准化技术委员会委员、省标准化协会特聘专家,参加了GB/T 17468—2019《电力变压器选用导则》、JB/T 3837—2016《变压器类产品型号编制办法》等

10多个国家、行业、团体、企业标准审查制定工作。在《电力学报》上发表《电力变压器远程监测系统硬件开发》等多篇合著论文，参与起草《浙江省输配电设备行业"十三五"发展规划》。他负责浙江江山变压器股份有限公司智能工厂项目建设，并率先在变压器行业通过国家两化融合管理体系认证。

姜振军担任企业研究院院长期间，领衔省级高技能人才（劳模）姜振军变压器创新工作室，主持完成省级科技创新项目33项，其中，省重点技术改造项目1个、省重点技术创新专项1个、省重大科技专项1个、省重点高新技术产品3个、省级工业新产品开发项目20多个；"S13智能型地下式变压器"获浙江省科学技术奖三等奖，智能型模块化D-□/132单相电力变压器、ZGS-Z.G-□/35光伏用组合式变压器、智能型SCB12-□／10干式变压器等4个新产品被认定为省装备制造业重点领域首台（套）产品；SH15-M-□/10GZ非晶合金高过载能力配电变压器、S13-M.RL-□/10型硅钢立体卷铁心配电变压器等2个新产品被评为省优秀工业新产品；并获衢州市科技进步奖二等奖3项。这些新技术、新产品为企业的持续发展和技术储备发挥了积极的作用，取得了显著的经济效益和社会效益。

3.传授技艺，培养人才，回报社会

变压器行业属传统高端制造业，产品的技术含量高、质量要求严，许多工序以手工操作为主，要求工人具备高超的技能。姜振军凭借扎实的理论基础和丰富的实践经验，于2016年11月建立了"姜振军技能大师工作室"。该工作室是浙江省第一家以培养变压器制造高技能人才为宗旨的省级技能大师工作室，结合技术攻关、技术革新、解决工艺质量问题，传授技术绝活，培养技术骨干，先后培养了百名高技能人才，多人获得江山工匠、江山市首席技师、衢州市首席技师、省市优秀拔尖技能人才等称号，为地方和行业的人才建设起到引领示范作用。浙江江山变压器股份有限公司被评为衢州市企业高技能人才培训示范基地和浙江省技能人才自主评价省级引领企业。依托姜振军技能大师工作室，2019年经机械工业职业技能鉴定指导中心批准，在浙江江山变压器股份有限公司设立"机械行业职业技能鉴定变压器站"，为变压器行业作职业技能鉴定和能力水平评价。该工作室成功协办2020年江山市智能制造行业职业技能竞赛，并为衢州学院师生作"数字化工厂的探索与实践"的学术报告。2020年"姜振军技能大师工作室"被人力资源和社会保障部命名为国家级技能大师工作室。他还组建了江山市首支劳模（工匠）志愿者服务队，经常深入企业下车间，帮助其他企业解决了大量技术难题，推动了江山机电产业的良性发展。

2.5　全国五一劳动奖章获得者王定飞事迹

王定飞（图2-5），男，1971年9月出生，1993年12月参加工作，现为浙江巨化检安石化工程有限公司（以下简称"检安公司"）的一名焊工，是巨化集团在聘焊工高级技师、浙江省高技能人才创新工作室和省技能大师工作室领办人。王定飞相继获得巨化集团焊工职业技术带头人、"巨化工匠"、巨化集团"劳动模范"、衢州市首席技师、衢州市杰出贡献中青年专家、衢州市考评专家组成员、衢州市五一劳动奖章、衢州市劳动模范等荣誉，以及省部属能工巧匠、省属企业杰出技能标兵、省技能大师、浙江省"百千万高技能领军人才"、浙江省优秀共产党员等称号。

图2-5 王定飞

1. 技高有担当,关键时刻显身手

王定飞有着过硬的技术、扎实的作风,在企业生产急、难、险、重之时能挺身而出。2020年9月在生产装置大修中,因外单位焊制的造气车间一号吹风气热管锅炉有10多处焊口拍片验收不合格,必须抓紧时间重新焊接。他临危受命,经过三天三夜的加班鏖战,圆满完成了抢修工作。此外,甲醇合成塔因整圈焊缝有裂纹被迫停机,但南京厂家无法及时赶到,而整个检修中心缺乏焊接高强耐热钢的经验,又是他主动请战啃“硬骨头”,挑选骨干成立抢修小组,精心制订焊接工艺并担任主焊,凭借多年的工作经验,苦战一昼夜,最终顺利完成了抢修任务,焊缝拍片一次通过。王定飞凭借高超技艺得到了公司领导和对方厂家的肯定,并为企业及时恢复生产立下汗马功劳。

2. 钻研新工艺,潜心创新解难题

晋巨变换车间增加几台新设备,所用管道的材料为低碳耐热合金钢,产品质量要求极为严格。首次焊接此材料,王定飞和工友们试用了几种工艺均未达到要求。不服输的他,一边查资料一边与工程技术人员一起做实验,编制出一套新的焊接工艺,并在具体操作过程中亲力亲为,对每道工序都严格把关,最终按时保质保量地完成了生产任务。同时,王定飞提出的煤气炉中心管双侧焊接工艺改进,不仅提高了特殊工况下的材料焊接质量,还大大延长了企业核心设备的运行周期。他还先后完成空分氮压机管道焊接安装、水煤浆高耐磨喷嘴研制、煤气炉焊接方案的优化、4#脱硫塔的制作安装、甲醇洗气塔制作安装、合成蒸发冷设备管道安装等一系列技术难题。

3. 勤学新知识,攻关屡获新战功

王定飞积极参与装备制造公司激光项目组的技术攻关,攻关课题涉及耐磨材料的组分研制、激光熔覆技术在特殊结构上的成型试验、高耐磨熔覆层表面精确尺寸机械加工刀具的选择、各加工工序关键尺寸控制等。一系列课题成果取得良好成效:“铸铁补焊”项目节约检修费用15万元;“改进煤气炉大修时间”项目节约检修费用30万元;“埋弧焊工艺法的应用”项目提高工效2~3倍;“水煤浆高耐磨喷嘴研制”项目使喷嘴的使用寿命提高4~5倍,实现经济效益200万元以上;“优化煤气炉焊接工艺”项目获晋煤集团科技创新“五小”成果奖。

尤其是在巨化集团“总吨位第一、总高度第一、时间要求最短”的4#脱硫塔制作安装项目中，王定飞带领检修小组成员硬是把塔高30多米、总重50多吨的4#脱硫塔焊接安装到位，质量检查垂直角实测33m、误差3mm，实测结果全部合格，真正做到了安全无事故，比计划进度提前了13天完成。

4.无私传授技艺，悉心培养新力量

作为一名省高技能人才创新工作室和省技能大师工作室领办人，王定飞不遗余力地培养人才梯队，积极参加职工技术大讲堂授课、“工匠论坛”讲座，言传身教地把多年的焊接技术和经验心得分享给更多的年轻人，为企业培养了一批焊接技术骨干。同时，他还积极参加衢州市金蓝领技术协作创新团队的各项活动，走访衢州市中小企业帮助解决技术问题，走进衢州市中专和衢州市工程技术学校等学校为学生授课，通过“红色传承、匠心育人”等活动，将所学技术毫无保留地传授给每位听课者。

2.6　全国五一劳动奖章获得者刘佳文事迹

刘佳文（图2-6），衢州市龙游县人，中共党员，造纸技师、高级工程师，本科毕业于浙江理工大学造纸专业，自毕业以来，一直在浙江凯丰新材料股份有限公司从事造纸生产技术工作。参加工作以来，他工作认真负责，勤勤恳恳，是一名从一线工人中成长起来的技术工人。他担任浙江凯丰新材料股份有限公司技术主任期间曾攻克多项技术难题，获得多项省市科技进步奖，主导开发的不锈钢垫纸和CTP版垫纸已经形成年产值超1.5亿元并且完全能够取代进口的主打产品。

图2-6　刘佳文

刘佳文是一个爱岗敬业、作风优良、做事雷厉风行的人。大学毕业后一直坚持在生产一线，解决了无数实际生产问题，根据所学的专业知识改进了多项生产工艺，特别是打浆工艺的改进节约了10%以上的用电成本。他经常在节假休息日加班加点工作，对工作一丝不苟，坚持高标准、严要求，从不敷衍了事。对公司交办的工作，他认真对待，总是尽其所能，力争把工作做得更好。造纸工作是一个比较辛苦的工种，需要常年在高温高湿且噪声巨大的环境中工作，但刘佳文并没有因为环境条件差而疏于学习，他经常在车间中一天待上12个小时。正是秉持这样的敬业精神,刘佳文在短时间内获得了众多老师傅的认可。能吃苦、热心肠是他的本性,技术过硬则是他长期努力的结果。也许在一般人看来技术员只要在车间来回走走看看就行了,实则不然,一个技术过硬的技术员在岗位上非常重要。刘佳文对工程技术还有着深刻的研究,他不仅精通造纸工艺技术,而且对造纸装备也非常精通,尤其是在造纸机安装过程中他能带着队伍准确无误地进行施工,保证不会出现任何差错,不会出现一次返工,这对整体安装进度的加快有很大的推动作用。

在技术创新的道路上,刘佳文始终不断从工作中总结经验,为国产不锈钢垫纸替代进口不锈钢垫纸做出了重大贡献,其中工程用不锈钢垫纸获得龙游县科技进步奖、衢州市科技进步奖。他参与开发的阻燃安全型烟用接装原纸、工程用不锈钢垫纸、彩色医用皱纹包装纸、环保型食品防油专用纸、CTP版垫纸、低碳环保型高光装饰原纸、高档液晶玻璃基板保护纸等7个产品获得了浙江省科学技术成果奖并通过省级新产品鉴定,还多次获得县市科技进步奖。本着认真去做每件事、用心去创造的理念,将CTP版垫纸从逐步替代进口原纸的战略转向为对外出口的战略,他认为只要用心去做手上的工作,相信有一天我们国家的特种纸会走出被国外垄断的境况。在工作中他一直坚持强化生产实践,不断推进生产技术改造工作。生产技术改造是一项具有挑战性的工作,自从刘佳文接手此项工作以后,老问题通过技术改造得到解决,生产效率进一步提高,但是新问题还在不断涌现。为此,他开展了深入细致的调查研究,摸清情况,向公司提出了各种行之有效的解决措施和方法。在多年的技术改造中,他先后提出大小技术改造近百项,为公司节约了大量的人力物力;其中一种CTP版垫纸的生产制造系统、一种除尘去静电的造纸复卷装置、盘磨机恒量定压打浆装置、一种造纸软压光机软辊除尘装置、一种造纸白水循环处理装置获得实用新型发明专利。造纸行业属于国家的支柱产业,而我们国家在很多特种纸上还处于被国外垄断的地位,急需这样一批有担当、有能力的年轻人来打破国外的垄断。

为了解决技术工人难培养的难题,刘佳文提出了以专业学生为支点推进企业技术全面建设的模式。刘佳文的创新培养模式,通过以师带徒等运作方式,带出了一批优秀的造纸专业毕业生,培养了一批学历高、能力强的大学毕业生。同时刘佳文坚持通过每周培训会的模式培养产业工人,让每一个工人都有出彩的机会。

刘佳文的工作受到了公司领导的充分肯定,获得了业界的好评,他也深受同事们的信任。他被评为衢州市优秀员工、龙游县开发区员工标兵称号、龙游县第三批优秀人才,2015年评为衢州市第三层次"115人才",2016年获得龙游县"金锤奖",2017年获得龙游县"最美龙游人·2017年度人物"、衢州市五一劳动奖章、衢州市劳动模范、浙江省青年工匠等荣誉称号。在工作期间刘佳文还努力自学,考取了浙江理工大学的工程硕士学位。在以后的工作中,他也将会一如既往地以高标准要求自己。不待扬鞭自奋蹄,刘佳文认为只要在造纸的道路上做到发自内心的热爱,就能干出不一样的明天。

2.7 全国五一劳动奖章获得者毛晓荣事迹

毛晓荣(图2-7),男,汉族,1978年1月出生,浙江江山人,中共党员,大学学历,先后担任清湖镇党委书记、清湖街道党工委书记，2021年12月任江山市委常委、贺村镇党委书记；2020年6月他被浙江省委授予“浙江省优秀共产党员”称号，先后荣获浙江省消除集体经济薄弱村工作成绩突出个人、浙江省第四次经济普查省级成绩突出个人、衢州市优秀共产党员、衢州市防疫工作正面典型、江山市抗击疫情个人三等功、江山市基层治理“四平台”建设工作先进个人等多项荣誉，连续6年年度考核“优秀”。

图2-7　毛晓荣

身为一名在改革战线深耕多年的改革“先锋”，毛晓荣思路开阔、敢想敢试、拼搏争先。在他的带领下，清湖街道承担了一大批省、市改革试点任务，基层治理能力不断提高。2017年起，清湖街就承接了省基层治理综合信息系统的试点开发，紧扣数字化理念，坚持“主跑道”不变，先后完成了省基层治理“四平台”、省基层治理数字化转型升级、省“县乡一体、条抓块统”改革、衢州市模块化改革等试点工作，许多改革成果在省市范围进行了推广运用。到贺村镇后，毛晓荣一如既往干好各项改革，并取得明显成效。数字化改革，贺村镇争取到全省“152”“141”体系贯通试点，顺利完成了“七张问题清单”“防汛防台”等4个省级重大应用的贯通落地。全国宅基地改革，贺村镇探索“两进两回”“金融赋能”“有偿退出”等机制，被评为宅基地改革工作省级先进集体。法治化综合改革，贺村镇构建“五四三”合法性审查工作体系，荣获全国模范司法所和省县乡法治政府建设“最佳实践”、省法治化综合改革试点“最佳实践”。

近年来，毛晓荣承担的各项改革，始终是一脉相承、循序渐进的，经历了“从无到有、从有到优、从优到精”的过程，无不体现着其身上的“工匠”精神、“劳模”精神。

尤其是最早的基层治理“四平台”改革，在“摸着石头过河”的背景下，毛晓荣带领团队勇闯改革“无人区”，一步一个脚印，亲力亲为做好思路谋划、架构搭建、平台迭代、经验提炼等全过程工作，圆满完成了系统打通、业务协同、一窗受理、数据共享、网格管理、信息集成等多个模块的试点研发工作，总结出一套可借鉴、可复制、可推广的平台和模块运行机制，并在全省53个县市（区）推广使用，先后4次承办衢州市级现场会，得到光明日报、新华网等权威媒体的关注和点赞，为后续改革打下了坚实基础。

“县乡一体、条抓块统”改革期间，毛晓荣牢固树立“人无我有、人有我优、人优我特、人特我精”的理念，坚持问题导向、实用导向、思路超前、大刀阔斧、先试先行，参与打造了模块化改革、全科网格、干部“四维考评”、矛盾调处、预防“民转刑”等一批具有辨识度、影响力的改革成果，多次承担了省市领导的调研工作，总结的“清湖模式”在全省进行推广，并承办全省现场会，助力打造基层治理现代化的“衢州经验”。

在搭好改革“四梁八柱”的同时，毛晓荣始终注重改革的实战性、实用性，以改革为动力，不断为基层工作赋能、减负、提质、增效，在几次大战大考中也经受住了考验。特别是在疫情防控工作中，毛晓荣实战用好了“152”“141”体系、基层治理“四平台”、精密智控、大数据等工作机制。

搭建并不断完善防疫应急指挥体系，以“智治”理念带头打赢疫情防控阻击战。其间，毛晓荣长期吃住在乡镇，工作到半夜是常态。他组建数据协查、核酸采样、疫苗接种、隔离转运等“防控八组”，迅速将干部状态拉入战时，责任压实到村社，高效落实疫苗接种15.5万针、核酸检测45.7人次、人员排查21.3万人次、重点人员管控1700人次，在周边多次暴发疫情的情况下，顶住了压力，守牢了“小门”。

在乡村振兴工作中，毛晓荣有效发挥“带富”作用，用好乡村振兴讲堂、党建联盟等载体，大力发展数字经济、美丽经济，落地实施了清湖古镇、“三带九村一会”改革示范带、“红色物业”经济园、“清湖码头”党建联盟、共享食堂等一大批具有区域影响、“带富”效应的品牌成果，成功创建国家卫生乡镇，助推共同富裕。其间，他带动17个村顺利“消薄”，撬动辖区各村集体经济收入平均每年递增20%以上，集体经营性收入50万元以上村突破50%，集体经营性收入20万元以上村稳定“全覆盖”。

在平安稳定工作中，毛晓荣牢牢夯实网格基础，做实“网格+”治理文章，带头发挥组团联村、两委联格、党员联户“三联工程”作用，有效提升基层应急处突能力，被司法部评为坚持发展“枫桥经验”、实现矛盾不上交试点工作表现突出集体。在2019年江山“6.6”洪灾期间，面对百年一遇、突如其来的灾情，毛晓荣强化“技防+物防+人防”，通过基层治理“四平台”高效指挥、网格靠前作战，迅速锁定灾情最严重的区域，10小时内将受灾群众转移到位、安置到位、赈抚到位，将受灾损失降到“最小化”，保障了群众的生命财产安全。

第3章 劳动安全

劳动安全,又称为职业安全,是劳动者享有的在职业劳动中人身安全获得保障、免受职业伤害的权利。劳动安全是以确保生命安全为核心的首要安全,是国家安全法律强制性约束企业和生产经营单位必须首先抓好的公共安全。保障劳动者在生产经营活动过程中的生命安全和健康,是当代人类社会文明进步、发展的重要标志。现实生产生活启示我们:安全是生命线、安全是幸福线,一人安全,全家幸福。因此,在安全的问题上,必须防范在先、警惕在前,必须警于思、合于规、慎于行。

3.1 劳动安全发展概况

安全生产与安全工作是人们生活的永恒命题,一直伴随在几千年来人类文明社会的生存与生产中。近年来,由于社会、经济、政治文明的迅速发展与变革,以及在21世纪中国全面建成小康社会的重大历史任务,我们必须认识到我国的产业安全要与人类总体安全发展的策略相匹配,这一策略最初也是建立在中国历史的基础之上,因此,我们应先探索安全科学技术的渊源与发展。

3.1.1 劳动安全认识观的发展和进步

1. 从宿命主义到本质主义

长期以来,我国社会普遍认为"生命安全是相对的,事故是一定的"和"生命安全与生产事故是不能由人的意志力避免或传递的",即存在生产事故"宿命论"的概念。事实证明,"消除事故隐患,实现本质安全,科学管理,依法监督,提高全人类的安全质量"才是防止重特大安全事故发生的最有效途径。这一概念与人类认识的发展表明,人们已经从认识观上开始由宿命论逐渐趋向本质主义。坚持"安全第一,预防为主"的方针就是建立在认识观的基础上。

2. 从"安全案例"到"系统预防"

20世纪80年代中期,我国从发达国家引进了安全系统工程理论,并通过30多年的实施,安全生产中的"系统预防"理论已深深地根植在中国民众的心里。在国家安全生产经营实际中,政府部门的"全面监督"、整个经济社会的"整体措施与工程"、全体企业的"管理体制"都体现了"系统预防"的智慧措施。

3. 从"职业安全"到"现代职业安全健康管理体系"

自中华人民共和国成立以来,我国引入了一种以"职业安全"为目标的工作方式。随着中国改革开放的进程,在全球潮流的影响下,我们推出了国家示范"职业安全健康管理体系"的实施计划,这将使我国的安全生产、职业安全、职业健康管理等领域的全面发展成为可能。

3.1.2 我国安全科学技术的发展现状

我国的安全科学技术发展大致可分为三个阶段:

(1)从新中国成立初期到20世纪70年代末,国家把安全生产作为基本国策,把安全卫生技术作为保护劳动者的重要技术措施。

新中国成立之初(1949—1952年),毛泽东主席高度重视安全生产、劳动保护工作,并做出了关于"……必须注意职工的安全……"的著名批示,中央人民政府立即成立了劳动部,劳动部下设立了劳动保护司,各地劳动安全卫生部门也设立了劳动保护处、科,作为劳动安全卫生的专门机构。政府明确要求劳动部负责"管理劳动保护工作,监督检查国民经济各部门的劳动保护、安全技术和工业卫生工作,领导劳动保护监督机构的工作,检查企业中的重大事故并且提出结论性的处理意见"。

在第一个五年规划期间(1953—1957年),《宪法》确立了改善工作条件是国家加强劳动保护的基本政策。1952年,按照毛泽东同志的建议,党中央确定了过渡的总路线:长期、逐步地实行社会主义工业化,对资本主义农业、手工业和资本主义工商业进行社会主义改造。国家投资4.9亿元改善劳动条件,解决安全、技术、工业卫生等关键问题;国家公布了15项职业安全健康法律法规,其中包括中央工业主管部门和地区制定的300多项法律法规。这条总路线反映了历史的必然性。

在第二个五年规划期间(1958—1962年),党的工作经历了曲折的发展过程。综合决策违背了经济发展的客观规律,导致出现了新中国成立以来的第一次伤亡事故发生的高峰期。为了扭转安全生产的不利局面,党中央和政府采取了一系列措施,发布了一系列有关劳动安全的文件。1962年至1966年,经济恢复并稳步发展,同时中央要求全面加强安全生产、劳动保护工作,继续以扭转严重伤亡事故为中心,以煤炭、冶金、建筑、交通、铁路为重点,开展"十防一灭"安全生产活动,国家劳动安全工作逐步步入正轨,并涌现出一批先进的安全生产单位。

(2)自20世纪70年代末至90年代初期,随着中国改革开放与现代化的进展,国家劳动安全工作也取得了非凡的成果。这一时期的特点是改革开放、民主法制促进安全发展。

邓小平理论提出社会主义的根本任务是发展生产力。加强劳动安全保护工作,不仅能促进和保护生产力的发展,帮助人们过上富裕幸福的生活,而且有利于国家的繁荣昌盛。邓小平同志根据历史经验和教训,在20世纪70年代末提出了加强民主和司法制度建设的思想,指出要保障人民民主,必须加强社会主义司法制度建设,使民主制度化、法治化。同时,我国的劳动安全卫生宏观管理更加科学化,1988年,劳动部组织了国内十多个科研机构的近两百多名专家学者、科研人员,对中国的职业安全技术发展进行了趋势预测和策略调研。到1991年,我国职业安全在安全司法体系建设、安全科学领导、组织建设、安全工程队伍建设、安全教育、安全科学技术等方面取得重大进展,全国劳动伤亡率逐年下降。

(3)自20世纪90年代开始至今,我国的科技发展步入一个全新的阶段,劳动安全工作主要体现在以下方面：

以江泽民“三个代表”重要思想为指导的安全生产工作主要反映在“对人民负责”“依法治国，建设社会主义法治国家”等观点的阐述中。1990年12月25日至30日，中国共产党第十三届中央委员会第七次全体会议审议通过了《中共中央关于制定国民经济和社会发展十年规划和“八五”计划的建议》，“八五”计划中增加了“加强劳动保护”的新篇章，并建议优先考虑安全问题，加强对工作健康和安全的监测，改善工作条件，显著降低了企业工人的职业事故和疾病发生率。1995年9月25日至28日，中国共产党第十四届中央委员会第五次全体会议审议通过了《中共中央关于制定国民经济和社会发展“九五”计划和2010年远景目标纲要》，其中完善了各种治安管理和安全防范制度，列入与安全生产工作有关的内容。2000年10月9日至11日，中国共产党第十五届中央委员会第五次全体会议审议通过了《中共中央关于制定国民经济和发展第十个五年计划的建议》，列入了安全生产工作的各项目标任务。

党的十八大以来，我国安全生产的标准不断提高，以习近平同志为核心的党中央对劳动生产安全工作常抓不懈。习近平总书记强调劳动安全是人民幸福生活的根源，只有抓住人民的生命安全，国家才有未来，民族才有希望。《安全生产十五条措施》中突出责任落实，依法治理，源头管控，督促检查，从中央到地方，处处落实管控。党的十八大以来，劳动法治法案更为严苛，责任明确制度也更加严密。习近平总书记对全面加强安全生产工作提出明确要求：必须强化依法治理，用法治思维和法治手段解决安全生产问题，加快安全生产相关法律法规制定修订，加强安全生产监管执法，强化基层监管力量，着力提高安全生产法治化水平。由此《矿山安全法》《安全生产法实施条例》《生产安全事故应急条例》等一系列的法律条例不断完善和出台，为人民生产安全提供了强有力的法律保障。党和国家秉持为人民谋幸福的理念，重视安全保护工作，安全生产得到有力保障。

3.2　安全技术知识

3.2.1　安全术语

安全生产：通过减少或控制在工业生产过程中的危害因子，以实现工业生产顺利进行。

本质安全：采用产品设计和技术手段使制造装置及产品系统自身具备安全，即便是在失误操作的前提下，系统也不会引发问题。

安全管理：是为在工业生产过程中保障职工的安全和身心健康，提高劳工能力，防止工伤事故和职业损害，实行劳逸结合，加强安全生产管理，使劳动者安全顺利地开展工业生产活动而实行的各种制度措施。

事故：对职业劳动过程中所发生意外的突发性事故之总称，一般是当事人违反法律法规或由疏忽失误造成的伤亡事故或财产损失。

事故隐患：指引导事件所产生的事物的危害状态、人的不安全行为和管理问题。

不安全动作：员工的职业行为中，违反劳动纪律、操作程序的带有危害性的行为。

违章指挥：强迫人员违反国家有关法规、政策、条例及操作规程进行工作的情况。

违章操作：指员工不执行工作规定操作，而冒险实施错误操作的情况。

“四不放过”原则：是指在调查处理工伤事故过程中，应当做到对问题根源分析得不清楚不放过、未能制定切实可行的预防措施不放过、死亡责任事故者未得到惩戒不放过、他人未得到教训不放过。

三违：违章指导、违法操作、触犯劳动纪律。

三级安全教育：进厂培训、部门培训、班级培训。

四不伤害：不损害自己、不影响他人、不被他人影响、帮助他人不受损害。

三知四会：懂产品原理，懂生产流程，懂设备构造；会运用资源，会维护保护设备，会排查故障和处置事件，会合理运用资源控制器具和保护仪器。

职业安全：在人类进行的工业生产过程中，没有人员伤亡、职业病、设备损害或财产损失等产生的状况，是一个具有特殊内涵与定义的“安全”。

危险因素：可能造成意外事故而产生的现存或潜在的状况。

危害化工产品：是指可燃易爆、具有毒性危害或破坏的，会对人、设备、环境等产生影响或破坏的化工产品，包含爆炸性物品、加压气体、液化气体、可燃液体、易燃固体、自然界产生和遇湿的易燃物品、金属氧化物和有机合成氧化剂、毒害物和侵蚀性物品等。

巨大危害源：是指长期性或暂时性地制造、工业生产、装卸、利用或储存危险性物质时，其危害物质的总量等于或超出临界容量场地或设备。

风险源：事物的不安全状态、人的不安全行为、作业环境问题、质量管理体系漏洞。

3.2.2 安全色

我国已确定了红、蓝、黄、绿四个安全颜色标准，其意义如表3-1所示。

表3-1 安全颜色

颜色	含义	用途
红色	禁止，停止	禁止、停止和有危险的器件设备或环境涂以红色的标记，如禁止标志，交通禁令标志，消防设备，停止按钮和停车、刹车装置的操纵把手，仪表刻度盘上的极限位置刻度，机器转动部件的裸露部分，液化石油气槽车的条带及文字，危险信号旗等
蓝色	指令，必须遵守的规定	指令标志，如交通指示标志等
黄色	警告，注意	警告标志，如交通警告标志、道路交通路面标志、皮带轮及其防护罩的内壁、砂轮机罩的内壁、楼梯的第一级和最后一级的踏步前沿、防护栏杆及警告信号旗等
绿色	提示安全状态通行	表示通行、机器启动按钮、安全信号旗等

3.2.3 安全标志

安全标志分禁止标志、警告标志、指令标志和提示标志四大类型。

1.禁止标志——不准或制止人们的某些行动

禁止标志的几何图形是带斜杠的圆环，其中圆环与斜杠相连，用红色；图形符号用黑色，背景用白色，如图3-1所示。

图3-1 禁止标志

扫码看彩图3-1

2.警告标志——警告人们可能发生的危险

警告标志的几何图形是黑色的正三角形,黑色符号,黄色背景,如图3-2所示。

图3-2 警告标志

扫码看彩图3-2

3.指令标志——强制人们必须做出某种行为或动作的图形标志

指令标志的几何图形是圆形,蓝色背景,白色图形符号,如图3-3所示。

扫码看彩图 3-3

图 3-3　指令标志

4. 提示标志——提供目标所在位置与方向的信息

提示标志的几何图形是方形，红色背景，白色图形符号及文字，如图 3-4 所示。

扫码看彩图 3-4

图 3-4　提示标志

3.3 常见安全事故防范

3.3.1 机械伤害事故预防常识

1. 机械伤害

机械伤害是指机器强大的功能对人体造成的损伤。

2. 机械伤害事故的特点

机械伤害事故的形式常常很惨重，如搅死、挤死、压死、碾死、被弹出物炸死、磨死等。在人员遭机器伤害的情形发生时，即使进行了应急停止，但由于机械设备的惯性效应，仍可使受害人产生一定程度损伤。

3. 造成机械伤害事故的主要原因

造成机械伤害的主要原因有：

(1)机械维护和检查中忽视安全措施。使用设备(如球磨机等)进入现场进行维护、检查时，不断开电源，不悬挂警示牌，没有指定专人监护，因此将造成严重后果。一些事故是由于电源切换延迟或临时电源故障等因素导致的计算错误造成的。有些人切断了设备的电源，但在设备的惯性运动完全停止之前就开始工作，这也可能造成严重的后果。

(2)缺乏安全装置。例如，某些机械传动皮带、传动机械、地面联轴器、皮带轮、飞轮和其他可能损坏的部件没有全面的保护装置。此外，车轴、进料口和保持架车轴上没有防护罩或警告标志。当工作人员意外接触到这些部件时，可能会发生机械事故。

(3)电源开关布置方式不合理。一是在紧急情况下，不能及时停电；二是同时安装了多个机械开关，如果意外启动机器，很容易导致严重后果。

(4)自制或擅自改装的设备不合乎要求。

(5)在机械操作过程中，清洁、拧紧皮带和对皮带打蜡。

4. 预防机械伤害事故的措施

预防机械伤害事故的措施有：

(1)检测机械设备应遵守操作规定，如断电、放置禁止合闸警告牌、有工作人员监视等。主机停电后，应当确定其惯性运行问题已彻底消除后才可以进行工作。当主机检测结束后，试运转时，应当对现场设备进行详细检验，确定所有设备部位工作人员已全部离开后，方可取牌合闸运行。大修或试车时，不得将人员留在机械设备内从事点车工作。

(2)与人手发生接触的机具，应当有完整的应急制动装备，且各刹车钮位应当使操作员在机械设备的作业活动区域内随时都能触及；机器设备的各传动部分，必须有安全性防护设施；投料口、螺旋输送机等部分，必须有盖板、围栏和警告牌；作业周围环境一定要保持清洁卫生。

(3)各设备的布置应当正确，并且必须满足以下两个要求：一是方便操作者紧急停车；二是防止失误启动其他装置。

(4)对机具开展清除积料、卡料、上皮带蜡等作业，应严格遵守停机断电挂警告牌规定。

(5)严格禁止无关人员进入风险较高的本机具操作地点,非本机具操作人员因工作需要而进场的,必须事先与现场机具人员有过接触,并有适当保护措施后方可批准进场。

5.机械手外伤的急救原则

机器损伤影响人体最大的部位是手指,因为手在生产劳动中与机器的碰撞较为频繁。当出现断手、断指等重大状况时,对伤者伤口要加以包扎处理、迅速止痛,并做好半握拳状的机械固定。对断手、断指使用消毒或洁净的敷料包好后,切忌直接把断指放在乙醇等消毒剂中,以免细菌变质。把包装好的断手、断指放入不漏气的塑胶袋里,并扎紧好包口,在周围放入冰碴,或用冰棒代替,速随伤员送院救治。

3.3.2 化学伤害事故预防常识

1.化学事故

化学事故,多是有毒物品或化学危险品在制造、贮存、运输和利用的过程中,因人为或其他因素而造成泄漏、污染或爆炸,并导致重大人员伤亡和经济损失的事件。由于化学危险品种类很多,都具有独特的有害功能,化学事件往往具有突发性强、传播快、影响覆盖面广、持续时间长、结果复杂等特征,因此应当引起人们高度警觉。

常用危险性化学物质有液化气、各种管道烟气、甲苯、氯乙烯、液氯、液氨、乙酰丙胺、二氧化硫、一氧化碳、黄磷、烈碱、强酸、农药杀虫剂等。

2.化学事故的前兆和确认

在化学品区以及有警示标志的化工产品容器周围,工作人员必须小心留意以下先兆反常现象:

(1)有色空气或液体存在跑、冒、滴、漏现象,并伴有怪味。

(2)大批员工同样发生头痛、头晕、心悸、烦躁、喘息不便、恶心、视物不清、惊厥、抽筋、步履蹒跚等不适应表现。

(3)动物反常:一些蜂、苍蝇、弄蝶等害虫飞翔不稳、抖翅、挣扎;大部分青蛙、禽类、牲畜等动物发生了眨眼、散瞳、缩瞳、流唾液、伫立不稳、呼吸不便、痉挛等现象;一些小鱼、虾、蚂蟥等近水生物活动速度加大、乱蹦乱爬,而后活动障碍严重。

(4)植株变异:各类植株的色泽改变。

3.防护措施

(1)自身保护方法:熟悉所接触的危险性化工品的特点,不盲目使用,不违规操作;妥善处理存放在周围的危险性化工品,努力做到标志齐全、密闭存放;避电、躲光、避开火源;在房间内不得储存危险性化工品;严管室内外积存高浓度的不易分解的有机废水及易燃易爆物品;发船、行车时不得运载危险性化工品;看到被人遗弃的化工品,不能捡拾,应立即拨打应急报警,讲清楚具体位置、包装标识、大致重量和是否有异味等情况;不在案发地附近停留,禁止在案发地附近吸烟;遇到危险化学品或携带人员出现情况时,要迅速离开事故现场,疏散人员至上风口地方,避免群众围观,并及时拨打电话报警;其他车辆司机应服从管理人员的指示依次进入事故现场。

(2)公共防御措施:毒区内的工作人员应急移动至安全地方,并撤离至上风方向;工作人员一旦来不及紧急疏散或在无个人保护器材的情形下,应当尽快转移至牢固而密闭性良好的建筑内,以减少化学中毒的危险;在群众较密集地离开时要保持秩序,不能挤踏;在踏入病毒区之前,应当适当佩戴防毒面具以及袖套、裙板、靴套等个人防护器具,必要时还应穿戴全身型防毒服。

3.3.3 触电事故预防常识

电流对人身的损伤是电力事故中较为普遍的一类,其基本上可包括电击和电伤两个方面。

1.电击

人体碰到带电部分,产生电流经过身体内部,使人体里面的脏器遭受破坏的现象就叫作电击触电。在触电时,因肌体发生收缩,受害者往往无法及时离开带电部分,使电流不断地经过身体,从而引起呼吸困难、心脏停搏,以至于身亡,所以极度危险。

直接与电气设备的带电部分接触、过高的接触电流和大跨步直流电压,也可能使人触电。而与用电装置的带电部分按接触形式不同,又可分为单相触电、两相触电。

(1)单相触电

单相触电是指人体站在地面上,触及电源的任意一相线或漏电设备的外壳而触电。单相触电时,人体只接触带电的一根相线,由于通过人体的电流路径不同,所以其危险性也不一样。如图3-5(a)所示为电源变压器的中性点通过接地装置和大地呈良好连接的供电系统,在这种系统中发生单相触电时,相当于电源的相电压加在人体电阻与接地电阻的串联电路。由于接地电阻较人体电阻小很多,所以加在人体上的电压值接近于电源的相电压,在电压为380/220 V的供电系统中,人体将承受220 V电压,是致命的。

如图3-5(b)所示为电源变压器的中性点不接地的供电系统的单相触电,这种单相触电时,电流通过人体、大地和输电线间的分布电容构成回路。显然这时如果人体和大地绝缘良好,流经人体的电流就会很小,触电对人体的伤害就会大大减轻。实际上,中性点不接地的供电系统仅局限在游泳池和矿井等处应用,所以单相触电发生在中性点接地的供电系统中最多。

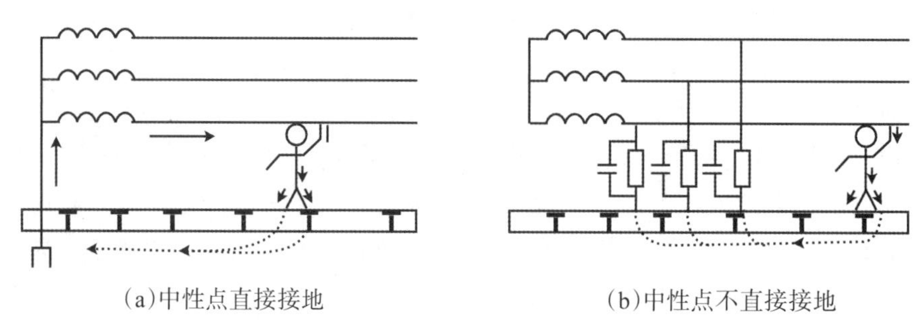

(a)中性点直接接地　　(b)中性点不直接接地

图3-5　单相触电

(2)两相触电

当人体的任意两处,如双手、手和脚,同时触及电源的两根相线而发生触电的现象,称为两相触电。如图3-6所示,在两相触电时,虽然人体与地有良好的绝缘,但因人同时和两根相线接触，人体处于电源线电压下，在电压为380/220 V的供电系统中，人体受380 V电压的作用，并且电流大部分通过心脏，因此是最危险的。

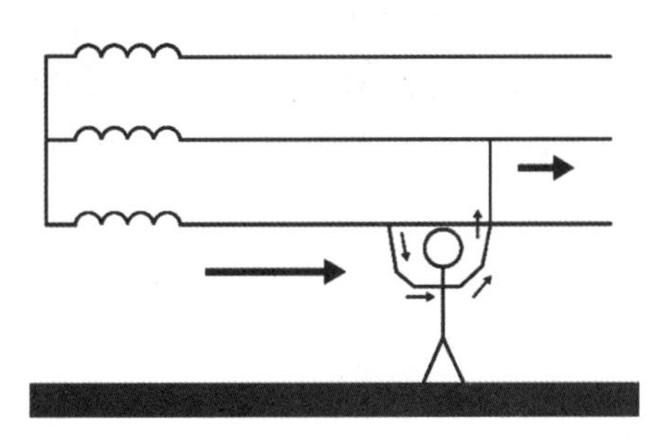

图3-6 两相触电

(3)接触电压和跨步电压

过高的接触电压和跨步电压也会使人触电。当电力系统和设备的接地装置中有电流时，此电流经埋设在土壤中的接地体向周围土壤中流散，使接地体附近的地表任意两点之间都可能出现电压。如果以大地为零电位，即接地体以外15~20 m处可以认为是零电位。

人站在发生接地短路的设备旁边，人体触及接地装置的引出线或触及与引出线连接的电气设备外壳时，作用于人的手与脚之间就是电压U_J，称为接触电压。

如图3-7所示，人在接地装置附近行走时，由于两足所在地面的电位不相同，人体所承受的电压U_K为跨步电压。跨步电压与跨步大小有关。人的跨距一般按0.8 m考虑。

当供电系统中出现对地短路时，或有雷电电流流经输电线入地时，都会在接地体上流过很大的电流，使接触电压U_J和跨步电压U_K都大大超过安全电压，造成触电伤亡。为此接地体要做好，使接地电阻尽量小，一般要求为4 Ω。

接触电压U_J和跨步电压U_K还可能出现在被雷电击中的大树附近或带电的相线断落处附近，人们应远离断线处8m以上。

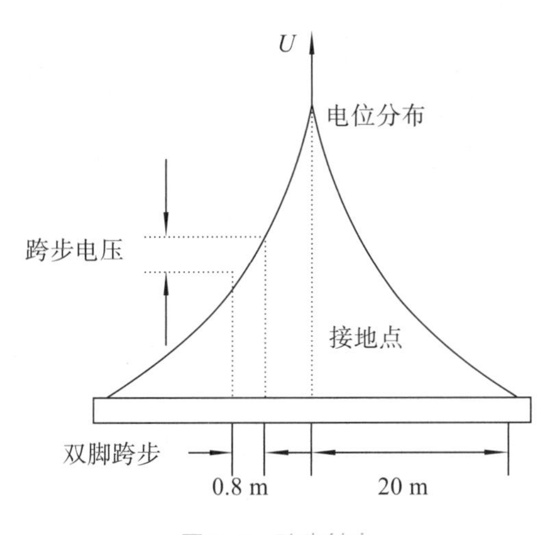

图3-7 跨步触电

2. 电伤

电弧以及熔化、蒸发的金属微粒对人体外表的伤害,称为电伤。例如在拉闸时,不正常情况下,可能发生电弧烧伤或刺伤操作人员的眼睛。再如熔丝熔断时,飞溅起的金属微粒可能使人皮肤烫伤或渗入皮肤表层等。电伤的危险程度虽不如电击,但有时后果也是很严重的。电伤包括电烧伤、电烙印、皮肤金属化、机械损伤、电光眼等。

3. 触电事故的预防

(1)场站内的设备,绝对不能随意乱动。若设备出现了故障,必须聘请电工检修,严禁私自检修,更严禁带故障操作。

(2)对反复触及和运用过的配电柜、配电板、闸刀控制器、按钮控制器、电源线、插销及其电线等,都应当保证完整、安全,且严禁使带电部分暴露出来。

(3)当使用闸刀开关、地磁开关等时,都需要先把盖子盖好。

(4)电气设备的外部应按相关的技术规定,实行保护性接地或接零。

(5)采用手电钻、动力研磨砂轮等手用动力器具时,应当先安设泄漏防护器,用具的金属材料壳体也应有防护系统或接零;如采用单相故障手用动力器具时,其引线、插销、电源线均须满足单相故障三眼的需要;采用三相的手动电动工具时,其引线、插销、电源线等必须满足三相四眼的规定;作业时须戴好绝缘手套,并站在绝缘板上;严禁把刀具等的重量直接轧到线路上,以避免因轧断线路而引起触电。

(6)在实施电气作业流程中,应严格遵守安全技术规程,切不可盲目乱动。

4. 触电急救

人类在触电后,一般都会产生脸色苍白、瞳孔扩大、脉搏和呼吸暂停等现象。发现触电后,应立即开展现场抢救,只要处置及时、合理,则大部分触电者均能得救。

(1)快速断开电源。如果与电源开关相距较远,可使用绝缘物质(如木棒等)挑开导线,切忌使用金属板材或用湿手去扯导线,以免造成连锁触电。

(2)脱离电源后,依据触电者受伤状况,采取相应的抢救方法。若触电者受伤程度较轻,应使之在安全的地方休养约1小时,然后再送到诊所观察。一旦受伤比较严重,或者发生无知觉、心跳完全停止的情况,就必须马上实施人工呼吸,并实施胸外心脏按压。在送到医院的路上,也不能停止实施人工呼吸或者胸外心脏按压的急救。

3.3.4　火灾事故预防常识

预防火灾是一项涉及多项系统工程技术的综合型技术,它的适用范围非常广,而且技术手段较复杂。要做好火灾预防工作,既需要从事消防工作的专业技术人员深入研究与探讨,又需要各级领导干部和广大人民群众高度重视。要经常开展防火安全宣传、防火安全教育、火灾演练,开展细致入微的防火检查,建立健全各项防火安全规章制度。为了合理地降低因火灾事故所带来的经济损失,在制订消防对策时,应当以下列四个目标为基础:一是避免人体伤害;二是确保个人财物的安全;三是保证工业生产的顺利进行;四是防止火灾事故苗头。

《中国消防工作法》规定:消防工作必须坚持"防范为先,防消结合"的方向。"防范为先"就是说要把防范火灾事故的管理工作摆在主要战略地位,要深入开展预防火灾教育,增强群众对火灾事故的警觉性；完善防火工作机构，严格执行耐火管理制度，实行耐火检验，减少火灾事故隐患。唯有抓好“防”，才能把可以引发火灾事故的各种因素化解在大火前面。“防消结合”是说在主动地搞好防火工作的时候，在组织、思想、物力和技能上做好灭火战斗的预备，万一出现火灾事故，就能快速地赶赴现场，尽快有效地将火扑灭。“防”和“消”是相互关联的两个概念，是相互结合而不可分割和独立的。所以，对这两方面的管理工作都要主动地推进。

1.火灾产生的原因

起火事件产生的因素有许多，主要表现在以下几点：

(1)用火管理工作不善导致起火。

(2)用电设施绝缘不好，设计不合法规标准，出现短路、超负载、交流阻力增大等，都可能引发着火。

(3)工序布局不恰当，易燃易爆场所未采取相应的耐火耐爆保护措施，机械设备缺少保养检测，都可能引发着火。

(4)破坏安全生产操作，使机械设备超温、超压，或在易燃易爆场所违章使用明火、抽烟等都可能引发着火。

(5)通风较差，工业生产场所的易燃气体或尘埃在室内空气中超过爆炸性含量，遇火源引发火灾。

(6)避雷装置设计不合理，电气设备未经检测或缺少避雷器等装置时，突发雷雨天气将引发火灾事故。

2.火灾的扑救

出现火灾事故后，要及时运用本单位、本区域的消防仪器、设施实施扑救，有自动扑救系统的应立即启用。

(1)断绝所有可燃物：将燃点周围可能形成火势扩散的所有可燃材料全部移除；关闭相应闸门，截断已流入燃点的易燃气体或者易燃液体；开启相应闸门，使已点燃的器皿以及遭受火势危险的器皿中的可燃物料，经由管道流至安全地带。

(2)冷却：本单元内若有消防给水系统、救火车及泵，可使用其装置自动灭火；该岗位如果配备了一定的灭火器设备，则应用其灭火器扑救；如没有上述消防器材设备，则可采用简易方式扑救。

(3)隔绝空气：利用气泡灭火剂喷射气泡遮盖可燃物外表；使用容器、装置的顶部罩盖燃区；油锅中着火时，应立即盖上锅盖；对不能由水扑灭的火灾应该使用砂、土扑救。

(4)扑灭：针对小面积草丛、灌丛及一些固定易燃物正在焚烧，或火势较弱时，使用扫把、木枝条、衣物等扑打。

(5)切断电源：当出现了电力大火，或者大火直接危及电力线路、电气设备并影响灭火人员生命安全时，首先断开供电。如采用水、泡沫灭火器等扑救时，应当在断开电源之后立即实施。

(6)防止爆炸：能引起火势危险的易燃易爆物料，钢制压力容器、槽撤离至安全地带；停止给钢制压力容器加热后，打开冷却系统闸门，给钢制压力容器安装加以供应冷却水；有自动放空泄压装置的,由专业人员开启该闸门放压泄空。

3.火场的撤离方法和逃离路径的选取原则与办法

(1)尽量借助楼房内的设备逃离:使用灭火电梯实施火灾疏散逃离,火灾时的一般梯子千万不可使用;借助房间内的防烟电梯、一般梯子、密闭扶梯等实施逃离;使用观光扶梯避难逃生;使用墙边的落水管道进行逃脱。

(2)在不同地区、不同条件下的疏散逃生措施:当一个楼层的某个部位着火,而大火已开始发展时,要注意听广播的提示,而不能一看到有火警就心慌意乱;当室内着火,但门已被大火所堵塞,室内居民无法撤离时,应另找其他途径;在某一防火区着火,而火楼以外楼层的人又无法直接向楼梯方向撤离时,被困人员应先撤离至楼顶,在之后从相邻而未着火的区域直接向地底撤离;当处于布满浓烟的室内和廊道内时,由于浓烟和热气向上流动,在离地底近的区域,烟气量会相对小一些,因此可以少吸入一些浓烟。

(3)发生火灾时的逃跑注意事项:不能由于恐惧而忘记了报警;如果出现失火,就应立即报警,延缓报警时间是非常危险的事;不能一见底层失火,就立刻往下走,因为一旦楼上的人都往下走便会为救援工作增添麻烦;不能因为收拾行李和贵重财物而耽误了时间;不能盲目地从窗户上往下跳;在被火焰困住而无法及时脱身时,用沾湿的衣物、毛巾捂住口鼻,耐心等候抢救,并想方设法报警求救;不能使用电梯逃生。

第4章 车削技能训练

4.1 车削加工概述

4.1.1 车削加工范围

车削加工是指利用车床通过刀具与工件相对运动，对工件进行切削，从而改变毛坯的尺寸和形状等，使之成为零件的加工过程。车削加工是切削加工中最基本、最常用的加工方法，在机械加工以及工程应用中扮演着重要的角色。

车削加工是通过卡盘带动工件旋转，作为车削加工的主运动，通过刀具的移动形成进给运动，因此，车削特别适于加工具有各种回转类表面的零件，车削加工通常可以完成以下切削：车内外圆柱面、车内外锥面、车端面、车内外沟槽、车螺纹、车内外成形表面、钻孔、扩孔、铰孔、滚花等，加工范围较广，如图4-1所示。

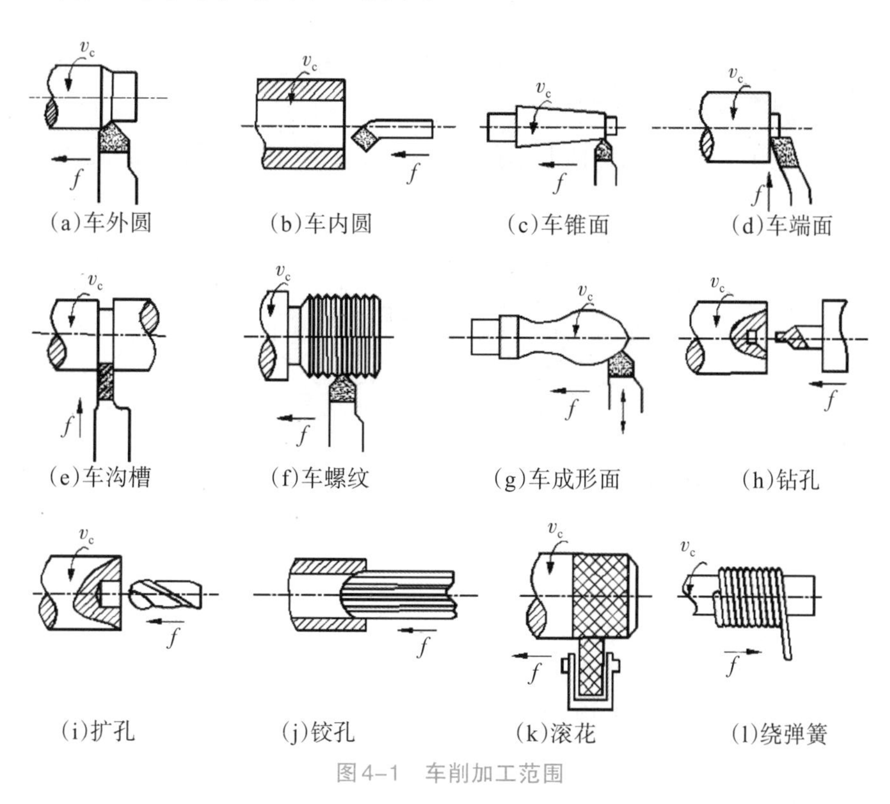

图4-1 车削加工范围

车削加工主要具有以下特点：

(1)在机械加工中应用普遍，约占切削加工的50%~70%，在制造业领域中占据着重要地位。

(2)车削加工效率高，可采用大切削深度和较高主轴转速，金属切除率高。

(3)刀具简单，车刀制造、刃磨和装夹都比较方便，便于根据加工要求对刀具材料、几何角度进行合理选择。

(4)车削的加工精度范围大，精度可达IT13~IT6，精车甚至可达IT6~IT5，表面粗糙度*Ra*值为12.5~1.6。

(5)切削比较平稳，连续车削情况下，冲击较少，允许采用较大的切削用量进行高速切削或强力切削。

(6)车削对工件的结构、材料、生产批量等有较强的适应性，可车削各种钢材、铸铁、有色金属等金属材料和玻璃钢、夹布胶木、尼龙等非金属材料。

(7)设备投入成本低，适合大批量生产以及小批量柔性生产要求。

4.1.2 车削运动与切削用量

1. 主运动和进给运动

在利用车床车削时，工件和刀具产生相对运动从而进行切削以去除材料。车削过程中的运动主要包括主运动和进给运动。

(1)主运动：工件的旋转运动。车削时的主运动只有一个，主运动是切下切屑所需的运动，主轴的运动速度高、消耗功率大。

(2)进给运动：刀具的运动。刀具按照加工需要沿着纵向、横向和斜向进行运动，是使材料切削持续进行，从而加工出最终形状的运动。

在利用车床车削的过程中，工件上将存在三种表面：待加工面、加工面和已加工面，如图4-2所示。

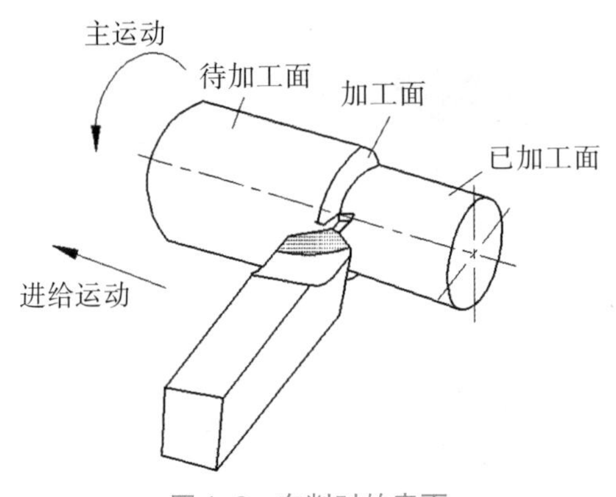

图4-2 车削时的表面

待加工面：表面切屑即将被切除的面。

加工面：正在被切除切屑的面。

已加工面：已经被刀具去除切屑的面。

2.切削用量

切削用量又称切削三要素，即切削速度、进给量和背吃刀量（切削深度）。切削用量是在车削过程中设置或调整主运动和进给运动所需的工艺参数，是关系到加工质量、生产率和生产成本的关键因素。根据不同的工件材料、刀具材料、技术要求、经济成本来合理地选择切削用量，能充分发挥机床和刀具的性能，提高生产效率，降低生产成本。

（1）切削速度

切削速度是指在单位时间内，工件与刀具沿主运动方向的最大线速度，按下式计算：

$$v_c=\pi dn/1000$$

式中：v_c——切削速度，m/min；

d——工件待加工表面的最大直径，mm；

n——工件转速，r/min。

切削速度的选择需要考虑刀具、工件、切削条件与机床性能等多个因素，具体如下：

1）刀具：刀具的材质、寿命、几何形状及锋利程度都会影响切削速度的选择。一般来讲，刀具材质的耐高温性不同，切削速度的选择也不同。高速钢刀具不耐高温，切削速度不到50m/min；碳化钨刀具耐高温，切削速度可达100m/min；陶瓷刀具耐高温，切削速度可达1000m/min。使用寿命长的刀具应该设置较低的切削速度，反之设置较高的切削速度。

2）工件：工件的材质和形状会影响切削速度选择。硬质材料需较低的切削速度，软材料可以使用高切削速度；对于刚度较差的细长件以及薄壁件，应使用较低的切削速度。

3）切削条件：主要是切削液，高速切削时产生的大量热容易使得工件和刀具产生热变形，从而降低零件的尺寸和形状精度，通过切削液可以带走热量，降低热变形。

4）机床性能：刚性好、精度高的机床，适合选择高切削速度。

一般而言，切削速度的选用需要遵循以下原则：

粗车时，以提高生产效率为目的，一般选择取大的背吃刀量和进给量，此时可选用中等或中等偏低的切削速度。

精车时，刀刃上产生的积屑瘤会影响加工表面质量，因此在选择切削速度时，如果工件为小直径，为了保证刚度，采用低速切削（6m/min以下）；而在精车时为了保证生产效率，切削速度可取较高（100m/min以上）。对于硬质合金车刀，高速精车钢件时切削速度取100~200m/min，高速精车铸铁时切削速度取60~100m/min。切削速度通常可以用下式换算：

$$n=\frac{100\,v_c}{\pi d}$$

（2）进给量（进给速度）

进给量又称走刀量，是指当主运动完成一个循环，车刀相对于工件在进给运动方向上的位移量，其单位为mm/r。

进给量的选择需要考虑工件加工精度、车刀材质及形状等因素。

1）精度：当工件尺寸精度或表面质量加工要求较高时，可选择较小的进给量，反之可适当加大进给量。

2）刀具：材质硬度高、耐磨以及具有较高韧性或者刀尖半径小的车刀可以适应较高的进给量加工,反之需要减小进给量。

进给量可以按照以下原则选用:

粗加工时为了提高加工效率,可选取适当大的进给量(0.15~0.4mm/r);精加工时为获得较高的加工精度和表面质量,采用较小的进给量(0.05~0.2mm/r)。

走刀位移有时候也可以用进给速度来描述,进给速度表示刀具相对于工件沿进给方向上的移动速度,单位为mm/min。

(3)背吃刀量

背吃刀量又称为切削深度,是指待加工表面与已加工表面之间的垂直距离,单位为mm,其计算公式为

$$a_p=(d_w-d_m)/2$$

式中:a_p——背吃刀量,mm;

d_w——工件待加工表面的直径,mm;

d_m——工件已加工表面的直径,mm。

背吃刀量的选择要考虑机床、刀具、工件等多个因素。

1)机床:过大的背吃刀量会超出机床的刚度,造成机床的颤抖,不仅影响工件的加工质量,而且对机床会有损坏;机床功率小,也不宜选择过大的背吃刀量。

2)刀具:背吃刀量过大能加速刀具的磨损,还可能引起刀具的断裂,造成刀具的报废。

3)工件:工件刚度小时,选择较大的背吃刀量容易引起工件变形,降低加工精度。

背吃刀量的选择应该遵循如下原则:

在工艺系统允许的情况下,尽可能选取较大的背吃刀量,可取2~4mm或者6~10mm,以尽可能利用较少的走刀次数增加材料的去除量,除留给以后工序的余量外,其余的粗加工余量尽可能一次切除,以使走刀次数最少。精车时,加工精度和表面粗糙度要求较高,加工余量不大且均匀,因此选择较小的背吃刀量和进给量(高速精车0.3~0.5mm,低速精车0.05~0.1mm),并选用切削性能高的刀具材料和合理的几何参数,以尽可能提高切削速度。

一般情况下,粗加工时,采用较低的切削速度、大的进给量、较大的背吃刀量;精加工时,采用较高的切削速度、小的进给量和较小的背吃刀量。

4.1.3 车　床

1.普通车床型号

以普通卧式车床C6132为例,依据GB/T 15375—2008《金属切削机床 型号编制方法》,各字母与数字的含义如下:

C——类别代号,代表车床类;

6——组别代号,代表卧式及落地车床组;

1——系别代号,代表基本型;

32——主参数,表示最大车削直径为320mm。

2.普通车床结构

以C6132为例,如图4-3所示,将普通车床各部分结构介绍如下。

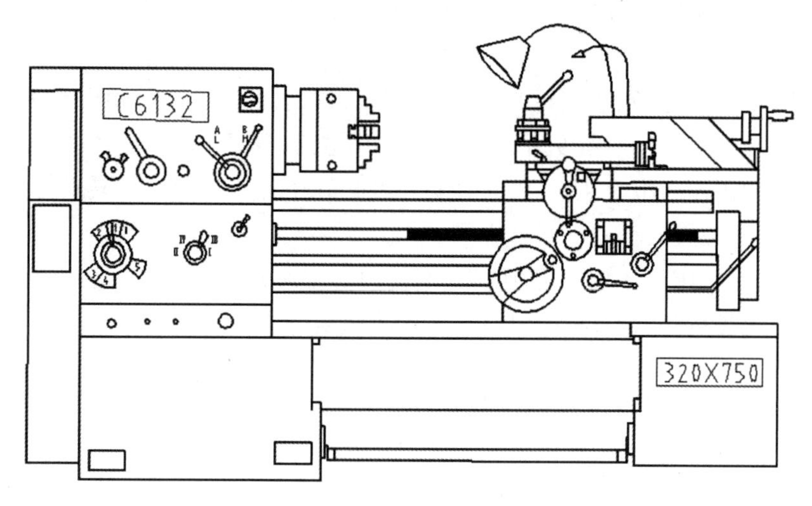

图4-3 普通卧式车床

C6132车床由床身、床头箱、变速箱、进给箱、光杆、丝杆、溜板箱、刀架、床腿和尾架等部分组成。

(1)床身:是车床的基础部件,用来支承和安装车床的各个部件,保证其相对位置,如床头箱、进给箱、溜板箱等。床身具有足够的刚度和强度,床身表面精度很高,以保证各部件之间有正确的相对位置。床身上有四条平行的导轨,供刀架和尾架相对于床头箱进行正确的移动,为了保持床身表面精度,在操作车床中应注意维护保养。

(2)床头箱(主轴箱):用以支承主轴并使之旋转。主轴为空心结构。其前端外锥面安装三爪卡盘等附件来夹持工件,前端内锥面用来安装顶尖,其细长孔可穿入长棒料。C6132车床主轴箱内只有一级变速,其主轴变速机构安放在远离主轴的变速箱中,以减小变速箱中传动件产生的振动和热量对主轴的影响。

(3)变速箱:由电动机带动变速箱内的齿轮轴转动,通过改变变速箱内的齿轮搭配(啮合)位置,得到不同的转速,然后通过皮带轮传动把运动传给主轴。

(4)进给箱:又称走刀箱,内装进给运动的变速齿轮,可调整进给量和螺距,并将运动传至光杆或丝杆。

(5)光杆、丝杆:将进给箱的运动传给溜板箱。光杆用于一般车削的自动进给,丝杆用于车削螺纹。

(6)溜板箱:又称拖板箱,与刀架相连,是车床进给运动的操纵箱。它将光杆传来的旋转运动变为车刀的纵向或横向的直线进给运动,将丝杆传来的旋转运动,通过"对开螺母"直接变为车刀的纵向移动,用以车削螺纹。

(7)刀架:用来夹持车刀并使其做纵向、横向或斜向进给运动。它包括以下各部分:

1)大拖板(又称大刀架、纵溜板):它与溜板箱连接,带动车刀沿床身导轨纵向移动,其上面有横向导轨。

2)中溜板(又称横刀架、横溜板):它可沿大拖板上的导轨横向移动,用于横向车削工件及控制切削深度。

3)转盘:与中溜板用螺钉紧固,松开螺钉,便可在水平面上旋转任意角度,其上有小刀架的导轨。

4)小刀架(又称小拖板、小溜板):它控制长度方向的微量切削,可沿转盘上面的导轨做短距离移动,将转盘偏转若干角度后,小刀架做斜向进给,可以车削圆锥体。

5)方刀架:它固定在小刀架上,可同时安装四把车刀,松开手柄即可转动方刀架,把所需要的车刀转到工作位置上。

(8)尾架:安装在床身导轨上,在尾架的套筒内安装顶尖,支承工件;也可安装钻头、铰刀等刀具,在工件上进行孔加工;将尾架偏移,还可用来车削圆锥体。

4.1.4 车 刀

1.车刀材料

车刀材料应具备较高的硬度、强度和较大的韧性,还要有较好的耐磨性、耐热性和导热性,此外车刀的工艺性、经济性也是选择刀具重要的指标。常用的车刀材料主要有硬质合金和高速钢。

硬质合金由多种金属通过粉末冶金方法制成,具有较高的硬度和熔点,耐磨性和硬度比高速钢高,主要有K类(YG)、P类(YT)、M类(YW)等多种类型的刀具。各类刀具具有不同的优缺点和适宜切削的工件,如YG8具有较好的工艺性和韧性,适合切削铸件,但耐磨性差,不适宜车钢件;YT5具有较好的耐冲击性,常用于粗加工或进行有冲击性的切削,适合车钢件;YT15常用半精加工和精加工,适合车钢件,并在高速切削时表现出较好的性能;YW2各项性能较好,价格较高,属于通用合金,可用于加工各类材料。

高速钢(W18Cr4V)俗称白钢、锋钢等,其强度、冲击韧度、工艺性很好,可以制造复杂形状的刀具,但耐热性低,高温下硬度会降低,不适合高速切削。成形车刀、麻花钻头、铣刀、齿轮刀、螺纹车刀、梯形螺纹车刀以及一般速度下的精车刀具一般都用高速钢材质。

2.车刀结构

车刀分为刀头和刀杆两部分,刀头用于切削工件,刀杆用于刀具装夹,如图4-4所示为90°外圆车刀结构。

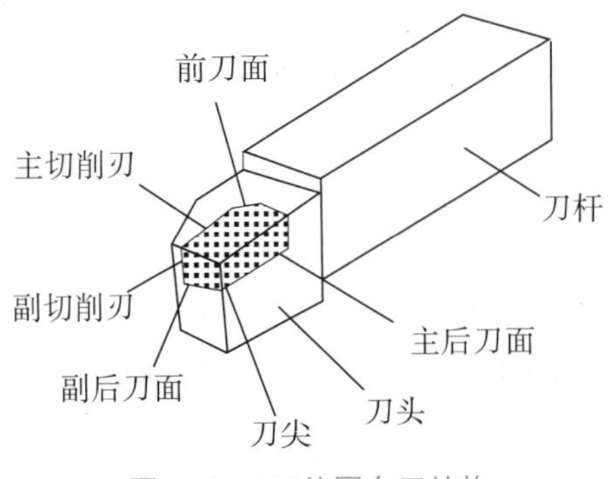

图4-4 90°外圆车刀结构

车刀刀头由前刀面、主后刀面、副后刀面三个面组成。前刀面与主后刀面的交线称为主切削刃，前刀面与副后刀面的交线称为副切削刃，主切削刃与副切削刃的交点称为刀尖。当车刀对工件外圆切削时，主后刀面与加工表面相对，车刀与主轴相对运动，主切削刃担负主要的切削任务，切屑从前刀面流出，副后刀面与已加工表面相对，主要修光工件已加工表面，刀尖是一小段倒角或圆弧，切槽刀有两个刀尖。

刀具刀头切削部分的几何角度是完成工件几何形状的重要参数，主要包括前角、后角、主偏角、副偏角等(图4-5)。

(1)前角γ_0：前刀面与刀具的安装平面(即水平面，称为基面)之间的夹角。前角越小，刃口越锋利，是选择切削用量考虑的重要参数。

(2)后角α_0：后角是后刀面与切削平面(通过刀具切削刃的某一选定点，与工件加工表面相切的平面)之间的夹角。后角用来降低刀具与工件之间的摩擦与磨损。

(3)主偏角κ_r：主偏角是主切削刃与进给运动方向在基面投影之间的夹角。主偏角影响切削分力的分配，还会对粗糙度有一定影响。

(4)副偏角κ_r'：副偏角是副切削刃与反进给运动方向在基面投影之间的夹角。副偏角的作用是减少副刀刃与工件已加工表面的摩擦，减少切削振动，同主偏角一起影响已加工表面的粗糙度。

(5)刃倾角λ_s：刃倾角是主切削刃与基面之间的夹角。刃倾角影响切屑的流向。

(6)副后角α_0'：副后角是副后刀面与切削平面之间的夹角。副后角影响刀具的强度和摩擦力。

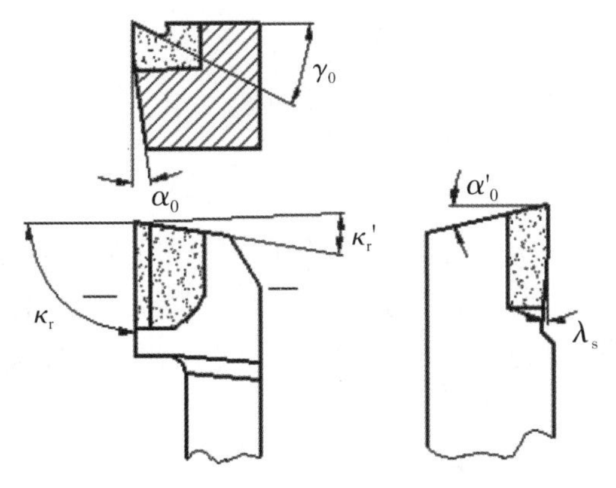

图4-5　90°右偏车刀的几何角度

3.车刀种类

根据车削加工内容不同，需采用不同种类的车刀，如图4-6所示。常用车刀的名称及用途如下：

(1)45°端面车刀：用于车削工件的端面、倒角和外圆。

(2)90°外圆车刀：用于车削工件的外圆、台阶和端面，有左偏和右偏之分。

(3)切断(切槽)刀：用于切断工件或在工件上车出沟槽。

(4)内孔刀：用于车削工件的内孔。

(5)成形车刀:用于车削工件的圆角、圆槽或车削具有特殊表面形状的工件。

(6)螺纹车刀:用于车削螺纹。

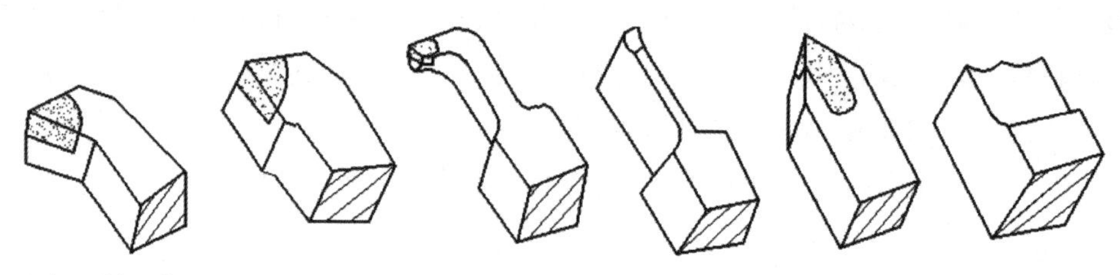

图4-6　车刀种类

4. 车刀安装

车刀必须正确牢固地安装在刀架上,刀杆尽量与机床轴线垂直或平行,另外还必须注意"三个度":高度、长度、角度。

车刀安装视频

(1)高度:车刀安装在方刀架上,刀尖应与工件轴线等高,一般用安装在车床尾座上的顶尖来校对车刀刀尖的高低,也可以采用试切的方式进行车刀高度的校准。如果车刀略低,可以在车刀下面放置垫片进行调整。

(2)长度:车刀在方刀架上伸出的长度要合适,通常不超过刀体高度的1.5~2倍,否则加工时刀具刚性差。

(3)角度:车刀安装在刀架上时要使刀具角度合适,特别是加工时的主偏角和副偏角。当然也可以通过调整刀具的偏角获得更好的加工质量。

4.2　车削加工基本操作

4.2.1　工件的装夹

车削工件的装夹包括定位和夹紧,定位要保证工件加工回转面的轴线与车床主轴轴线共线,夹紧要使得工件在承受切削力、重力时不发生窜动。装夹车削工件的机床附件包括卡盘(三爪卡盘如图4-7所示,四爪卡盘如图4-8所示)、顶尖、中心架、跟刀架、心轴、花盘及压板等。

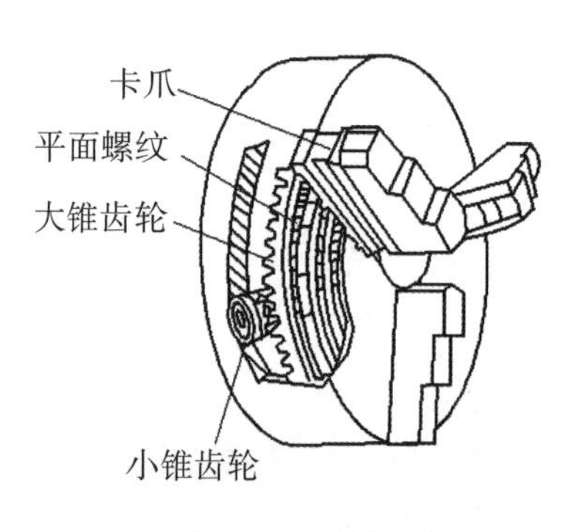

图4-7　三爪卡盘

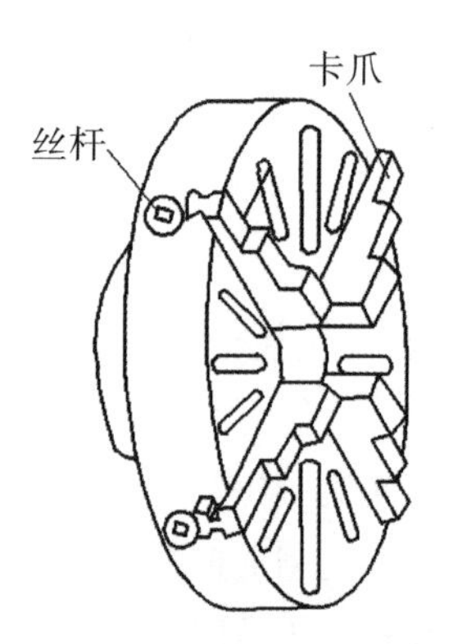

图4-8　四爪卡盘

利用卡盘夹紧工件时，将工件位置摆正放入卡盘，卡盘对工件夹持长度不宜过小(通常不小于10mm)，防止机床高速旋转时夹持不牢，飞出伤人，但也不应过大，否则会发生切削振动、顶弯工件或“打刀”现象。先通过卡盘扳手将工件轻轻夹紧，然后用手转动卡盘带动工件旋转一周，保证卡盘、工件转动时不与机床及刀架发生碰撞，确认安全后，启动车床，使其低速转动，观察工件歪斜偏摆的方向，或者用百分表找正，并做好标记，找到工件偏斜方向后停车，沿着偏斜方向轻敲工件使其回正，反复操作，确认无偏斜后用卡盘扳手旋转卡盘夹紧工件，注意完成夹紧后取下卡盘扳手。轴类工件的伸出长度约为零件实际长度减去10~20mm。细长轴采用两个顶尖装夹或者一端用卡盘夹紧，另一端用顶尖装夹。如图4-9所示。

(a)用限位支撑　　(b)用工件台阶限位

图4-9　一夹一顶安装工件

两顶尖装夹工件前需将工件两端钻出中心孔，装夹方便，无须找正，两顶尖装夹的工件通过鸡心夹头由拨盘带动旋转。细长杆由于刚度较差，在车削时受到径向力作用容易弯曲，需用中心架或刀架辅助装夹，如图4-10所示。

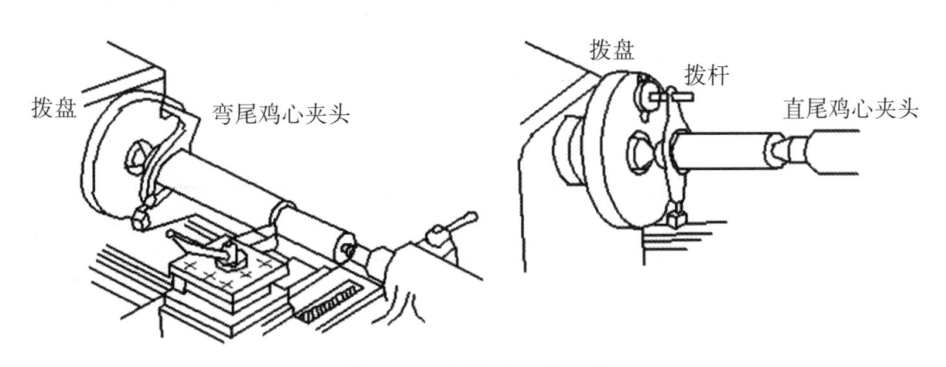

图4-10　两顶尖安装工件

4.2.2　车外圆、端面和台阶

1. 车外圆

对工件的车削主要分为粗车和精车，粗车是为了提高加工效率，从而选择较大的切削深度和较快的进给速度，快速地将材料进行去除，切削参数的选择要同时考虑工件材料和刀具情况，粗车需要在最后为精车留出余量，一般为0.3~0.5mm。精车是为了获得工件最终所要求的加工精度和表面质量，如果表面质量要求比较高，切削深度应该较小。粗加工后的表面余量误差较大，为了保证精加工时有稳定的加工余量，以达到最终产品的统一性，有时会安排半精车。

如图4-11所示，常用的外圆车刀有：

直头刀：如75°直头刀，用于粗车外圆、车削无台阶或小台阶的工件。

弯头刀：如45°弯头刀，用于车削外圆、端面和倒角。

偏刀:如90°偏刀,用于车削垂直台阶和细长轴。

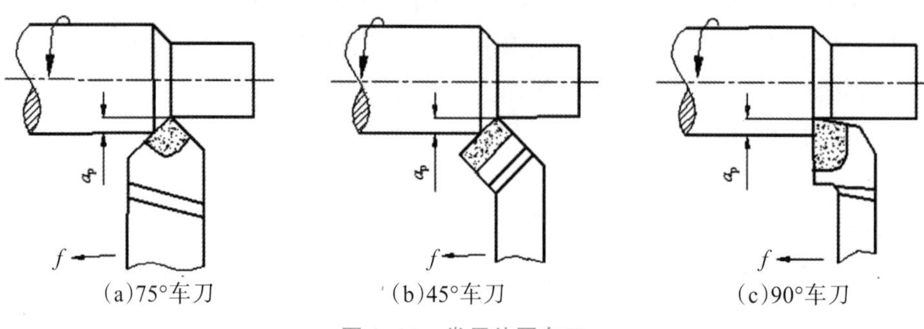

图4-11　常用外圆车刀

外圆车削的一般步骤如下:

(1)准备:按要求完成车刀选择以及工件、车刀的装夹。

(2)对刀:开车后,移动车刀,轻触工件表面,沿进给反方向退刀。

(3)试车:选择吃刀深度,横向进刀,进给切削,试切1~3mm,进给反方向退刀,停车测量。

(4)粗车:选择吃刀深度,横向进刀,开始进给车削,车削完成后进给反方向退刀,停车测量,测量后如尺寸符合要求则可开车进行切削,如不符合要求,重复本步骤,直至留出0.3~0.5mm的精车余量,如图4-12所示。

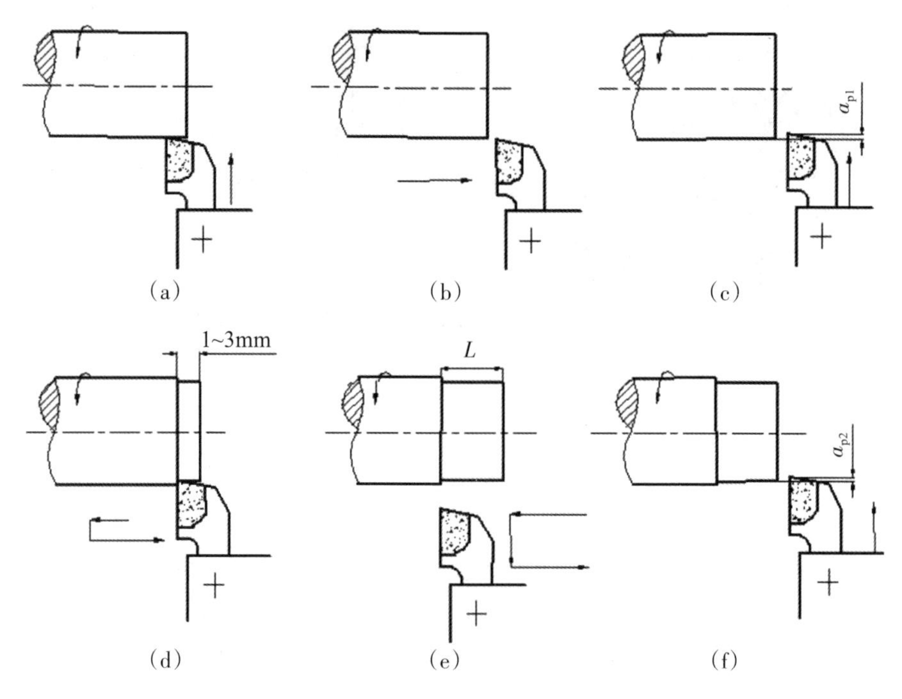

图4-12　粗车加工

(5)精车:精车前精确测量工件直径,开车后,精车刀轻触工件表面,进给反方向退刀,横向进刀余量的三分之二,完成车削后反方向退刀,停车测量,横向进给剩余余量,完成精车加工,如图4-13所示。

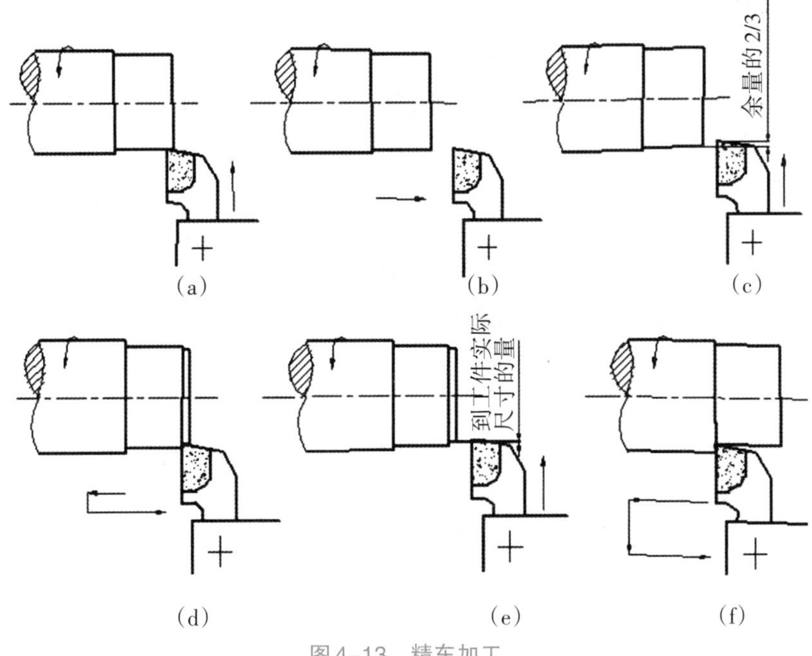

(a)　(b)　(c)　(d)　(e)　(f)

图4-13　精车加工

2.车端面

端面车削也是常见的车削加工之一，车削端面时车刀刀尖应与工件中心线等高，否则车削不完全，最终在端面上留下小凸台。利用车床对工件端面车削时常用的车刀有45°弯头刀和90°偏刀。通常对工件进行车削加工前先将端面进行加工以作为其他表面加工的基准面，加工过程如图4-14所示。

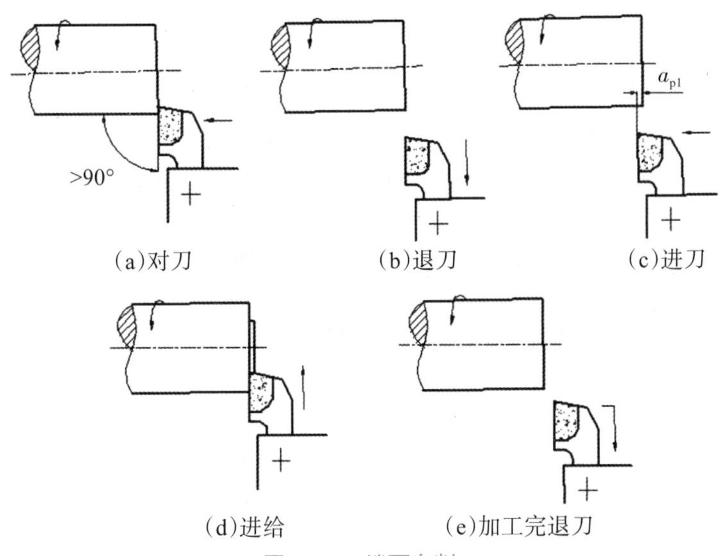

(a)对刀　(b)退刀　(c)进刀　(d)进给　(e)加工完退刀

图4-14　端面车削

弯头刀车端面时由主切削刃承担切削工作，适合于背吃刀量大或端面较大的工件。偏刀车端面分为左偏刀和右偏刀，右偏刀利用主切削刃车端面，适合加工有孔的工件，加工表面质量好,左偏刀既可以用主切削刃车削端面,也可以用副切削刃车削端面,主切削刃的强度较大,切削效果好,副切削刃在车削时容易扎刀而损坏刀刃。

车削时,由于切削速度因车削部位直径的改变而变化,因此在加工过程中应适当调整转速,工件中心处的转速相较于端面外沿附近位置要高。

3. 车台阶

如图4-15所示,台阶车削方法根据高度而不同,台阶低于5mm的工件用偏刀加工,主切削刃垂直于工件的轴线,由于台阶较低,可以和外圆车削一起加工。台阶高于5mm的工件,因肩部过宽,需分几次进给完成,用外圆车刀初步车出台阶雏形,再用偏刀主切削刃分次走刀,先使刀刃与工件端面保持5°倾斜,最后一刀则横向走刀完成加工。

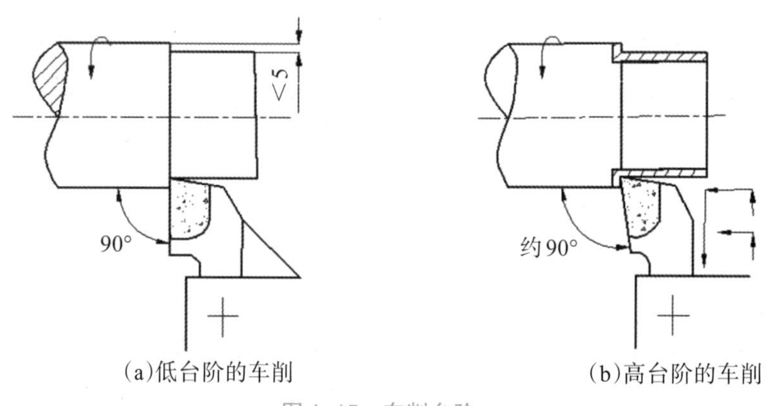

图4-15 车削台阶

4.2.3 钻孔和镗孔

1. 钻孔

工件上孔的加工通常是通过车床或钻床利用安装在机床上的钻头来完成的,孔径大小均由钻头的直径来决定,尺寸精度通常不会超过IT10,精度较低。钻床对孔的加工是工件固定,利用钻头旋转作为主运动来完成加工,而车床则是钻头固定,利用工件的旋转作为主运动来完成加工。相较于钻床,车床的钻孔加工容易保证孔的形位公差,即孔的轴线与工件其他回转面的同轴度以及与钻孔所在平面的垂直度。常用的钻孔刀具为麻花钻。车床上,钻头装夹在尾座套筒内,转动手轮推动其做纵向进给,如图4-16所示。

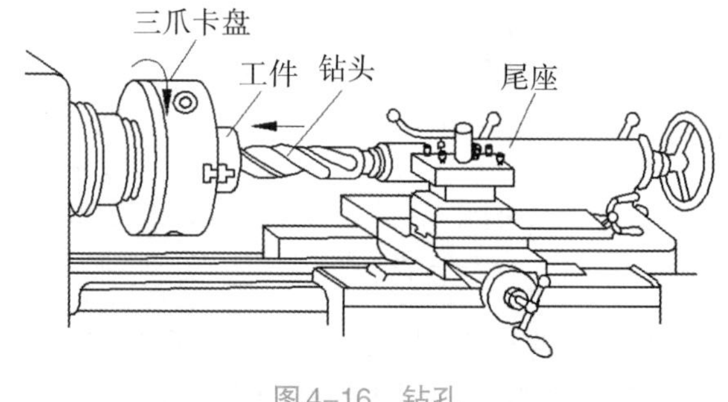

图4-16 钻孔

钻孔步骤如下：

(1)安装工件：将工件伸进主轴内孔中，注意调整伸出长度后校正夹紧，保证工件加工时的刚性。

(2)车削端面：将孔所在端面进行车削，使其成为平面，保证钻孔的定心。

(3)装夹钻头：选择合适的麻花钻，把钻头装夹在钻夹头中夹紧，当钻夹头的锥柄能直接和尾座套筒上的锥孔结合时，直接装入便可使用，如果锥柄小于锥孔，需借助过渡锥套。

(4)尾座调整：注意尾座调整位置时锁紧装置的开关。

(5)开车钻削：启动车床后，均匀摇动尾座手轮来移动钻头进行纵向进给。孔径较长或者材料较硬时应控制机床转速，防止钻头过热。在钻削过程中应经常退出钻头进行排屑和冷却，钻削盲孔时，利用套筒上的刻度控制深度，待钻到所需的尺寸后，稍作停留，使中心孔得到修光和圆整，然后退刀。

(6)退钻停车：将钻头全部退出，停车。

2.镗孔

对工件的镗孔通常都是对工件原有孔或者对上游工序中加工的孔进行扩径或者表面加工，镗孔工艺通常作为精加工的一道工序，精镗后的内表面尺寸公差等级为IT8~IT7，精度能控制在0.01mm以内，甚至可以达到IT6级，表面粗糙度值Ra为1.6~0.8，镗孔有通孔加工和盲孔加工之分，如图4-17所示。

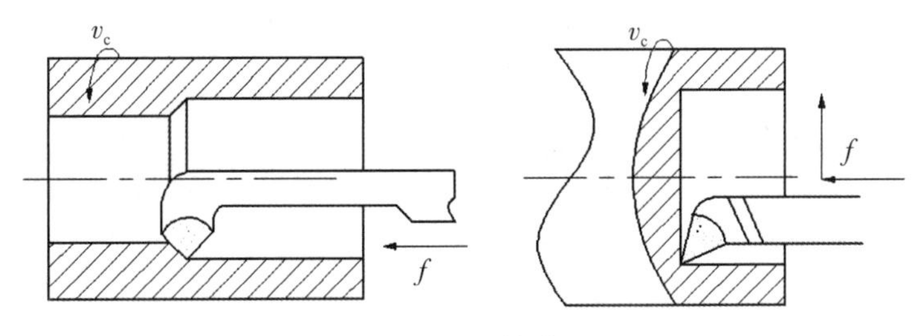

图4-17　镗孔

镗孔加工要注意以下几点：

(1)在进行镗孔加工前，应对工装、工件的定位基准以及各定位元件进行检查，确定是否稳定可靠，同时还要检查机床主轴的重复定位精度、动平衡精度等是否能够满足加工要求。

(2)镗孔所用的刀具一般为内孔车刀或镗刀，镗刀安装时要保持主刀刃平面和进给方向水平以保证正确的切削角度。

(3)镗刀安装后，需进行试镗操作，验证安装的镗刀能满足精、粗镗的要求。试镗方法与车外圆基本相同，注意在给刀切削时，进刀方向和退刀方向与车外圆相反。

(4)要根据实际情况随时调整镗孔余量，一般而言，按照不同的加工精度预留不同的加工余量，对于粗镗，预留余量为0.5mm，半精镗和精镗可预留0.15mm。

(5)对于一些特殊材料、硬质材料，对其进行镗孔操作的时候可以增加精镗的工序量，同时余量应该大于0.05mm，防止加工面出现弹性让刀现象。

(6)在进行镗孔加工时候，要时刻对其进行冷却，同时还要对加工部分进行润滑以便减少切削阻力。注意检查排屑是否顺畅,以免切屑影响到加工精度和表面质量。

(7)在镗削加工中、加工后测量过程的量具使用不当、测量方式错误,是镗削加工中常见的质量隐患。

4.2.4 车锥面

用车削的方法将工件表面加工成圆锥面的过程叫作车锥面,锥面结构在工件的表面几何特征中较为常见,在零件配合中应用较广。常见的车削锥面的方法有小滑板转位法、尾座偏移法、宽刃刀法以及仿形法四种。

1.小滑板转位法

小滑板转位法适用于单件、小批量生产,特别适用于工件长度较短、圆锥角较大的圆锥面,这种方法操作简单,能保证一定的加工精度。如图4-18所示,由于小滑板可旋转任意角度,在车削时将其转动至圆锥半角的角度,并用紧固螺母锁紧,缓慢而均匀地转动小滑板手柄,使车刀沿着锥面母线移动,即可车出所需要的圆锥面。这种方法操作简单,能车出整锥体和不受锥角大小限制的圆锥孔,且内、外锥体均可加工。但因小滑板位移限制,不能加工太长的锥体。缺点是只能手动进刀,劳动强度较大,且小刀架的偏转角度存在误差,需要不断试切、测量和修正。

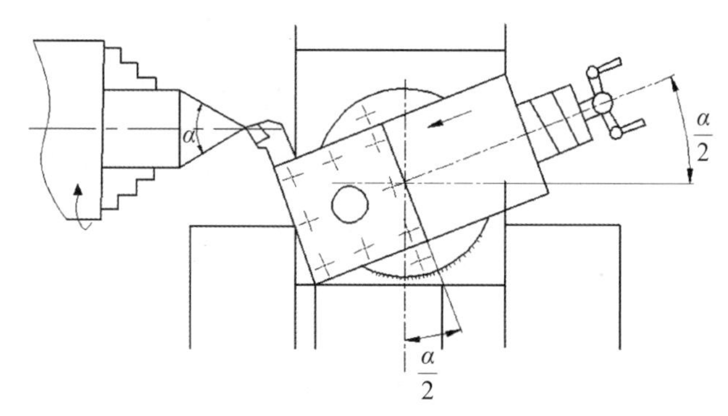

图4-18 小滑板转位法

2.尾座偏移法

如图4-19所示,尾座偏移法适用于加工锥度小、锥形部分较长的工件,但对于整圆锥和圆锥孔,以及锥度较大的工件并不适用,受尾座偏移量的限制,车削锥角$\alpha<16°$。尾座偏移法可以自动走刀进给,加工后的表面粗糙度值低。将工件安装在前、后顶尖上,将尾座偏移距离S,使工件轴线与机床主轴轴线相交成半锥角$\alpha/2$,车刀纵向进给即可车出锥面。

3.宽刃刀法

车削较短的圆锥时,如小于切削刃长度的内、外锥体等可以用宽刃刀直接车削,生产率高,适合高精度、大批量生产。当工件的圆锥斜面长度大于切削刃长度时,可以用多次接刀方法加工,但接刀处必须平整。由于是主切削刃磨成或倾斜成与锥体素线相同的角度,其实质上是属于成形法,所以要求切削刃必须平直,切削刃与主轴轴线的夹角应等于工件圆锥半角。检验锥角时可以采用万能角度尺检验或者涂色法检验。由于宽刃刀法切削力较大,易引起振动，因此要求切削加工系统具备较好的刚性。

4. 仿形法

仿形法又称为靠模法，这种方法将车床加装靠模板控制车刀进给方向车出所需锥面，适用于加工长度较长、精度要求较高、批量较大的圆锥面工件，如图4-20所示。将中滑板上的丝杠和螺母脱开，其手柄不再调节车刀的横向进给，而是将小滑板旋转90°，用小滑板的丝杠控制背吃刀量。将靠模板调节成半锥角α/2，当床鞍自动进给时，车刀做斜向运动车出所需锥面。仿形法适合加工锥角α<12°的内、外长锥体。

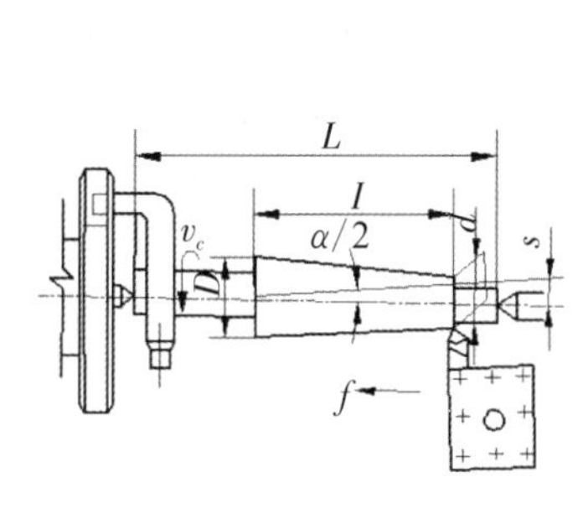

图4-19　尾座偏移法

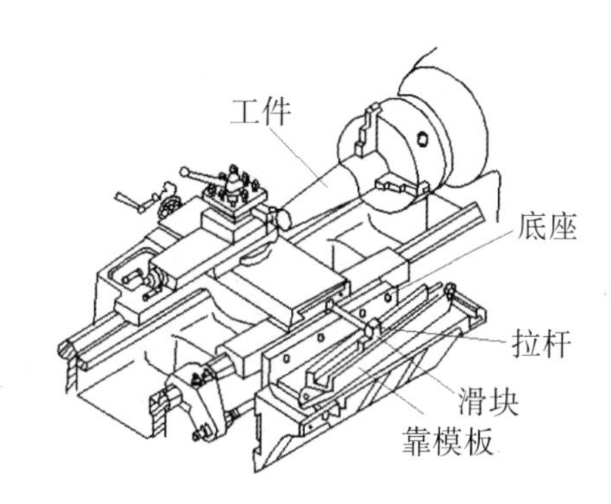

图4-20　仿形法

4.2.5　车槽与车断

用车削方法加工工件的槽称为车槽，将原材料从长工件上车成一段毛坯料或者将加工好的工件从毛坯料上车削下来的加工方法称为车断。车槽和车断需要安装车槽刀和车断刀，车断刀与车槽刀的形状基本相同，只是车断刀刀头偏窄且长，在安装车槽刀或车断刀时，主切削刃要平行于工件轴线且刀尖要与工件轴线等高。

工件外圆和平面上的沟槽称为外沟槽，工件内孔中的沟槽称为内沟槽，常见的外沟槽有外圆沟槽、45°外斜沟槽和平面沟槽等。

车槽刀的使用方法（如图4-21所示）：

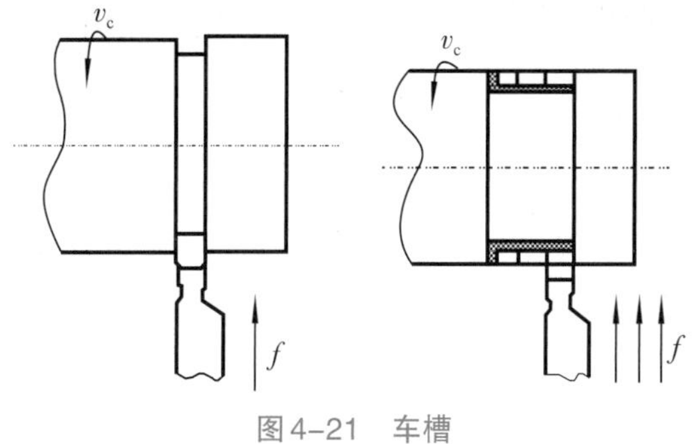

图4-21　车槽

（1）车槽刀可以一次性车削宽度不大的沟槽，如用车槽刀车削与刀头宽度相等的槽。

（2）宽度较大的沟槽，先用外圆车刀的刀尖在工件上刻两条线，把沟槽的宽度和位置确定下来,再用车槽刀在两条线之间进行粗车和精车。

由于车断刀形状偏窄长,如图4-22所示,加工时有易产生振动、易折断、散热差、排屑困难等缺点,因此,车断刀的安装应注意以下几点:

(1)车断刀要求两侧对称,切削刃平直,安装时刀尖应与工件中心等高,否则致使断面留下凸台,刀具装夹时其伸出刀架的长度不宜过长,以免产生振动或者折断。

(2)车断刀必须与工件轴线垂直,否则车刀的副切削刃与工件两侧面会产生摩擦。

(3)车断刀的底平面必须平直,否则会侧倾引起加工误差。

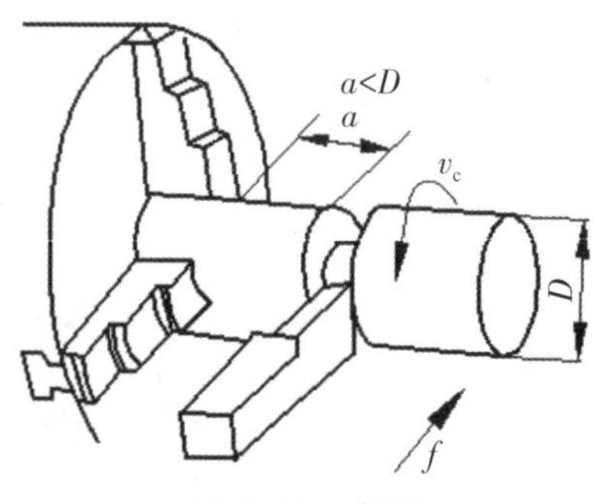

图4-22　车断

针对材料的脆性和塑性,如铸铁和钢,常用的车断方法有直进法和左右借刀法两种。车断加工时应注意以下几点:

(1)当车断直径小于主轴孔时,把棒料插在主轴孔中,将待车断处靠近卡盘,并用卡盘夹紧,增加工件刚性。

(2)车断刀离卡盘的距离应小于工件的直径,否则容易引起振动或将工件抬起来而损坏车刀。

(3)要调整好车床主轴和刀架滑动部分的间隙。

(4)采用较低的切削速度、较小的进给量,进给要缓慢而均匀,快车断时要放慢进给速度。

(5)车断时应使用切削液,使散热加快,排屑顺利。

(6)车断用两顶尖夹持或一端用卡盘夹住、另一端用顶尖顶住的工件时,不可将工件完全车断。

4.2.6　车螺纹

车床上用车刀可加工各种螺纹,螺纹根据用途、标准和牙型不同,种类也很多。其中按照牙型可分为普通螺纹、矩形螺纹、梯形螺纹等,各种牙型螺纹按照标准又可分为公制螺纹和英制螺纹,这里以公制普通螺纹为例进行讲解。螺纹的牙型、大径、螺距、线数和旋向称为螺纹五要素,只有五要素相同的内、外螺纹才能互相旋合。决定螺纹类型的基本要素有牙型角、螺距和大径。

1. 螺纹车刀及其安装

普通螺纹车刀的刀尖角为60°,要保证螺纹牙型被准确车出就得要求螺纹车刀刀尖角与螺纹牙型角相等，且前角为零。螺纹车刀的前角对牙型角影响较大，磨刀时使用角度样板进行比较。车刀的前角大于或小于零度时，车出的螺纹牙型角会大于车刀的刀尖角，前角越大，牙型角的误差也就越大。在粗加工螺纹时，为改善切削条件，可取正前角的螺纹车刀，要求不高时前角可取5°~20°，车削精度要求较高的螺纹或者精车螺纹时，常取前角为零度，如图4-23所示。

螺纹车刀安装时，应使刀尖与工件轴线等高，可根据尾座顶尖高度进行检查，否则会影响螺纹的截面形状。刀尖角的角分线应与工件轴线垂直，如果车刀左右歪斜，车出来的牙型就会偏左或偏右，可用样板对刀校正，如图4-24所示。

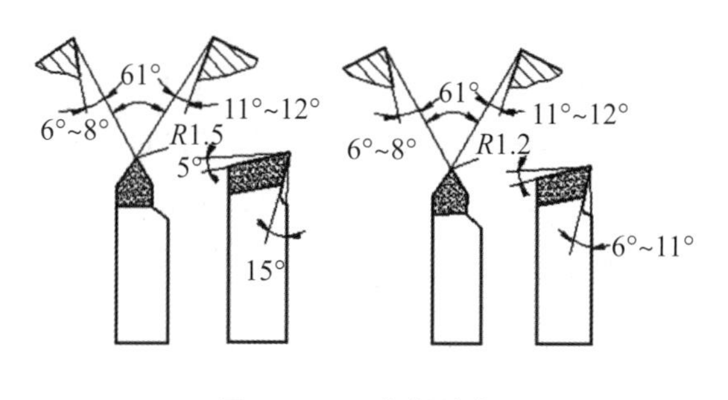

图4-23　三角螺纹车刀

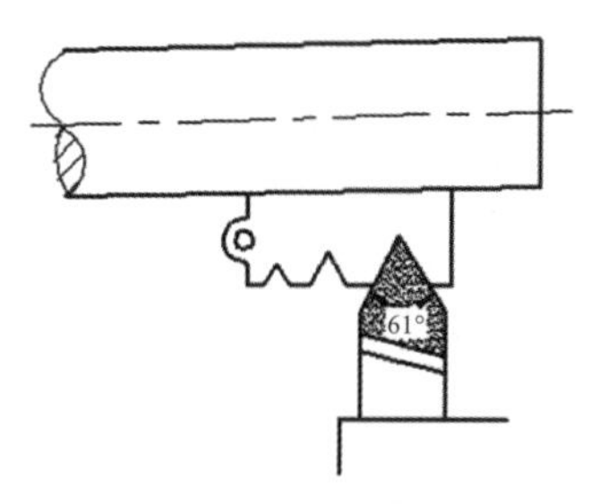

图4-24　用对刀样板对刀

2. 车床的调整

螺纹分为单线螺纹和多线螺纹，对于单线螺纹，每旋转一周，在纵向上的移动距离称为螺距，对多线螺纹称为导程。车削螺纹时，螺距或导程是由车床的纵向进给决定的，为了传动准确，减少传动误差，车削螺纹使用丝杠传动。工件的螺距通过查询车床进给箱标牌表、调整手柄位置及变换齿轮箱齿轮的齿数获得。螺纹直径由横向进给决定。

3. 车削螺纹的方法

车削螺纹的方法主要有径向进刀法、轴向进刀法（左右进刀法）、斜向进刀法三种，如图4-25所示。

（1）径向进刀法

径向进刀法是螺纹加工最基本的方法，不论是采用硬质合金车刀高速车削螺纹还是高速钢车刀低速车削螺纹都适用。径向进刀法一般用来车削螺距较小和脆性材料的工件。在车削螺纹时，车刀左右两侧刀刃都参加切削，由中滑板横向进给，通过多次行程，直到把螺纹车好。径向进刀法适用于螺距P<3mm的三角螺纹车削，也适用于P≥3mm的三角螺纹的精车。这种方法操作简单，能保证牙型清晰，且车刀两侧刃所受的轴向切削分力有所抵消；缺点是排屑困难，容易产生扎刀现象，刀尖容易受热磨损，表面粗糙度稳定性差。

（2）轴向进刀法（左右进刀法）

轴向进刀法适用于加工螺距较大的螺纹，一般不适用于高速车削螺纹。车削螺纹时，为减小车刀两个刀刃同时切削所产生的扎刀现象，可使车刀只用一侧刀刃进行切削。车削过程中，除了做横向进给外，同时还利用小滑板把车刀向左或向右做微量进给，使车刀只有一侧刀刃进行切削，通过多次行程，直至把螺纹车好。这种加工方法适用于P≥3mm螺纹的精车等。对于螺距较大的梯形螺纹或者蜗杆等,还可以采用分层左右进刀法进行螺纹加工,如图4-26所示。

(3)斜向进刀法

斜向进刀法适用于加工螺距较大的螺纹,车削螺纹时,除中滑板横向进给外,只把小滑板向一个方向做微量进给,这种方法只适用于粗车。

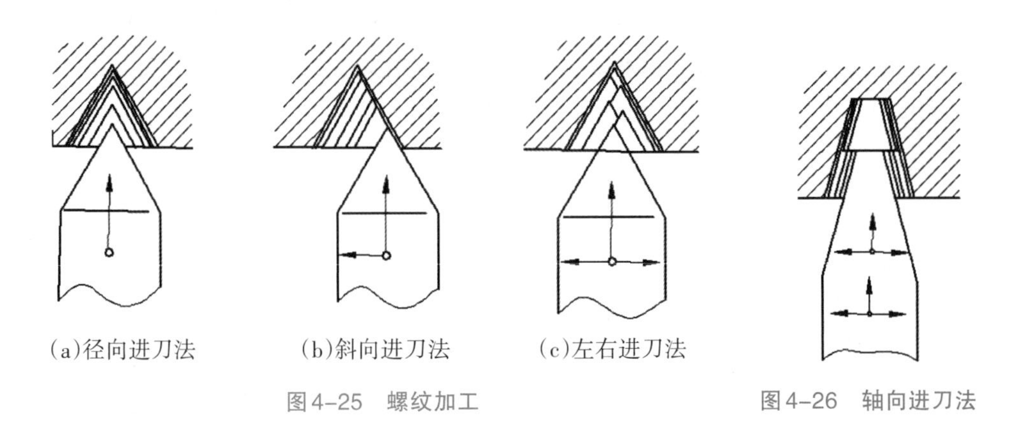

(a)径向进刀法　(b)斜向进刀法　(c)左右进刀法

图4-25　螺纹加工　　图4-26　轴向进刀法

4.车削螺纹的步骤

以车削外螺纹为例,如图4-27所示,车削的步骤如下:

(1)车削工件外圆直径,在螺纹长度处车出标记或者退刀槽,并在工件末端车出倒角。

(2)安装螺纹车刀,从车床的螺距指示牌中,找出进给箱各操纵手柄应放的位置。(刀架是用开合螺母通过丝杆来带动的,只要选用不同的配换齿轮或改变进给箱手柄位置,即可改变丝杆的转速,从而车出不同螺距的螺纹。)

(3)选择较低的主轴转速,开车,使车刀与工件轻微接触,记下刻度盘读数,向右退出车刀。

(4)合上开合螺母,在工件表面车出一条螺旋线,横向退出车刀,停车。

(5)开反车使车刀退到工件右端,停车,用钢直尺检查螺距是否正确。

(6)利用刻度盘调整切削深度,开车切削。

(7)车刀将至行程终点时,应做好退刀停车准备,先快速退出车刀,后开反车退回刀架。

(8)再次横向切入,继续切削,直至完成螺纹深度。

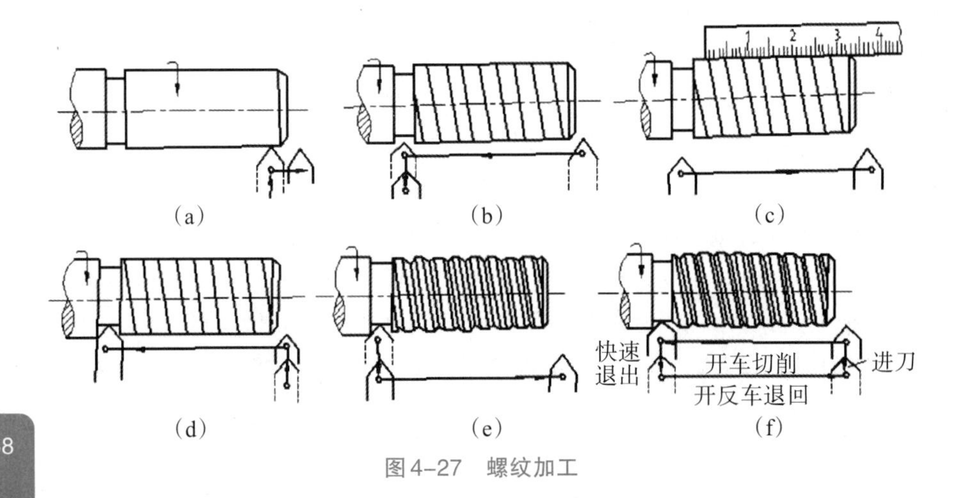

(a)　(b)　(c)

(d)　(e)　(f)

图4-27　螺纹加工

4.2.7　车成形面和滚花

1.成形面车削

以曲面为母线经回转所形成的表面为成形面，存在于诸如手柄、手轮、圆球等工件中。车成形面的方法主要有手动控制法、成形刀具法和靠模成形法三种。

(1)手动控制法需要手动同步控制中滑板和小滑板的手柄，配合进行横向和纵向进给，使刀尖沿着成形面母线轨迹运动。车削过程中需经常用成形样板检验、修整和加工，适用于小批量生产。

(2)成形刀具法所用刀具切削刃形状与工件母线形状完全相同，加工精度依赖于刀具的形状和尺寸精度，适用于批量化生产。缺点是切削时由于接触面大，切削力大，易产生振动，因此要求加工系统具备较高的刚性并且采用较小的切削用量，如图4-28所示。

(3)靠模成形法，将靠模制成与母线一致的形状，利用刀尖运动轨迹与靠模形状完全相同车出成形面，这种方法采用普通车刀车削，加工质量高，操作简单，生产率高，不受工件尺寸限制。但是靠模成本较高，因此适用于大批量生产。

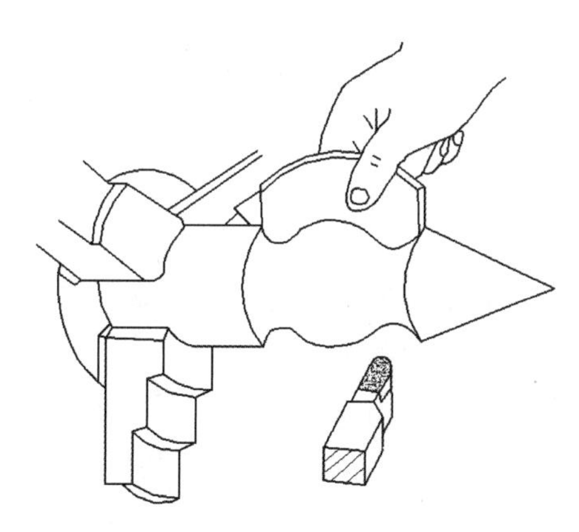

图4-28　圆头刀车成形面

2.滚花

滚花刀的花纹样式分为直纹和网纹两种，滚花是使工件表面产生成直纹或网纹的加工方法，目的是美观和方便握持。滚花刀的滚轮分为单轮、双轮和三轮三种，滚花是利用滚花轮对工件表面挤压，使其表面发生塑性变形而形成花纹，如图4-29所示。在滚花加工的过程中需要注意以下几点：

(1)滚花时会产生较大的径向压力，工件和滚花刀的装夹必须牢固以保证较好的刚度，装夹时待滚花表面要尽量靠近卡盘，否则用后顶尖顶紧。

(2)滚花时先将工件直径车到比需要的尺寸小0.5mm左右。

(3)车床进给速度要低一些，一般为10~15m/min。

(4)切削速度要低，须用乳化液进行冷却。

(5)为使滚花刀容易切入工件，滚花刀安装须对准工件回转中心，且与工件保持8°左右的夹角。

(6)滚花刀滚轮前进方向的一侧表面与工件表面接触,滚花刀对着工件轴线开动车床,使工件转动。

(7)为保证滚花表面的质量,需要来回滚压多次,注意清除滚花刀上的铁屑。

(8)滚花加工时力度不能太小,否则容易产生乱纹,但也不能过大,否则工件会变形。

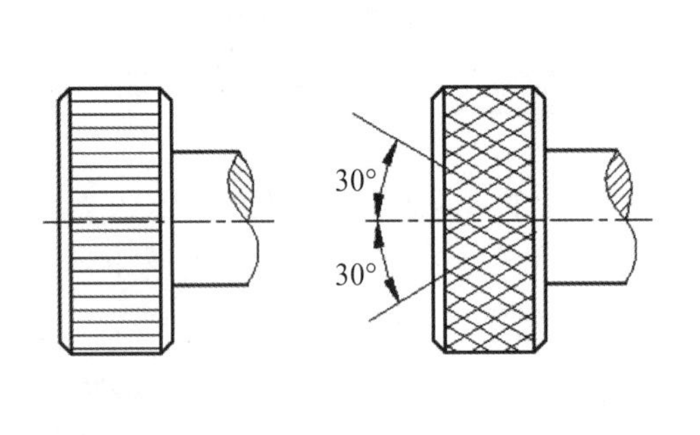

图4-29 滚花加工

4.3 车削加工练习

4.3.1 车床安全操作规程

在车床实践操作之前,应认真学习并严格遵守车床安全操作规程,以避免操作人员的生命安全受到威胁,同时防止车床因不规范操作而受到损坏。车床安全操作规程的内容如下:

(1)操作者应熟悉所操作机床的工作原理、结构和性能,凡两人或两人以上在同一台机床工作时,必须指定1人为机长,统一指挥,防止事故发生。

(2)检查机床的防护、保险、信号装置、机械传动、电气等。电气部分要有可靠的防护装置,检查是否齐全有效。每台机床上均应装设局部照明灯,机床上照明应使用安全电压(36V以下)。

(3)操作车床前,必须穿戴好工作服和帽子,着装要规范,领口、袖口要扎紧,上衣下摆不能敞开,如图4-30所示;严禁戴手套;头发长的女生要把头发扎好,塞进帽子戴紧,如图4-31所示;不得在开动的机床旁穿、脱、换衣服;不得穿裙子、拖鞋。要戴好防护镜,以防铁屑飞溅伤眼。

图4-30　着装规范

图4-31　禁止披发

（4）工件必须装夹牢固，夹紧后要再次确认并随手拿下卡盘扳手，以免工件和卡盘扳手飞出伤人，如图4-32所示；床头、小刀架、床面不得放置工、量具或其他物品，刀具、工具等不要遗忘在机床内。

（5）装卸卡盘和大件时，要检查周围有无障碍物，垫好木板，以保护床面，并要卡住、顶牢、架好，车偏重物时要按轻重做好平衡；使用顶尖顶重型工件时，不得超过全长的二分之一；车刀必须牢固卡在刀架上，刀头不得伸出过长。

（6）夹紧工件找正时，不得用力敲击，以免震坏床头或使卡盘松动而使工件掉下造成事故。刀垫要整齐，不得以锯条、破布、棉纱等作为垫用材料。

（7）车床开动前，必须按照安全操作的要求，正确穿戴好劳动保护用品，必须认真仔细检查机床各部件和防护装置是否完好、安全可靠，并做低速空载运行2~3分钟，检查机床运转是否正常。

（8）开车前应移动车刀至车削行程的左端，用手旋转卡盘，检查刀架等物是否会与卡盘工件碰撞；进刀前，刀架顶尖、中心架、跟刀架等各部位的定位螺丝都要拧紧。

（9）机床运转时，不准测量工件，不准用手去刹停转动的卡盘，如图4-33所示；不得用正反车电闸作刹车。

图4-32　开机前取下扳手

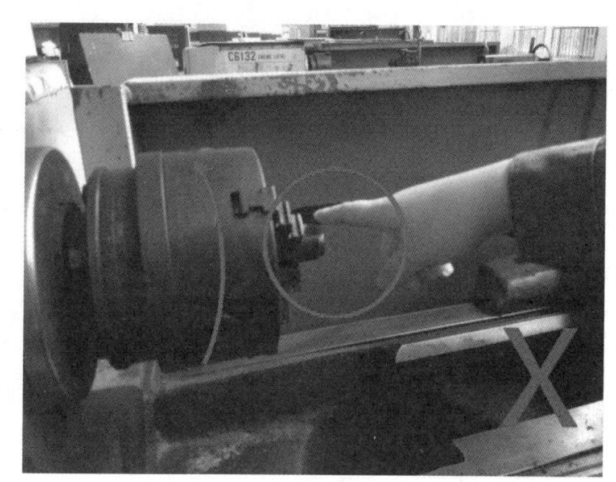

图4-33　机床运转时禁止触摸

(10)机床工作时,机床对面不得站人,工作时必须侧身站在操作位置,禁止身体正面对着转动的工件,头、手和身体不能靠近旋转机件,以免头发和衣服等被卷入;不得在车床旁边说笑嬉闹,严禁在车床运转中隔着车床传送物件。

(11)加工工件按机床技术要求选择切削用量,严禁超规格、超负荷、超转速、超温度使用机床,以免机床过载造成意外事故;高速切削时,应有防护罩,工件、工具的固定要牢固,当铁屑飞溅严重时,应在机床周围安装挡板,使之与操作区隔离。

(12)加工偏心工件时,必须加平衡块,紧固牢靠,刹车不要过猛,转速不能过快。切大料时应留有足够余量。小料切断时不得用手去接。加工细长料时,要用顶尖、跟刀架或中心架。工件从主轴内孔向后伸出的长度超过300mm的应有托架支撑,必要时设防护栏杆。

(13)机床运转时,操作者不能离开机床;机床发生异常时,如异响、冒烟、振动、臭味等,应立即停车,请有关人员检查处理;当突然停电时,要立即关闭机床,并将刀具退出工作部位。

(14)装卸工件、安装刀具、加油以及打扫切屑,均应停车进行,机床停机后,不能直接用手清除切屑,避免切屑割伤手或烫伤手,应用专用清理工具清除切屑,工作区附近的铁屑、余料等要及时清理,以免堆积造成人员伤害。

(15)加工结束后依次关掉机床的电源和总电源,打扫现场卫生,填写设备使用记录。

4.3.2 车削加工案例

例4-1 在C6132型车床上加工如图4-34所示短轴,材料为MC尼龙,毛坯尺寸为ϕ32mm×60mm。

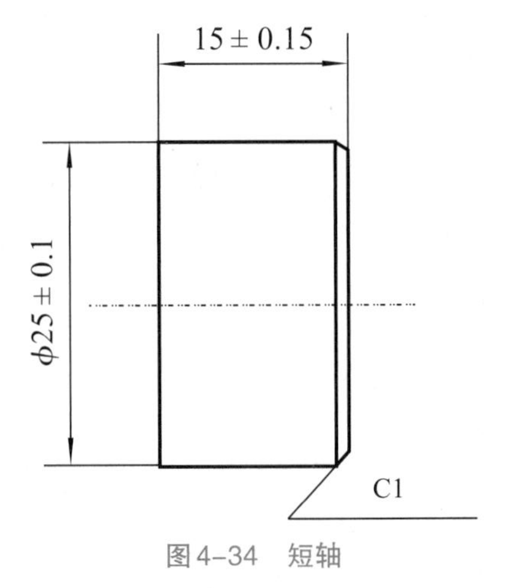

图4-34 短轴

例4-1视频

1.加工分析

该零件属于轴类零件,材料为MC尼龙,毛坯ϕ32mm × 60mm,自定心卡盘装夹,保证伸出长度大于30mm。零件结构简单,采用从右向左顺序加工方式,使用游标卡尺测量尺寸,达到图示要求。

2.短轴加工工艺卡

短轴加工工艺卡见表4-1。

表4–1　短轴加工工艺卡

零件图号	图4-34	短轴加工工艺卡		毛坯材料	MC尼龙
车床型号	C6132			毛坯尺寸	ϕ32mm×60mm
刀具		量具		夹具、工具	
1	45°端面车刀	1	游标卡尺(0~150mm)	1	自定心卡盘
2	90°外圆车刀			2	垫刀片
3	约4.5mm宽车断刀			3	车床常用辅具
工序	工序内容	切削用量			备注
		主轴转速/(r/min)	进给速度/(mm/r)	背吃刀量/mm	
1	机床开机				
2	毛坯装夹				找正夹紧,保证伸出长度大于30mm
3	车端面	320	0.3	0.5	使用45°端面车刀车削端面
4	车外圆	320	0.2	3	使用90°外圆车刀粗精加工外圆ϕ25±0.1
		370	0.1	0.5	
5	倒角	320	0.3	0.5	使用45°端面车刀车削C1倒角
6	车断	250	0.2		使用车断刀切断,保证长度尺寸15±0.1
7	检测精度				
8	清理、保养机床				

例4–2　在C6132型车床上加工如图4–35所示螺钉,材料为45号圆钢,毛坯尺寸为ϕ30mm×75mm。

1. 加工分析

该零件属于轴类零件加工,加工时,用自定义卡盘装夹ϕ30mm×75mm的45号圆钢毛坯,保证零件伸出长度大于50mm。

2. 螺钉加工工艺卡

螺钉加工工艺卡见表4–2。

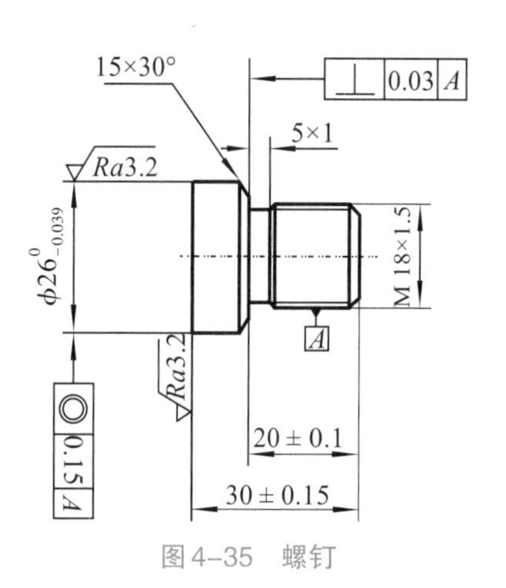

图4–35　螺钉

例4–2视频

表4–2 螺钉加工工艺卡

零件图号	图4-35	螺钉加工工艺卡		毛坯材料	45号钢
车床型号	C6132			毛坯尺寸	ϕ30mm×75mm
刀具		量具		夹具、工具	
1	45°端面车刀	1	游标卡尺（0~150mm）	1	自定心卡盘
2	90°外圆车刀	2	外径千分尺（25~50mm）	2	垫刀片
3	60°外螺纹车刀	3	百分表、磁性表座	3	车床常用辅具
4	约4.5mm宽车断刀	4	深度尺、万能角度尺、R规	4	毛刷、油枪

工序	工序内容	切削用量			备注
		主轴转速/（r/min）	进给速度/（mm/r）	背吃刀量/mm	
1	机床开机				
2	毛坯装夹				找正夹紧，保证伸出长度大于50mm
3	车端面	370	0.2	1	使用45°端面车刀车削端面
4	车外圆	370	0.2		使用90°外圆车刀粗精加工外圆 $\phi26^{0}_{-0.039}$，外螺纹大径 $\phi18^{-0.1}_{-0.2}$
		500	0.1		
5	车槽	370	0.2	1	使用车断刀车5×1退刀槽
6	倒角	370	0.2	1.5	使用60°螺纹车刀车1.5×30°倒角
7	车螺纹	95		1.5	用60°外螺纹车刀车M18×1.5外螺纹
8	车断	250	0.2		使用车断刀切断工件，保证总长31±0.5mm
9	调头装夹				
10	车总长	370	0.2	1	使用45°端面车刀车削端面，保证总长30±0.15mm，未注倒角C0.5
11	检测精度				
12	清理、保养机床				

第5章 铣削技能训练

5.1 铣削加工概述

5.1.1 铣削特点

铣削加工是金属切削中常见的加工方法之一，是将毛坯固定在铣床工作台上，用铣刀加工工件的工艺过程，简称铣工。铣削加工时，铣刀旋转作主运动，工件的移动作进给运动。铣削加工的尺寸精度一般可达IT9~IT7级，表面粗糙度*Ra*值为6.3~1.6。铣削加工有以下特点：

(1)生产效率高：铣削加工主运动为回转运动，切削速度大，进给运动为连续进给。铣刀为多刃刀具，在铣削过程中，同一时刻有若干刀齿参加切削，各刀齿间歇切削，刀具的散热和冷却条件好，有利于刀具延长寿命，可以采用较大的切削用量。

(2)加工范围广：铣刀的类型多，铣床的附件多，铣削工艺范围广。

(3)加工质量中等：铣削一般属于粗加工或半精加工。铣削时，铣刀刀齿断续切削造成铣削力不断变化，铣削过程容易产生振动，不如车削过程平稳，加工质量难以提高。

(4)成本较高：铣床结构较复杂，铣刀的制造和刃磨比较困难，铣床加工成本较高。

5.1.2 铣削加工范围

铣床可以加工各种平面(水平面、垂直面、斜面)、沟槽(键槽、直槽、角度槽、V形槽、圆形槽、T形槽、燕尾槽、螺旋槽等)和齿轮等成形面，还可以进行切断和孔加工。

1.铣削平面

铣削较大的平面多采用镶硬质合金刀片的面铣刀在立式铣床或卧式铣床上进行，如图5-1所示，生产效率高，加工表面质量好。

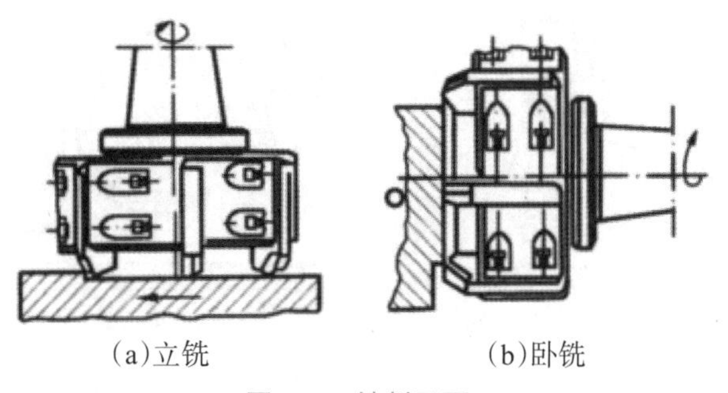

(a)立铣　　(b)卧铣

图5-1 铣削平面

铣削较小的平面多采用螺旋齿的圆柱形铣刀在卧式铣床上进行,切削过程平稳,加工表面质量好,如图5-2所示。

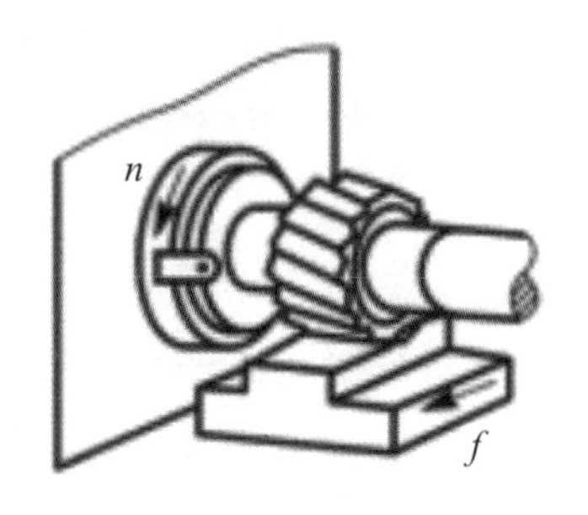

图5-2 圆柱形铣刀铣削平面

2. 铣削台阶面

铣削台阶面多采用三面刃盘铣刀,如图5-3(a)所示,或大直径的立式铣刀,如图5-3(b)所示,在立式铣床上进行。成批生产中,一般用组合铣刀在卧式铣床上同时铣削几个台阶面,如图5-3(c)所示。

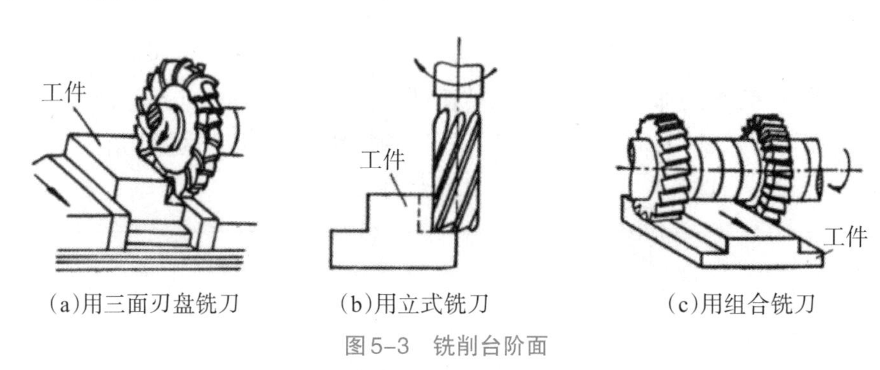

(a)用三面刃盘铣刀　(b)用立式铣刀　(c)用组合铣刀

图5-3 铣削台阶面

3. 铣削斜面

(1)偏转工件铣削斜面

使用斜垫铁将工件偏转适当角度装夹,使加工的斜面处于水平位置,可按铣平面的各种方法进行铣斜面,适用于大批量加工,如图5-4(a)所示。也可以利用分度头铣斜面的方法,适用于在一些圆柱或特殊形状的零件上加工斜面,如图5-4(b)所示。

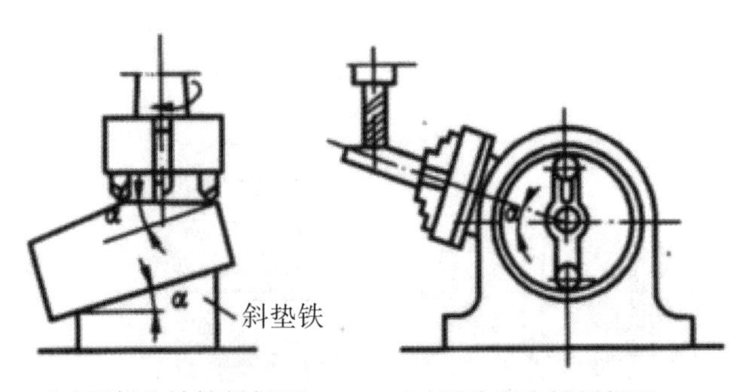

(a)用斜垫铁铣削斜面　(b)用分度头铣削斜面

图5-4 偏转工件铣削斜面

(2)偏转铣刀铣削斜面

这种方法通常在立式铣床或装有万能铣头的卧式铣床上进行，将铣刀轴线倾斜成一定角度进行铣削，如图5–5(a)所示。而加工一些小斜面工件时，可采用角度铣刀进行加工，如图5–5(b)所示。

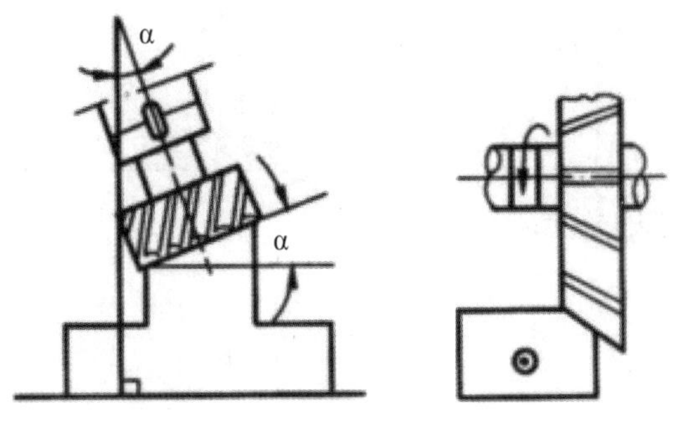

(a)用万能铣头铣削斜面　(b)用角度铣刀铣削斜面

图5–5　偏转铣刀铣削斜面

4. 铣削沟槽

在铣床上能加工沟槽的种类很多，根据沟槽的形状，选用相应的沟槽铣刀来完成加工，如直槽、角度槽、V形槽等。

(1)铣削开口式键槽

一般选用三面刃盘铣刀在卧式铣床上进行铣削，铣刀宽度按键槽宽度选择，如图5–6所示。

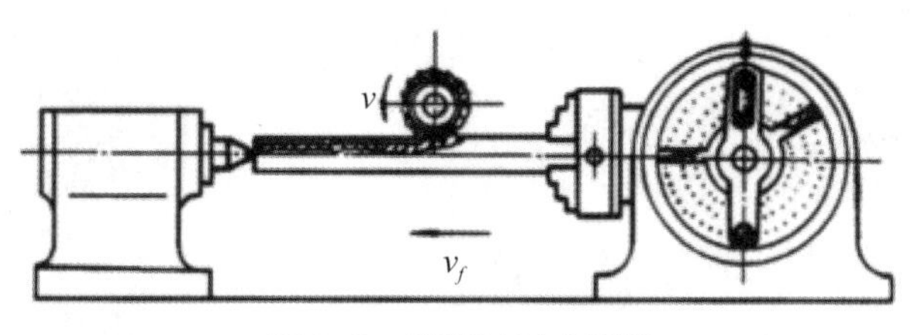

图5–6　铣削开口式键槽

(2)铣削封闭式键槽

一般选用键槽铣刀在立式铣床上进行铣削，如图5–7所示。

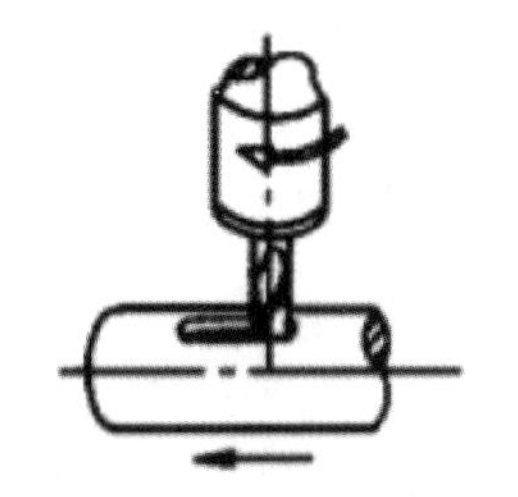

图5–7　铣削封闭式键槽

(3)铣削T形槽和燕尾槽

铣削T形槽和燕尾槽之前,需加工出宽度合适的直槽,选用相应的T形槽铣刀或燕尾槽铣刀进行铣削,如图5-8所示。

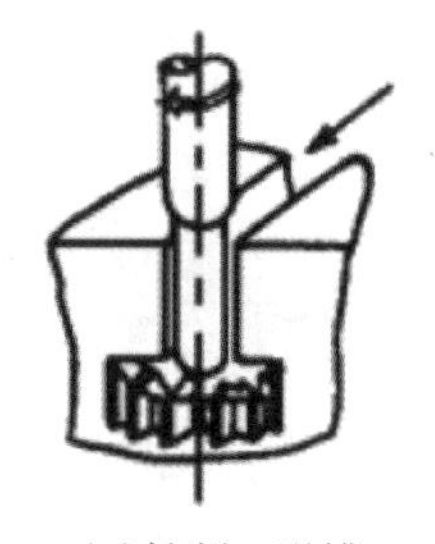

(a)铣削T形槽

(b)铣削燕尾槽

图5-8　铣削T形槽和燕尾槽

(4)铣削螺旋槽

在铣削加工中,经常会遇到铣削螺旋槽的工作,如圆柱斜齿轮、麻花钻、螺旋齿轮刀、螺旋铣刀等。铣削螺旋槽常在万能铣床上用分度头进行,如图5-9所示。铣削时,工件一面随工作台做纵向运动,同时又被分度头带动做旋转运动。通过工作台的纵向丝杠与分度头之间的交换齿轮搭配来保证工件转动一周,工作台纵向移动的距离等于工件螺旋槽的一个导程。

图5-9　铣削螺旋槽

5. 铣削齿轮

铣削齿轮属于成形法,是用与被加工齿轮齿间形状相符的一定模数的盘状或指状成形铣刀(模数铣刀)在卧式铣床上加工齿形的,如图5-10所示。

工件安装在分度头和后顶尖之间,铣完一个齿间后,刀具退出分度,再继续铣下一个齿间。盘状铣刀适用于加工模数$m \leqslant 10$的齿轮,指状铣刀适用于加工模数$m > 10$的齿轮。铣齿可加工直齿、斜齿圆柱齿轮及锥齿轮和齿条,具有成本低、加工精度低的特点,适用于单件小批量加工精度不高的低速齿轮齿形。

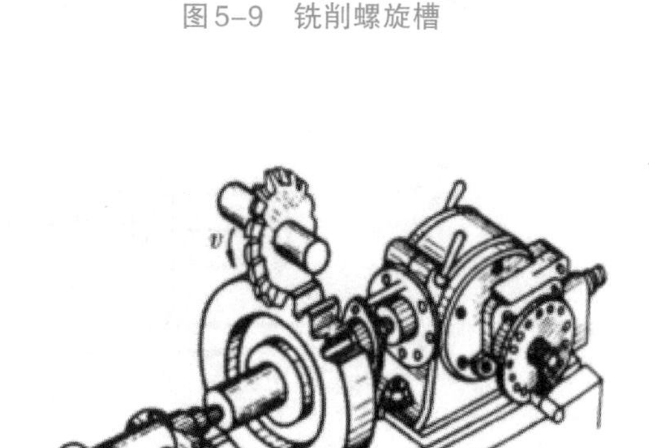

图5-10　铣削齿轮

6. 铣削成形面

在铣床上一般可用成形铣刀铣削成形面,也可以用附加靠模来进行成形面的仿形铣削,如图5-11所示。

图5-11　铣削成形面

5.1.3　铣削加工工序划分

当零件的加工质量要求较高时，往往一道工序不能满足其要求，而要用几道工序逐步达到要求的加工质量。为保证加工质量和合理地使用设备、人力，零件的加工过程通常按工序性质不同，分为粗加工、半精加工、精加工和光整加工四个阶段。

(1)粗加工：其任务是切除毛坯上大部分多余的金属，使毛坯在形状和尺寸上接近零件成品，因此，主要目标是提高生产率。

(2)半精加工：其任务是使主要表面达到一定的精度，留有一定的精加工余量，为主要表面的精加工(如精铣、精磨)做好准备，并可完成一些次要特征加工，如扩孔、攻螺纹、铣键槽等。

(3)精加工：其任务是保证各主要表面达到规定的尺寸精度和表面粗糙度要求，主要目标是全面保证加工质量。

(4)光整加工阶段：对零件上精度和表面粗糙度要求很高(IT6 级以上，表面粗糙度为 $Ra0.2$ 以下)的表面，需进行光整加工，其主要目标是提高尺寸精度、减小表面粗糙度值。一般不用来提高位置精度。

5.1.4　铣削方式选择

铣平面时，根据所用铣刀的类型(切削刃在铣刀上的分布：圆柱面和端平面)不同，可分为圆周铣削(周铣)和端面铣削(端铣)两种方式，如图5-12所示。圆周铣削(周铣)和端面铣削(端铣)的区别见表5-1。

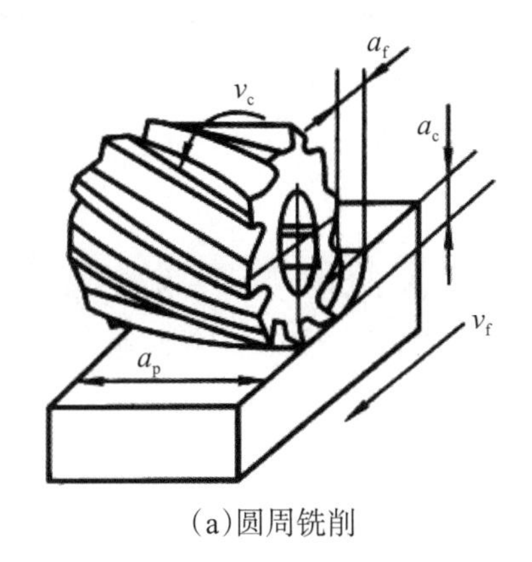

(a)圆周铣削

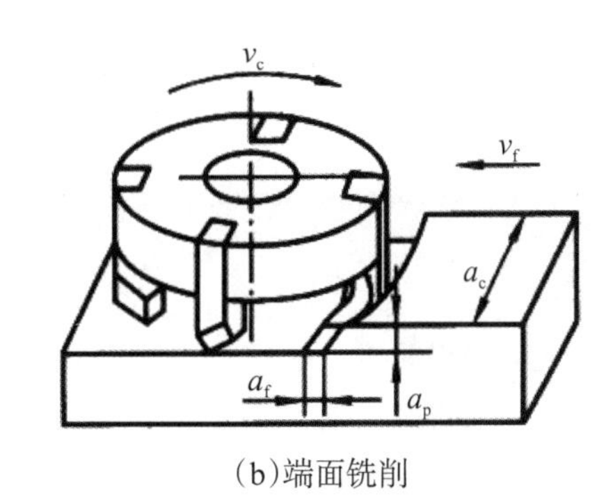

(b)端面铣削

图5-12　铣削方式

表5-1　圆周铣削和端面铣削的区别

圆周铣削(周铣)	端面铣削(端铣)
用铣刀圆周上的切削刃来铣削工件，铣刀的回转轴线与被加工表面平行	用铣刀端面上的切削刃来铣削工件，铣刀的回转轴线与被加工表面垂直
通常只在卧式铣床上进行	端铣一般在立式铣床上进行，也可在其他形式的铣床上进行

续表

圆周铣削(周铣)	端面铣削(端铣)
只有主刃参加切削,无副刃,所以加工后的表面粗糙度较大	主刃副刃同时参加切削,且副刃有修光作用,所以加工后的表面粗糙度较小
周铣时主轴刚性差,生产率较低,适于在中小批生产中铣削狭长的平面、键槽及某些成形表面和组合表面	端铣时主轴刚性好,并且面铣刀易于采用硬质合金可转位刀片,因而所用切削用量大,生产率较高,适于在大批大量生产中铣削宽大平面

1. 周铣的铣削方式

周铣有顺铣和逆铣两种方式,如图5-13所示。

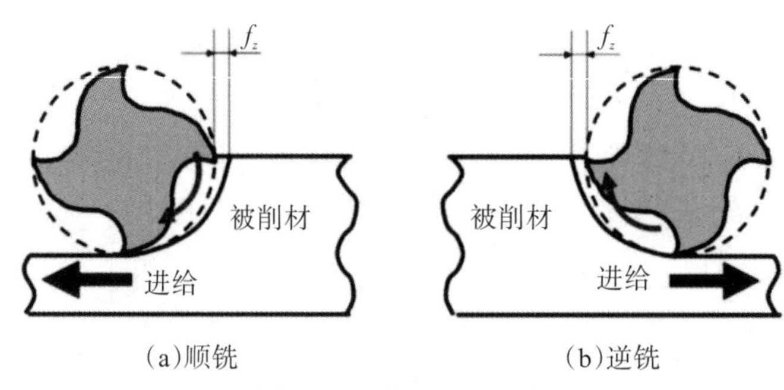

(a)顺铣　(b)逆铣

图5-13　周铣铣削方式

(1)顺铣:铣削时,铣刀刀齿在切出工件时的切削速度方向与工件进给速度方向相同。顺铣的优点是铣削摩擦热少,刀片挤压变形小,刀片寿命长。

(2)逆铣:铣削时,铣刀刀齿在切入工件时的切削速度方向与工件进给速度方向相反。逆铣的优点是刀体受铣削力冲击小,有利于减少工作台丝杠间隙窜动。

两者的区别见表5-2。

表5-2　顺铣和逆铣的区别

项目	顺铣	逆铣
切削厚度	从大到小	从小到大
滑行现象	无	有
刀具磨损	慢	快
工件表面冷硬现象	无	有
对工件作用	压紧	抬起
消除丝杆与螺母间隙	否	是
振动	大	小
损耗能量	小	大5%至15%
表面粗糙度	好	差
适用场合	精加工	粗加工

2.端铣的铣削方式

根据铣刀与工件相对位置的不同,端铣可分为对称铣削、不对称铣削两种方式,如图5-14所示。

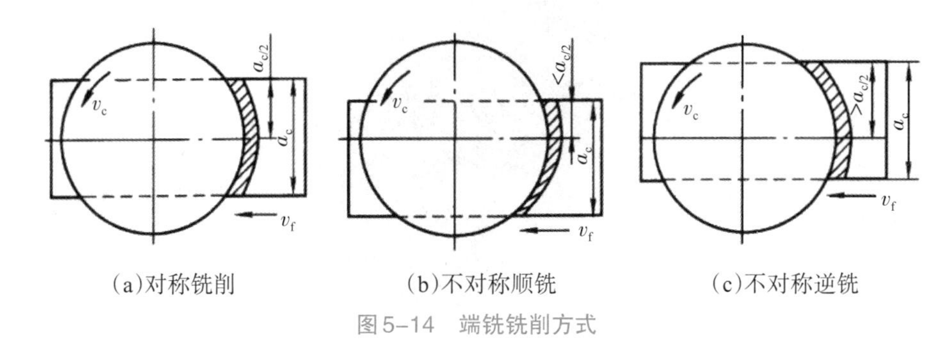

图5-14　端铣铣削方式

(1)对称铣削

铣削时,铣刀轴线与工件铣削宽度对称中心线重合的铣削方式称为对称铣削,如图5-14(a)所示,避免铣刀切入时对工件表面的挤压、滑行,铣刀寿命高。在精铣机床导轨面时,可保证刀齿在加工表面冷硬层下铣削,能获得较高的表面质量。

(2)不对称铣削

铣削时,铣刀轴线与工件铣削宽度对称中心线不重合的铣削方式称为不对称铣削。

根据铣刀偏移位置不同又可分为不对称顺铣和不对称逆铣。

1)不对称顺铣

若切入时切削厚度大于切出时的切削厚度,则称为不对称顺铣,如图5-14(b)所示。

不对称顺铣时,刀齿切出工件的切削厚度较小,适用于切削强度低、塑性大的材料(如不锈钢、耐热钢等)。

2)不对称逆铣

若切入时的切削厚度小于切出时的切削厚度,称为不对称逆铣,如图5-14(c)所示。

不对称逆铣时,切入时切削厚度小,减小了冲击,切削平稳,刀具寿命和加工表面质量得到提高,适用于切削普通碳钢和高强度低合金钢。

5.2　铣床及其附件

5.2.1　铣床分类

铣床种类繁多,按布局形式和使用范围常分为卧式铣床、立式铣床和龙门铣床三大类,根据不同零件加工需求进行选用。

1.卧式铣床

主轴与工作台平行,呈水平位置,如图5-15所示。以X6132铣床为例,介绍铣床型号以及组成部分和作用。

图5-15　卧式铣床

(1)卧式铣床的型号:X6132

X——类别代号,表示铣床类(X为"铣床"汉语拼音的第一个字母);

6——组别代号,表示卧式铣床;

1——型别代号,表示万能升降台铣床;

32——主参数代号,表示工作台宽度的1/10,即工作台宽度为320mm。

(2)X6132卧式铣床的主要组成部分及作用

1)床身

用来固定和支承铣床各部件,内部装有主电动机、主轴及主轴变速机构等部件。

2)横梁

它的上面安装吊架,用来支承刀杆外伸的一端,以加强刀杆的刚性。横梁可沿床身的水平导轨移动,其伸出长度由刀杆长度进行调整。

3)主轴

空心轴,前端有7∶24的精密锥孔,用于安装铣刀刀杆并带动铣刀旋转。

4)纵向工作台

在转台的导轨上做纵向移动,带动台面上的工件做纵向进给。

5)横向工作台

位于升降台上面的水平导轨上,带动纵向工作台一起做横向进给。

6)升降台

它可以使整个工作台沿床身的垂直导轨上下移动,以调整工作台面到铣刀的距离,并做垂直进给。

卧式铣床装上一个万能铣头,可在两个方向做270°回转,能加工任意角度的斜面和孔,进一步扩大铣床的加工范围,因此称为万能回转头铣床,如图5-16所示。

图5-16　万能回转头铣床

2.立式铣床

立式铣床与卧式铣床的区别在于其主轴垂直于工作台，有的立式铣床其主轴还可相对于工作台偏转一定的角度。它可利用立铣刀和端铣刀进行铣削加工，是生产中加工平面及沟槽效率较高的一种机床，如图5-17所示。

图5-17　立式铣床

3.龙门铣床

简称龙门铣，是具有门式框架和卧式长床身的铣床。龙门铣床上可以用多把铣刀同时加工表面，加工精度和生产效率都比较高，适用于在成批和大量生产中加工大型工件的平面和斜面。一般用来加工卧式、立式铣床不能加工的大型工件，如图5-18所示。

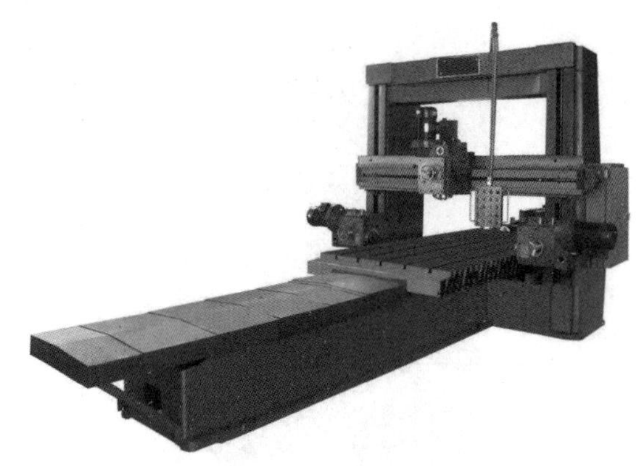

图5-18　龙门铣床

5.2.2　铣床附件及其应用

铣床的主要附件有分度头、平口钳、万能铣头和回转工作台,如图5-19所示。

(a)分度头

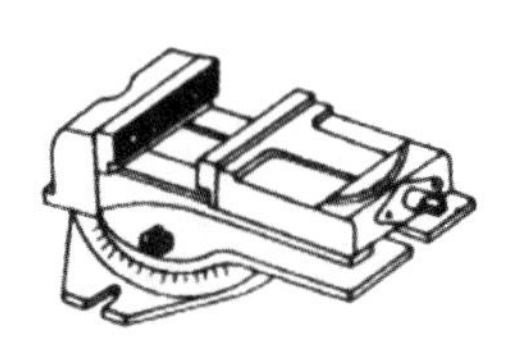

(b)平口钳

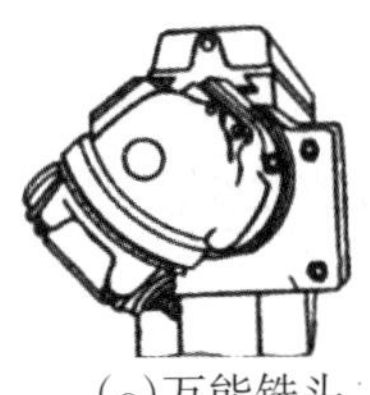

(c)万能铣头

(d)回转工作台

图5-19　铣床附件

1.分度头

如图5-19(a)所示,分度头是安装在铣床上用于将工件分成任意等份的机床附件,能使工件实现绕自身轴线周期性转动一定的角度,即进行分度。在铣削加工中,常用于铣六方、齿轮、花键和刻线等工作,在单件小批量生产中应用较多。

2.平口钳

如图5-19(b)所示,平口钳又名机用虎钳,是一种通用夹具,常用于安装小型工件,它是铣床、钻床的随机附件,将其固定在机床工作台上,用来夹持工件进行切削加工。

3.万能铣头

如图5-19(c)所示,在卧式铣床上装上万能铣头,不仅能完成各种立铣的工作,而且还可以根据铣削的需要,把铣头主轴扳成任意角度。将万能铣头的底座用螺栓固定在铣床的垂直导轨上,铣床主轴的运动通过铣头内的两对锥齿轮传到铣头主轴上,铣头的壳体可绕铣床主轴轴线偏转任意角度,铣头主轴的壳体还能在铣头壳体上偏转任意角度。因此,铣头主轴就能在空间偏转成所需要的任意角度。

4.回转工作台

如图5-19(d)所示,回转工作台指带有可转动的台面,用以装夹工件并实现回转和分度定位的机床附件,用于加工有分度要求的孔、槽和斜面。加工时,转动工作台,则可加工圆弧面和圆弧槽等。

5.3　铣刀及其装夹

5.3.1　铣刀分类

铣刀结构不一,应用范围很广,下面介绍几种铣刀的分类方式,如图5-20所示。

1.按用途区分

(1)圆柱形铣刀:用于卧式铣床上加工平面。刀齿分布在铣刀的圆周上,按齿形分为直齿和螺旋齿两种。按齿数分粗齿和细齿两种。螺旋齿粗齿铣刀齿数少,刀齿强度高,容屑空间大,用于粗加工;细齿铣刀适用于精加工。

(2)面铣刀:用于立式铣床、端面铣床或龙门铣床上加工平面,端面和圆周上均有刀齿,也有粗齿和细齿之分。

(3)立铣刀:用于加工沟槽和台阶面等,刀齿在圆周和端面上,工作时不能沿轴向进给。当立铣刀上有通过中心的端齿时,可轴向进给(通常双刃立铣刀又被称为“键槽铣刀”)。

(4)三面刃铣刀:用于加工各种沟槽和台阶面,其两侧面和圆周上均有刀齿。

(5)角度铣刀:用于铣削成一定角度的沟槽,有单角和双角铣刀两种。

(6)锯片铣刀:用于加工深槽和切断工件,其圆周上有较多的刀齿。

此外,还有键槽铣刀、燕尾槽铣刀、T形槽铣刀和各种成形铣刀等。

图5-20　铣刀

2.按结构区分

(1)整体式:刀体和刀齿制成一体,如图5-21(a)所示。

(2)镶齿式:刀齿用机械夹固的方法紧固在刀体上。这种可换的刀齿可以是整体刀具材料的刀头,也可以是焊接刀具材料的刀头。刀头装在刀体上刃磨的铣刀称为体内刃磨式;刀头在夹具上单独刃磨的称为体外刃磨式,如图5-21(b)所示。

(3)焊齿式:刀齿用硬质合金或其他耐磨刀具材料制成,并钎焊在刀体上,如图5-21(c)所示。

(4)可转位式:这种结构已广泛用于面铣刀、立铣刀和三面刃铣刀等,如图5-21(d)所示。

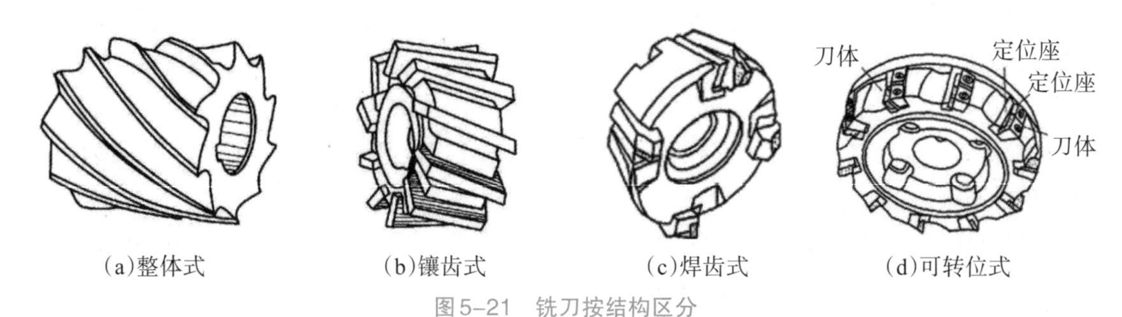

图5-21 铣刀按结构区分

3.按安装方法区分

(1)带柄铣刀

采用柄部装夹的铣刀称为带柄铣刀,分别有锥柄和直柄两种形式,多用于立式铣床加工。一般直径小于20mm的较小铣刀做成直柄,而直径较大的铣刀多做成锥柄,如图5-22所示。

1)镶齿面铣刀:铣刀的端面镶有多个硬质合金刀片,刀杆伸出部分较短,刚性很好,可采用端铣方式进行平面的高速铣削。

2)立铣刀:有直柄和锥柄两种,由于它们的端面心部有中心孔,不具备任何切削能力,因此主要用于周铣加工平面、斜面、沟槽、台阶面等。

3)键槽铣刀:用于加工封闭式键槽。

4)T形槽铣刀:用于加工T形槽。

5)燕尾槽铣刀:用于加工燕尾槽。

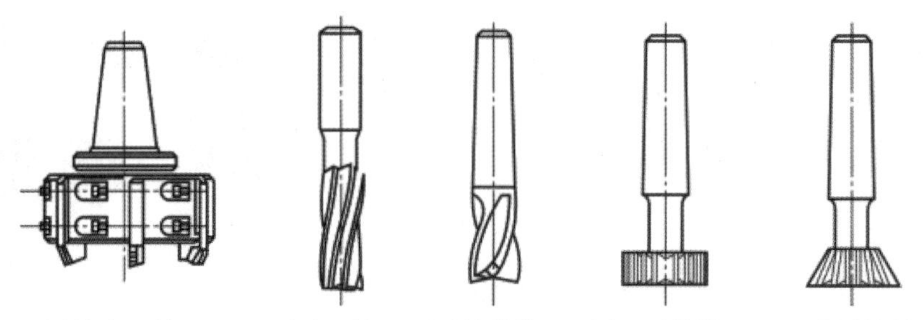

图5-22 带柄铣刀

(2)带孔铣刀

采用孔装夹的铣刀称为带孔铣刀，适用于卧式铣床加工，能加工各种表面，应用范围较广。

1)圆柱铣刀：由于它仅在圆柱表面制有切削刃，故用于卧式升降台铣床上周铣方式加工平面，如图5-23(a)所示。

2)三面刃铣刀：用于周铣加工不同宽度的直角沟槽、台阶面和较窄侧面等，如图5-23(b)所示。

3)锯片铣刀：用于切断工件或铣削窄槽，如图5-23(c)所示。

4)模数铣刀：用来加工齿轮等，如图5-23(d)所示。

5)角度铣刀：分为单角和双角铣刀两种，双角铣刀又分为对称双角铣刀和不对称双角铣刀，如图5-23(e)、(f)所示，它们的周边刀刃具有各种不同的角度，可用于加工各种角度的沟槽及斜面等。

6)成形铣刀：用于卧铣加工各种成形面，如凸圆弧、凹圆弧，如图5-23(g)、(h)所示。

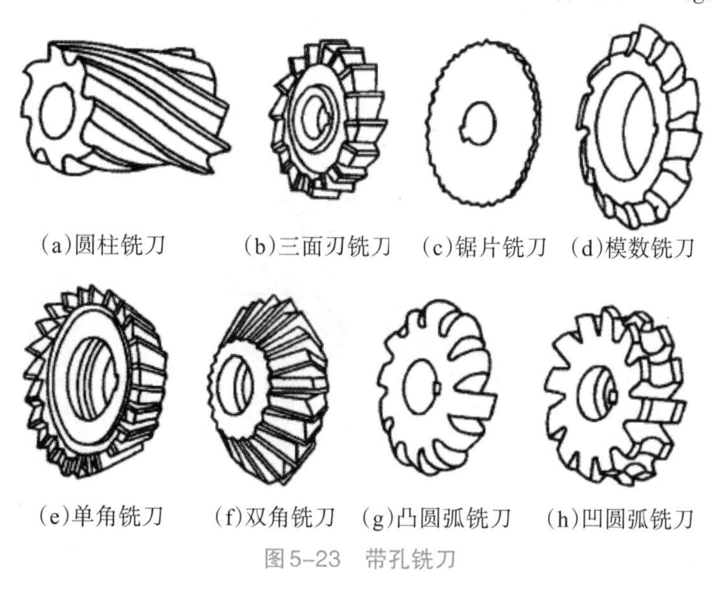

图5-23　带孔铣刀

5.3.2　铣刀装夹

1. 带柄铣刀的装夹

(1)直柄铣刀的装夹

直柄铣刀需用弹簧夹头装夹，弹簧夹头沿轴向有3个开口锁紧螺母，随之压紧弹簧夹头端面，使其外锥面受压收小孔径，夹紧铣刀。不同孔径的弹簧夹头可以安装不同直径的直柄铣刀，如图5-24(a)所示。

(2)锥柄铣刀的装夹

锥柄铣刀应根据铣刀锥柄尺寸选择合适的过渡锥套，用拉杆将铣刀及过渡锥套拉紧在主轴端部的锥孔中。若铣刀锥柄尺寸与主轴端部的孔尺寸相同，则可直接装入主轴锥孔后拉紧，如图5-24(b)所示。

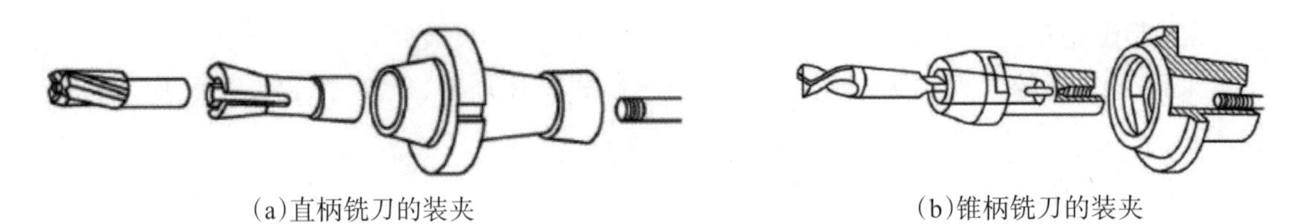

(a)直柄铣刀的装夹　　(b)锥柄铣刀的装夹

图5-24　带柄铣刀的装夹

2.带孔铣刀的装夹

带孔铣刀中的圆柱铣刀、圆盘铣刀和三面刃铣刀多用长刀杆装夹。在长刀杆一端有7:24锥度与铣床主轴孔配合,用拉杆穿过主轴将刀杆拉紧,以确保刀杆与主轴锥孔紧密配合。在卧式铣床上都使用刀杆安装带孔的铣刀,如图5-25所示为带孔铣刀的装夹。

(1)根据铣刀的孔径,选用合适的刀轴,用拉紧螺杆吊紧刀轴。

(2)调整横梁位置,使它与刀轴处于大致相同的位置。

(3)把铣刀安置在方便切削的合适位置,用轴套进行调整。

(4)安装托架,用套筒使刀轴在托架上有个支点,然后用螺母固定铣刀。

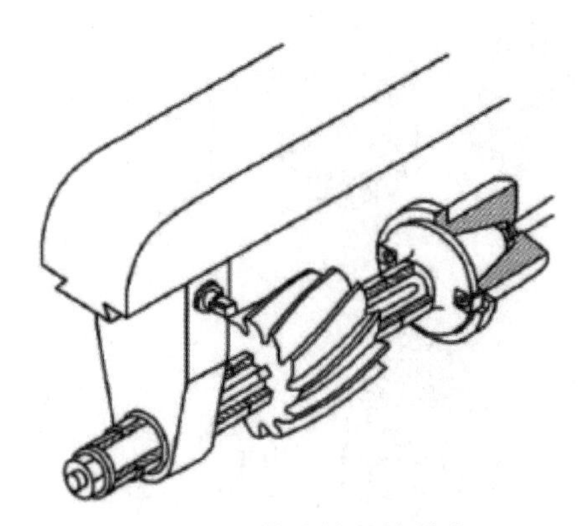

图5-25　带孔铣刀的装夹

用长刀杆装夹带孔铣刀时需注意以下几点。

(1)尽可能使铣刀靠近铣床主轴,并使吊架尽量靠近铣刀,以确保足够的刚性,避免刀杆发生弯曲,影响加工精度。铣刀的位置可用更换套管的方法调整。

(2)套管的端面和铣刀的端面应该擦拭干净,以确保铣刀端面与刀杆轴线垂直。

(3)拧紧螺母时,必须先装上吊架,以防止刀杆受力弯曲。

(4)初步拧紧螺母,开车观察铣刀是否装正,装正后用力拧紧螺母。

(5)斜齿圆柱铣刀所产生的轴向切削力应指向主轴轴承。

5.4　铣削加工练习

5.4.1　铣床安全操作规程

1.操作人员应穿紧身工作服,袖口扎紧;女生必须戴好工作帽,发辫不得外露;高速铣削时要戴防护镜；铣削铸铁件时应戴口罩；操作时，严禁戴手套，以防将手卷入旋转刀具和工件之间。

2. 操作前应检查铣床各部件及安全装置是否安全可靠，检查设备电器部分安全可靠程度是否良好。

3. 装卸工件时，应将工作台退到安全位置，使用扳手紧固工件时，用力方向应避开铣刀，以防扳手打滑时撞到刀具或工夹具。

4. 装拆铣刀时要用专用衬垫垫好，不要用手直接握住铣刀。

5. 工作台上禁止放置工量具、工件及其他杂物。

6. 工件装夹稳固可靠，装卸、测量及清洁机床，都必须在机床停机后进行。

7. 机床运转时，不得调整测量工件和改变润滑方式，以防手触及刀具碰伤手指。

8. 在铣刀旋转未完全停止前，不能用手去制动。

9. 铣削中不要用手清除切屑，也不要用嘴吹，以防切屑损伤皮肤和眼睛。

10. 在机动快速进给时，要把手轮离合器打开，以防手轮快速旋转伤人。

11. 工作台换向时，须先将换向手柄停在中间位置，然后再换向，不准直接换向。

12. 机床运行过程中，不得擅离岗位或委托他人看管，不准闲谈打闹，人不能站在铣刀切线方向。

13. 铣削平面时，选择合适的切削用量，防止机床在铣削中产生振动。

14. 铣削工作结束后，将工作台停在刀具下方中间位置，认真清扫机床及工作场地，将切屑倒在规定位置，将工、量、夹具摆放整齐，工件交检。

5.4.2　铣削加工案例

例 5-1　在普通铣床上将如图 5-26 所示的毛坯加工成四条边平整且互相垂直的矩形块，如图 5-27 所示。

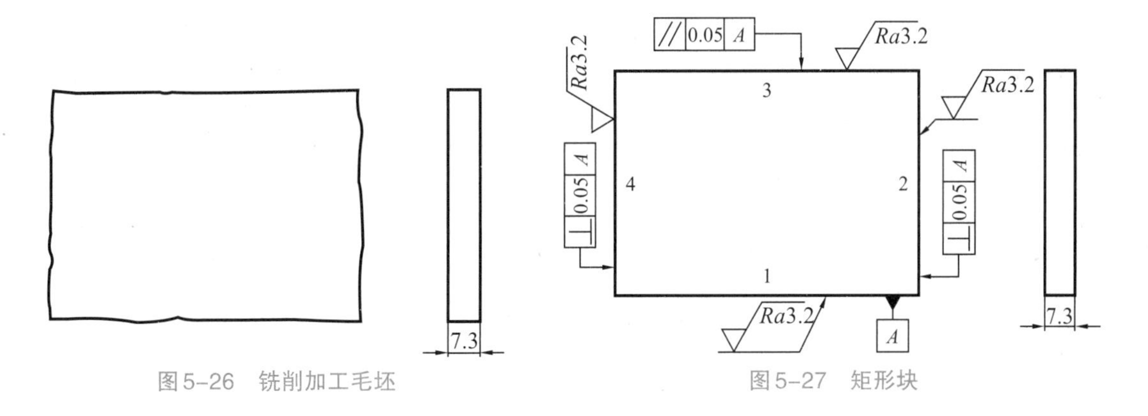

图 5-26　铣削加工毛坯　　图 5-27　矩形块

1. 加工分析

通过普通铣床铣削毛坯，去除余量，使零件满足图示平行度与垂直度。

2. 矩形块加工工艺卡

矩形块加工工艺卡见表 5-3。

例 5-1 视频

表5-3　矩形块加工工艺卡

<table>
<tr><td>零件图号</td><td>图5-27</td><td colspan="2" rowspan="2">矩形块加工工艺卡</td><td colspan="2">毛坯材料</td><td>Q235</td></tr>
<tr><td>机床型号</td><td>XQ6225</td><td colspan="2">毛坯尺寸</td><td>图5-26</td></tr>
<tr><td colspan="2">刀具</td><td colspan="2">量具</td><td colspan="3">夹具、工具</td></tr>
<tr><td colspan="2" rowspan="2">ϕ14mm立铣刀</td><td colspan="2" rowspan="2">刀口角尺</td><td>1</td><td colspan="2">台虎钳</td></tr>
<tr><td>2</td><td colspan="2">垫块若干</td></tr>
<tr><td rowspan="2">工序</td><td rowspan="2">工序内容</td><td colspan="3">切削用量</td><td colspan="2" rowspan="2">备注</td></tr>
<tr><td>主轴转速/（r/min）</td><td>进给速度/（mm/min）</td><td>背吃刀量/mm</td></tr>
<tr><td>1</td><td>机床开机</td><td></td><td></td><td></td><td colspan="2"></td></tr>
<tr><td>2</td><td>工件装夹</td><td></td><td></td><td></td><td colspan="2">清理毛坯，将毛坯夹紧，保证待加工表面平面1高出钳口</td></tr>
<tr><td>3</td><td>对刀</td><td>555</td><td></td><td></td><td colspan="2">对刀点为平面1的最高点</td></tr>
<tr><td>4</td><td>铣削平面1</td><td>555</td><td>84</td><td></td><td colspan="2">采用端铣方式加工平面1，每次在工件外下刀0.5mm，分层加工，直至表面平整。用锉刀去毛刺</td></tr>
<tr><td>5</td><td>调头装夹</td><td></td><td></td><td></td><td colspan="2">以平面1为基准装夹，保证平面1与垫铁贴紧，并夹紧</td></tr>
<tr><td>6</td><td>铣削平面3</td><td>555</td><td>84</td><td></td><td colspan="2">铣削方法与工序4相同</td></tr>
<tr><td>7</td><td>平行装夹</td><td></td><td></td><td></td><td colspan="2">工件放置垫铁上，将平面1与固定钳口贴合，平面3与活动钳口贴合，并夹紧。保证待加工表面平面2在虎钳外侧，但不宜过长</td></tr>
<tr><td>8</td><td>铣削平面2</td><td>555</td><td>84</td><td></td><td colspan="2">采用周铣方式加工平面2，每次在工件外下刀0.5mm，分层加工，直至表面平整。用锉刀去毛刺</td></tr>
<tr><td>9</td><td>调头装夹+</td><td></td><td></td><td></td><td colspan="2">装夹方式与工序7相同，保证待加工表面平面4在虎钳外侧</td></tr>
<tr><td>10</td><td>铣削平面4</td><td>555</td><td>84</td><td></td><td colspan="2">铣削方法与工序8相同</td></tr>
<tr><td>11</td><td>零件测量</td><td></td><td></td><td></td><td colspan="2">刀口角尺检测垂直度</td></tr>
<tr><td>12</td><td>清理、保养机床</td><td></td><td></td><td></td><td colspan="2"></td></tr>
</table>

例5-2　在普通铣床上铣削完成如图5-28所示的矩形块，保证尺寸及位置精度。

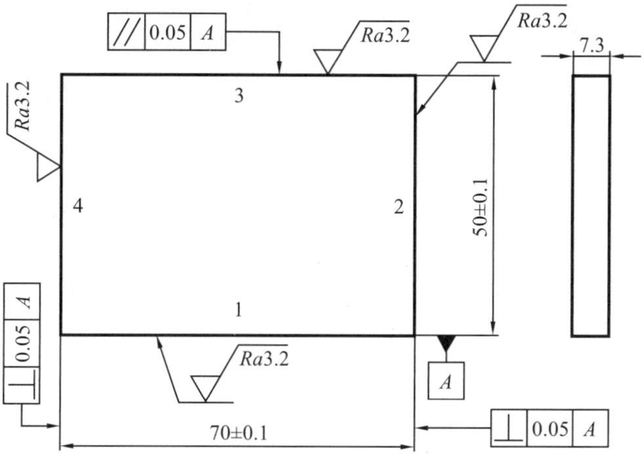

图5-28　矩形块

1. 加工分析

通过普通铣床加工毛坯，去除毛坯余量，使工件达到图示尺寸、平行度与垂直度。

2. 矩形块尺寸加工工艺卡

矩形块尺寸加工工艺卡见表5-4。

表5-4　矩形块尺寸加工工艺卡

零件图号	图5-28	矩形块尺寸加工工艺卡		毛坯材料	Q235
铣床型号	XQ6225			毛坯尺寸	52mm×72mm×7.3mm
刀具		量具		夹具、工具	
ϕ14mm立铣刀		1	游标卡尺(0~150mm)	1	台虎钳
		2	刀口角尺	2	垫块若干
工序	工序内容	切削用量			备注
		主轴转速/(r/min)	进给速度/(mm/min)	背吃刀量/mm	
1	机床开机				
2	工件装夹				清理毛坯，将毛坯夹紧，保证待加工表面平面1高出钳口
3	对刀	555			对刀点为平面1的最高点
4	铣削平面1	555	84	1	采用端铣方式加工平面1，每次在工件外下刀0.5mm，分层加工。用锉刀去毛刺
5	调头装夹				以平面1为基准装夹，保证平面1与垫铁贴紧，并夹紧
6	铣削平面3	555	84	1	铣削方法与工序4相同，粗加工后测量，保证尺寸精度50±0.1

续表

零件图号	图5-28	矩形块尺寸加工工艺卡		毛坯材料	Q235
铣床型号	XQ6225			毛坯尺寸	52mm×72mm×7.3mm
7	平行装夹				工件放置垫铁上，将平面1与固定钳口贴合，平面3与活动钳口贴合，并夹紧。保证待加工表面平面2在虎钳外侧，但不宜过长
8	铣削平面2	555	84	1	采用周铣方式加工平面2，每次在工件外下刀0.5mm，分层加工。用锉刀去毛刺
9	调头装夹				装夹方式与工序7相同，保证待加工表面平面4在虎钳外侧
10	铣削平面4	555	84	1	铣削方法与工序8相同，粗加工后测量，保证尺寸精度70±0.1
11	零件测量				刀口角尺检测垂直度
12	清理、保养机床				

第6章 磨削技能训练

6.1 磨削加工概述

6.1.1 磨削加工基本概念

磨削是采用砂轮、研磨带、油石等磨料或磨具对不同材质及形状的工件进行粗、精或超精加工的工艺，各类磨具都是由细小坚硬的磨粒用结合剂黏结而成，其表面杂乱分布的尖角菱形颗粒如同许多锋利的车刀刃，在与工件的相对运动中切除材料余量。

近年来随着科学技术的发展进步，人们对于机器和仪器零件的精度和表面质量要求越来越高，零件经过宏观切削或热处理之后，通过磨削加工可以获得较高的微观表面质量。常规磨削使用氧化铝和碳化硅作为磨削工具，对于硬质材料具有良好的加工性能，且效率高，可实现较低的磨削成本。因此，在汽车、机床、工具、玻璃和钢铁领域，磨削加工广泛应用于高合金钢、淬硬钢、灰铸铁、有色金属、非金属材料（如陶瓷）等材质的零件加工。

6.1.2 磨削工艺应用特点

磨削加工属于精加工，切削厚度可小到数微米，故可获得很高的尺寸加工精度和极低的表面粗糙度。粗磨精度一般在IT8~IT7之间，表面粗糙度 *Ra* 值为0.8~0.4；精磨精度在IT6~IT5之间，表面粗糙度 *Ra* 值为0.4~0.2；精密磨削精度可达IT4，表面粗糙度 *Ra* 值为0.2~0.05。选择合适的砂轮或砂带种类，配合磨料颗粒，以及合理的磨削参数，超精密磨削可以实现表面粗糙度 *Ra* 值为0.012~0.025，镜面磨削甚至可做到表面粗糙度 $Ra>0.008$。

磨具所选的磨粒材料往往硬度高，在磨削过程中磨粒还具有自锐特性，因此磨削不但可以加工碳钢、铸铁等常用金属材料，还能加工一般刀具难以加工的高硬度、高脆性材料，如淬火钢、硬质合金等，并且可进行连续高效的强力磨削。

磨削属于微刃切削，每一颗磨粒相当于一个切削刃，而且切削刃的形状及分布处于随机状态，其切削角度、切削条件均不相同，砂轮线速度一般为50~180m/s，因此磨削过程相当于数把微刃同时参与高速切削，此时，磨粒和工件产生强烈的摩擦和急剧的塑性变形，磨削区的温度会很高，瞬时高温可达800~1000℃，因此，必须使用相应冷却润滑液来保护被磨削表面不发生烧伤。

6.1.3 磨削加工分类

磨削的应用范围非常广泛,已经成为现代机械制造领域中精密与超精密加工最有效的基本工艺技术之一。

按加工效率不同,可将磨削分为普通磨削、高速磨削、超高速磨削。

根据纵向和横向的进给速度不同,又分为缓进给磨削、高效深切磨削、快速短行程磨削和高速重负荷磨削等。

按磨削精度不同,可将磨削分为普通磨削、精密磨削、超精密磨削和镜面磨削。

按磨削工具的结构形态,可将磨削加工分为固定磨粒磨削和游离磨粒磨削两种。

根据各种工艺应用形式,可将磨削归纳为切割、打磨、外圆磨削、内圆磨削、平面磨削、成形磨削、无心磨削、研磨、珩磨等。其中以平面磨削、外圆磨削和内圆磨削最为常见,如图6-1所示。

(a)外圆磨削

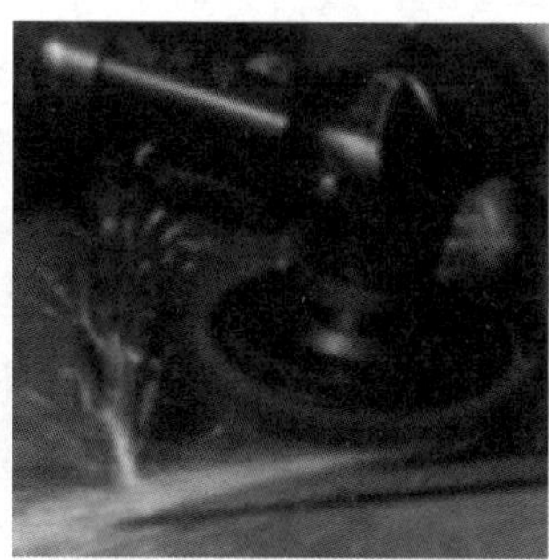
(b)平面磨削

(c)内圆磨削

图6-1 磨削加工的类型

6.2 磨削工艺要素

6.2.1 磨削过程要素

磨削加工过程是一个多项运动变量耦合且受磨削装备系统综合精度影响的过程,表6-1列出了最有可能影响磨削工艺的过程要素。

表6-1 影响磨削工艺的过程要素

<table>
<tr><th colspan="2">机床设备:综合精度、刚性、功率、夹具</th><th colspan="2">工件:易磨性、硬度、余量</th></tr>
<tr><td>修整:修整工具、金刚石质量、修整参数</td><td colspan="2">工艺:工具寿命、精度、表面质量、切削力、零件形状、功率消耗</td><td>砂轮:磨料材质、粒度、硬度、气孔率</td></tr>
<tr><td colspan="2">冷却液:冷却液类型、过滤系统、冷却液流量、温度、润滑效果</td><td colspan="2">参数选择:砂轮线速度、工件转速、进给切深、砂轮横向进给速度</td></tr>
</table>

6.2.2 磨削工艺参数

过程要素中的磨削工艺核心参数有一个速度参数和三个进给量参数，即砂轮旋转速度V_s、工件切向进给速度V_w、砂轮切深进给速度a_e、砂轮横向进给速度V_t（图6–2）。除此之外，磨削的工艺参数还包括砂轮与工件速度比、砂轮重叠系数等。

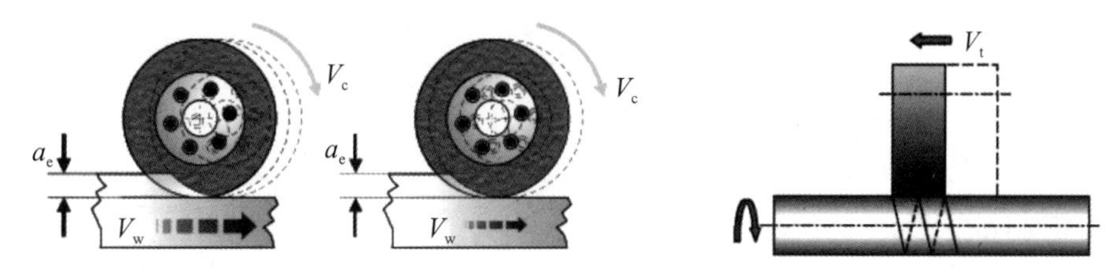

图6–2 磨削工艺参数

1. 砂轮旋转速度 V_s

砂轮旋转速度是磨削主运动，即砂轮切削刃面相对于工件表面的旋转速度，表达式为

$$V_s=\frac{\pi d_s n_s}{1000\times 60}$$

式中：d_s——砂轮的外径（mm）；

n_s——砂轮的转速（r/min）。

提高砂轮旋转速度，单位时间内会有更多的磨料参与磨削，磨屑变得更小，单颗磨粒负荷更低，磨粒碎裂倾向更小，砂轮表现得更硬、更耐磨。

2. 工件切向进给速度 V_w

回转体工件绕本身轴线旋转或者方体工件沿切削方向的进给速度，工件有头、尾架夹持时由头架旋转提供，工件固定不动的由工作台滑移提供，表达式为

$$V_w=\frac{\pi d_w n_w}{1000\times 60}$$

式中：d_w——工件的外径（mm）；

n_w——工件的转速（r/min）。

提高工件切向进给速度，材料去除率提高，磨屑变得更大，单颗磨粒负荷更高，磨粒碎裂倾向加剧，砂轮表现得更软、更易磨损。

3. 砂轮与工件速度比 q_s

砂轮与工件的相对转速直接影响磨削质量与效率，加工取值时用速度比值q_s来加以考量，计算公式为

$$q_s=\frac{V_s}{V_w}$$

4. 砂轮切深进给速度 a_e

砂轮向工件每次移动的切削量即为切深进给速度，单位为mm/冲程，由砂轮架的运动提供。适当提高砂轮切深进给，材料去除率更高，磨屑更大，单颗磨粒负荷更高，磨粒碎裂倾向加剧，砂轮表现得更软、更易磨损。

5. 砂轮横向进给速度 V_t

砂轮平行于回转体工件轴线或者垂直于砂轮切深进给方向的运动即为横向进给,由工作台滑移运动提供,其速度单位为mm/min。

6. 砂轮重叠系数 U_{bs}

在同时存在砂轮切深进给和横向进给时,可用砂轮重叠系数 U_{bs} 来考量工件旋转速度与砂轮宽度之间的选型关系,计算公式为

$$U_{bs}=\frac{n_w b_s}{V_t}$$

式中:b_s——砂轮宽度(mm)。

7. 磨削率 Q_w

磨削率 Q_w 通常被用于评价磨削工艺综合效率,即1mm砂轮宽度每秒磨削多少体积材料,单位为 $mm^3/mm \cdot s$,如图6-3所示。

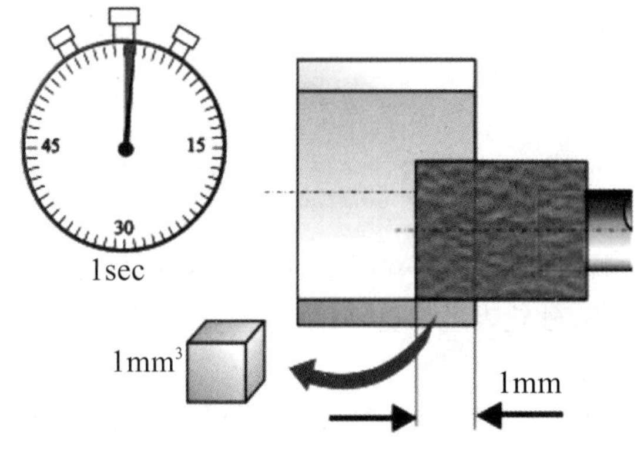

图6-3　磨削率含义示意图

计算公式如下:

$$Q_w=\frac{\pi d_w a_e V_t}{b_s \times 60}$$

磨削工艺参数应根据工件尺寸精度、表面质量、工件材料的特性、磨具选型等因素综合考虑,最终匹配合理性可通过表6-2进行校验。

表6-2　磨削工艺参数校验

工艺类型	q_s	U_{bs}	Q_w/($mm^2/mm \cdot s$)	a_e/(mm/冲程)
粗磨	60~90	<3	>10	0.015~0.005
精磨	90	3~5	1~10	0.005~0.002
超精磨,精整	90~120	6~10	<1	0.002~0.001

6.3　砂　轮

6.3.1　砂轮的结构及特性

砂轮是磨削加工中很重要也是使用最普遍的磨具，结构包括磨削颗粒、结合桥和气孔三个部分（图6-4），磨粒是通过结合桥固型，经压坯、干燥、烧结等工艺制作而成的多孔疏松体。

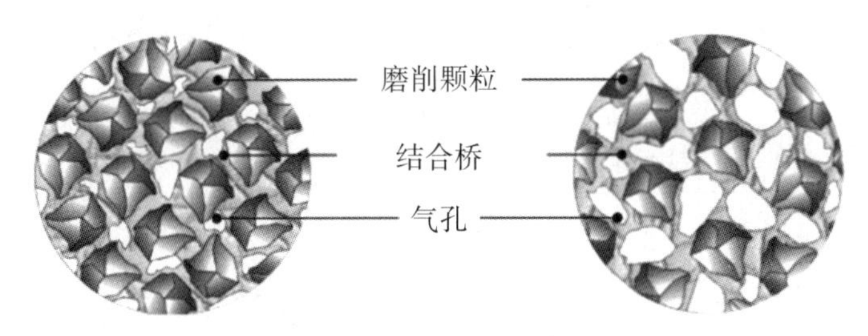

图6-4　砂轮结构示意图

砂轮磨粒是构成砂轮的主体，其尖角即为切削刃，一般选用具有高硬度、高耐磨性和高耐热性的细小颗粒，是砂轮产生切削作用的根本因素。结合桥是用来连结固定磨粒的材料，有陶瓷结合剂、树脂结合剂、橡胶结合剂等，能使砂轮具有一定的几何形状和强度。磨粒和结合剂之间的空隙，称为气孔，气孔在磨削中主要起容纳切屑和磨削液以及散发磨削液的作用，制作砂轮时根据需要控制气孔的大小、多少及均匀性，能改善砂轮的切削性能。

砂轮的特性包括强度、硬度、韧性、耐磨性、耐热性、成形性和自锐性等，砂轮特性由磨料粒度、硬度、粒度分布、结合剂、形状及尺寸等因素决定。随着磨料、结合剂及砂轮制造工艺等的不同，砂轮的特性可能差别很大，对磨削加工的精度、粗糙度和生产效率有着重要的影响，因此，必须根据具体条件选用合适的砂轮。

1.磨料

常用的磨料有氧化物系、碳化物系和高硬磨料系三种，详见表6-3。

表6-3　常用磨料名称、性能及适用范围

系列	磨粒名称	特性	适用范围
氧化物系 Al_2O_3	棕刚玉	硬度较高、韧性好	磨削碳钢、合金钢、可锻铸铁、硬青铜
	白刚玉	硬度高于棕刚玉，棱角自锐性好，发热小	磨削淬硬钢、高碳钢、高速钢及薄壁件成形磨削
	单晶刚玉	硬度比棕、白刚玉高，韧性大，呈球状晶体，不易破碎	磨削不锈钢、高钒高速钢、硬度高及易变形烧伤的材质
	铬刚玉	硬度很高，切削刃锋利，棱角保持性好，坚固耐用	磨削高速钢刀具、量具、淬硬模具钢、表面质量要求高的工件

续表

系列	磨粒名称	特性	适用范围
碳化物系	黑色碳化硅	硬度高、韧性差、刃口锋利、导热性好	磨削铸铁、黄铜、铝及非金属等
	绿色碳化硅	硬度高、性脆、刃口锋利、具有一定导热性	磨削硬质合金、玻璃、玉石、陶瓷等
	碳化钛	硬度高于碳化硅,性脆、刃口锋利、抱持性好	磨削硬质合金、淬硬模具钢、碳化钨刀具、陶瓷材料
	碳化硼	硬度很高,棱角保持性好、耐热性极好	磨削宝石及玉石
高硬磨料系	人造金刚石	硬度很高,比天然金刚石脆、与铁元素亲和力小	磨削硬质合金、非铁质金属、PCD、陶瓷、PCBN、玻璃、硅片等
	立方氮化硼	硬度略低于金刚石,氧化倾向低、热稳定性好	磨削工具、高速钢等

2. 粒度

粒度是表示磨料颗粒的大小,一般直径较大的砂粒称为磨粒,其粒度用磨粒所能通过的筛网号表示;直径极小的砂粒称为微粉,其粒度用磨料自身的实际尺寸表示。磨料粒度对于磨削过程和最终磨削结果具有决定性的意义,颗粒越细,参与磨削的切削刃就越多,工件的表面就越会得到改善,且不受工件转速的影响;增加粒度后,磨削能力及使用寿命都会得到提高。因此,粗磨时,磨削余量大,要求的表面粗糙度值较大,应选较粗的磨粒。精磨时,余量较小,要求粗糙度值较低,可选取较细磨粒。

3. 结合剂

结合剂的作用是将磨粒黏结在一起,并使砂轮具有所需要的形状、强度、耐冲击性、耐热性等。结合剂与磨粒应当彼此协调,让磨粒既具有锋利切削刃口,同时又固结在结合剂中,从而获得理想的磨削性能。如果已磨损失效的磨粒在结合剂中停留,砂轮就会“变钝”,相反,如果结合剂比磨粒先失效,磨粒脱落,砂轮寿命将缩短。结合剂与磨粒的协调关系具有重要意义,各种结合剂及性能如表6-4所示。

表6-4 各种结合剂及性能

结合剂类型	性能表现
树脂结合剂	用于磨削硬质材料和钢材 在低磨削力的条件下具有高磨削效率 适用于干磨和湿磨 适用于精密磨削过程
金属结合剂	具有优异的耐磨性和形状保持性 作用力大,因此与合成树脂结合剂相比磨削效率较低

续表

结合剂类型	性能表现
树脂金属混合结合剂	具有出色的结合作用,用于磨削硬质金属 磨件进给速度快 砂轮磨损率低 具有很好的修整特性
陶瓷结合剂	用于制造规定孔隙率的磨削层,具有非常广泛的应用范围 具有良好的修整和可定型性,特别适合采用金刚石修整 砂轮磨损率低,低磨削力带来高质量工件表面

4.硬度

砂轮硬度并不是磨料的硬度,而是指结合剂对于磨料破碎以及剥落的阻力作用大小,砂轮硬度由粒度、结合剂比例、结合剂类型、气孔率、砂轮结构综合决定,磨料越易破碎或剥落,砂轮的硬度就越低,俗称软砂轮;磨粒难脱落,则砂轮的硬度就高,称为硬砂轮。在同一砂轮硬度范围内,磨料小且气孔小的砂轮在磨削过程中比磨粒大、气孔大的砂轮更硬。

选择砂轮硬度的一般原则是:加工软金属时,为了使磨料不致过早脱落,则选用硬砂轮。加工硬金属时,为了能及时地使磨钝的磨粒脱落,从而露出具有尖锐棱角的新磨粒(即自锐性),选用软砂轮。前者是因为磨削软材料时,砂轮的工作磨粒磨损很慢,不需要太早地脱离;后者是因为在磨削硬材料时,砂轮的工作磨粒磨损较快,需要较快地更新。

精磨时,为了保证磨削精度和粗糙度,应选用稍硬的砂轮。工件材料的导热性差,易产生烧伤和裂纹时(如磨硬质合金等),选用的砂轮应软一些。

5.粒度分布

砂轮磨料的粒度分布是指磨粒在结合剂中的分布疏密程度,它反映了磨粒、结合剂、气孔三者之间的比例关系,也称之磨粒浓度,用磨削层单位体积内的磨料颗粒质量分数表示。砂轮的粒度分布对磨削生产率和工件表面质量有直接影响,一般来说,选择的粒度分布密,单位时间内磨削量小,磨粒负荷低,相应的被磨工件粗糙度小,刀刃缺损工况缓和,砂轮寿命较长。普通磨削加工广泛使用粒度中等分布程度的砂轮;成形磨削和精密磨削则采用分布紧密的砂轮;而平面端磨、内圆磨削等接触面积较大的磨削以及磨削薄壁零件、有色金属、树脂软材料时则选用分布疏松的砂轮。粒度分布疏密程度如图6-5所示。

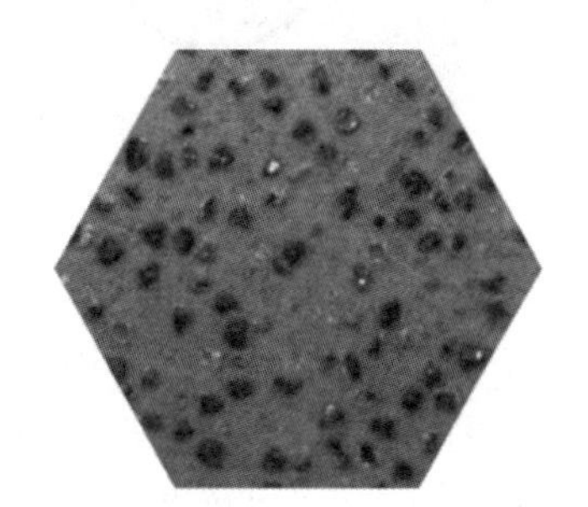
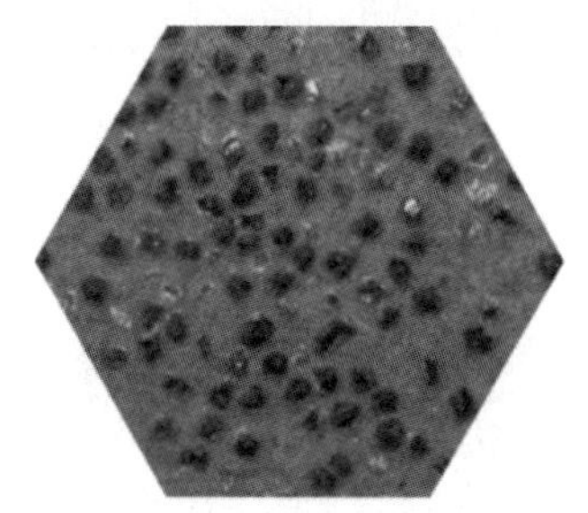
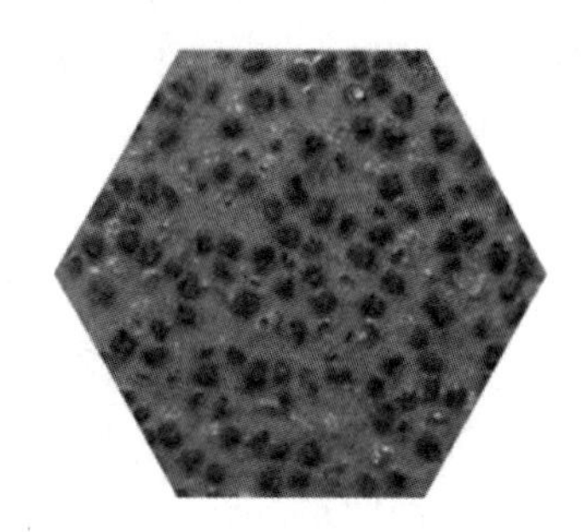

图6-5　粒度分布疏密程度

6.砂轮的形状

为适应各种磨削加工的需要，砂轮可制成各种形状，表6–5所示为常用砂轮的形状及用途。

表6–5　常用砂轮的形状及用途

砂轮名称	简图	主要用途
平面砂轮		用于磨外圆、内圆、平面、螺纹及无心磨等
双斜边形砂轮		用于磨削齿轮和螺纹
薄片砂轮		主要用于切断和开槽等
筒形砂轮		用于立轴端面磨
杯形砂轮		用于磨平面、内圆及刃磨刀具
碗形砂轮		用于导轨磨及刃磨刀具
碟形砂轮		用于磨铣刀、铰刀、拉刀等，大尺寸的用于磨齿轮端面

6.3.2　砂轮的安装及平衡

1.砂轮的安装

新旧砂轮安装前一般要进行裂纹检查，首先查看外观，确认无表面裂纹，较轻的砂轮用手指或定位杆固定，重砂轮竖放在地板上，然后用木槌轻轻敲击砂轮垂直中线的左右两侧，声音清脆的为没有裂纹的好砂轮，有裂纹砂轮声音则低沉，磨削时严禁使用有裂纹的砂轮。

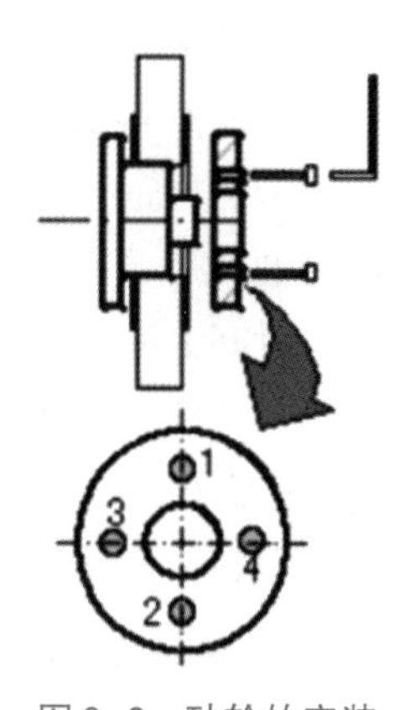

图6–6　砂轮的安装

安装砂轮时，砂轮和法兰之间应垫上专用纸衬垫，纸衬垫用防锈油浸润，砂轮内孔与法兰盘之间要有适当间隙，以免磨削时主轴受热膨胀而将砂轮胀裂。采用十字交叉方式均匀地拧紧螺栓，如图6–6所示，第一回先略微拧上，第二回再完全拧紧。

2.砂轮的平衡

旋转部件的任何不平衡性都会影响工件的表面质量、砂轮的使用寿命和机床的加工效果，严重时会导致砂轮破裂和机床损坏。一般而言，如果砂轮已安装在法兰上，便只需确保静态平衡。对砂轮进行静态平衡时，需要将其安装到一个经过磨削的平衡轴上，并置于平衡位置上，如图6–7所示。如果不平衡，砂轮较重的部分总是会转到下面，移动法兰盘端面环形槽内的平衡块位置，调整砂轮的重心进行平衡，反复进行，直到砂轮在导轨上任意位置都能静止不动，此时砂轮达到静平衡。

安装新砂轮时，砂轮要进行两次静平衡。第一次静平衡后，装上磨床并用金刚石笔对砂轮外形进行修整，然后卸下砂轮再进行一次静平衡才能安装使用。

如果磨床配备了自动化平衡设备，也可以动态且连续地进行平衡，如今磨削工件的质量要求和圆周速度提高，通常都需要进行连续的动态平衡，尤其当砂轮宽度超过砂轮直径的1/6时更是如此。

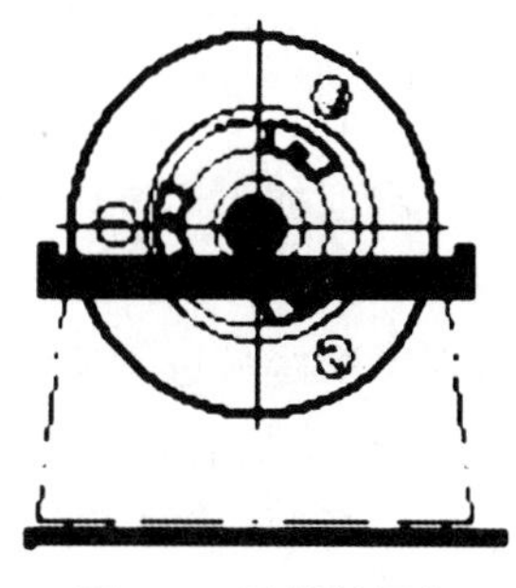

图6-7　砂轮的平衡

在开始磨削前，每个砂轮都需要至少空转一分钟，这时的圆周速度绝对不能超过砂轮制造商的建议值。

6.3.3　砂轮的修整与修锐

在磨削过程中砂轮的磨粒在摩擦、挤压作用下，棱角逐渐磨圆变钝，或者砂粒剥落，磨屑嵌塞砂轮表面孔隙，使砂轮切削能力下降，同时砂轮工作表面磨损不均匀，磨削力及磨削热的增加，致使砂轮外形精度变差，任何轴向或径向的形变都会导致振动，继而致使刃口质量变差，引起工件变形和影响磨削精度，砂轮寿命异常缩短，严重时还会使磨削表面出现烧伤和细小裂纹。修整是切去砂轮表面上一层磨料，使砂轮表面重新露出光整锋利磨粒，恢复切削能力。

选择对应的修整砂轮种类、粒度、硬度、参数是保证最佳修整效果的前提，此外，在砂轮主轴上整体修整时，修整工具的切削刃和砂轮中心须在相同高度，相对于砂轮的旋转方向，修整工具沿砂轮轴向呈30°~40°夹角，如图6-8所示。修整时要始终保持冷却，粗修时修整轮速度为2~6m/s，进给量为0.02~0.08mm/次，精修时修整轮速度为8~20m/s，进给量为0.005~0.02mm/次。

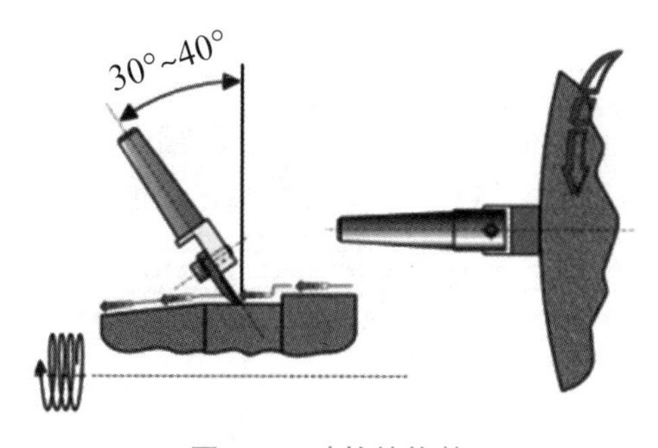

图6-8　砂轮的修整

修整后的砂轮几乎没有任何自由磨粒，需要通过修锐来获得外露的磨粒。

金刚石具有很高的硬度和耐磨性，是修整砂轮的主要工具，此外，也可以用PCD聚晶金刚石、MCD单晶金刚石和CVD合成金刚石修整工具适配不同修整任务。

6.3.4 磨削冷却

磨削加工通过许多小切削刃接触工件进行切削,会产生大量的热量,引发磨削区域温度变化,导致砂轮发生膨胀。因此,磨削产生的热量必须得到及时散发,磨削时始终使用磨削液对磨削区域进行喷淋。磨削液的作用如下:

(1)磨削液能够冷却工件,及时带走磨削区产生的热量。

(2)磨削液的润滑作用使切削力有所降低,进一步减少磨削热量的产生。

(3)磨削液能及时冲刷磨屑,防止堵塞砂轮表面,提高磨削效率,保证表面质量。

(4)磨削液的冷却效果可以防止工件扭曲,防止工件表面形成淬裂。

(5)磨削液具有良好的防锈效果,可保护工具和磨床不受腐蚀。

(6)采用金刚石对砂轮进行修整时也生成很高的温度,磨削液的冷却效果也可保护修整金刚石不发生异常磨损或断裂。

6.4 磨 床

磨削工艺所采用的机床称为磨床,其类型有外圆磨床、内圆磨床、平面磨床、无心磨床、工具磨床、珩磨机、研磨机、抛光机床等,针对专业化工件磨削的磨床还有齿轮磨床、导轨磨床、曲轴磨床、凸轮磨床、螺纹磨床等。

6.4.1 外圆磨床

1.外圆磨床简介

外圆磨床主要用于磨削外圆柱面、外圆锥面、内圆柱面、内圆锥面,也能磨削阶梯轴的台阶面和端面,可加工IT6~IT7精度范围的尺寸,表面粗糙度*Ra*值为1.25~0.08。如图6-9所示为M1432B万能外圆磨床,该型机床最大磨削直径为320mm。

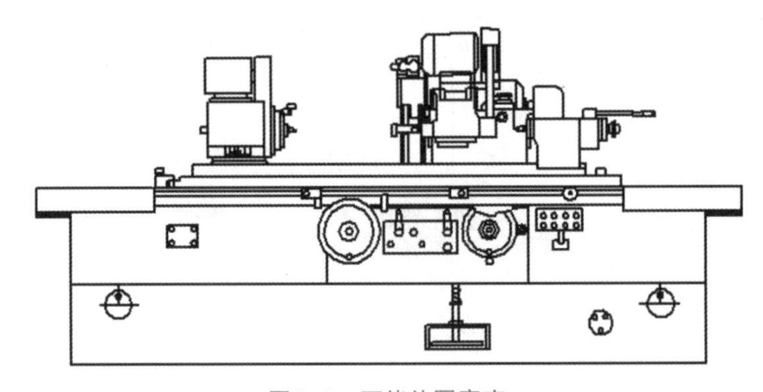

图6-9 万能外圆磨床

万能外圆磨床主要由床身、头架、尾架、外圆砂轮架、内圆磨头、工作台、手轮、操纵台、液压系统几大部分构成。

(1)床身:由铸铁材质制成,提供运动导轨面和机床各个部件安装面,以及用于安装各种功能附件,内部还有液压管路和电缆走线。

(2)头架:头架由两件"L"形螺钉固定在工作台上,头架体壳可按需要在逆时针方向90°范围内做任意角度调整,主轴可安装卡盘、拨盘以及拨杆等附件,头架主轴莫氏锥孔内可安装顶尖,头架带动工件旋转的速度可通过头架电机调速板旋钮调节电机转速来实现,磨削内孔需要冷却时可从主轴后端孔通入冷却管。

(3)尾架:尾架由"L"形螺钉固定在工作台上,顶尖套内可安装顶尖,对中心孔工件进行定位夹紧,尾架顶尖后退动作有手动和液压传动两种不同的方法,尾架端盖上还可安装金刚笔进行砂轮外圆修整。

(4)外圆砂轮架:砂轮架安装在床身的导轨上,操作砂轮架横向进给手轮,由丝杠传动可作横向进给,砂轮安装在砂轮架主轴上,由单独的电动机通过皮带传动带动砂轮高速旋转,砂轮架还可水平旋转±30°角,用来磨削较大锥度的圆锥面。

(5)内圆磨头:磨头安装在磨具支架上,由单独电机带动旋转,内圆磨头的中心线与头架主轴中心线等高,当进行内圆磨削时将磨头支架翻下,不用时向上翻起。

(6)工作台:下层工作台可通过操作工作台纵向移动手轮使其做纵向直线往复运动,上层工作台可相对下层工作台在水平面偏转±8°角,用于磨削圆锥面。

(7)手轮:主要有工作台纵向移动手轮和砂轮架横进给手轮,都与丝杠相连提供进给运动。

(8)操纵台:上面安装有液压系统和电气系统的控制按钮。

(9)液压系统:主系统可提供0.1~1.1MPa范围可调节的压力,用于工作台往复运动、砂轮架快速进退、砂轮架周期进给、尾架顶尖伸缩、导轨润滑等。

工件、外圆砂轮、内圆砂轮、油泵和冷却分别由独立电机传动,机床工作台纵向移动可由液压无级传动,也可由手轮传动,砂轮架横向进给移动具有液压快速移动、自动周期进给及手动进给等几种模式。

2.外圆磨削操作

(1)工件的定位装夹

磨削是精密加工,工件的定位及装夹方式直接影响磨削精度,不同类型的工件工艺基准不同,定位装夹方式的选择也会不同。如图6-10所示,外圆磨削常采用以下四种装夹方式。

1)对于轴类以中心孔作工艺基准的零件,可采用头架、尾架的顶尖进行定位装夹,工件中心孔辅助润滑,前、后顶尖顶入中心孔内,在头架上安装拨盘或拨杆配合偏心夹头夹紧工件进行旋转,或者直接采用浮动式卡爪夹持工件旋转。

2)对于无中心孔的短轴空心零件,可采用锥度芯轴进行定位装夹,不过要注意首先应精加工内圆作为工艺基准,再将工件套紧在芯轴上,然后以芯轴中心孔二次定位装夹到头、尾架顶尖上。

3)对于不以中心孔作基准,而以工件外圆作工艺基准,或者无空间安装偏心夹头的短轴工件,可采用三爪卡盘或四爪卡盘装夹,卡盘夹爪采用软质材料以免夹伤工件表面,四爪卡盘还可夹持非圆柱面,但要注意卡爪调心。

4)对于卡盘装夹且悬伸稍长的工件,为保证旋转中心基准不变化,能预先加工出中心孔的可采用顶尖辅助装夹，没有中心孔的可预先精加工出端面倒角，采用端面外圆锥顶尖辅助装夹。

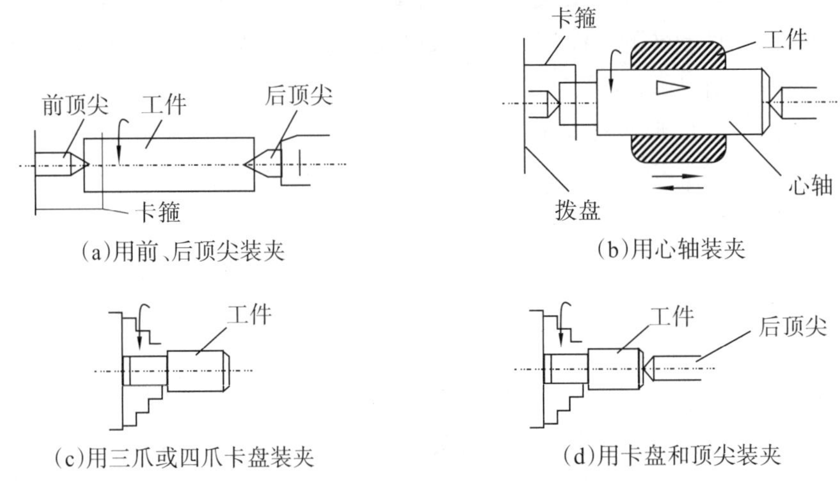

图6–10 工件装夹方法

(2)磨削方法

根据磨削进给运动或运动组合的不同，外圆磨削方法分为纵磨法、横磨法、综合磨法和深磨法，如图6–11所示。各种外圆磨削方法具体介绍如表6–6所示。

表6–6 各种外圆磨削方法

磨削方法	进给运动	方法特点
纵磨法	工件旋转作周向进给，工作台往复直线运动作纵向进给，工件一次往复行程，终了时砂轮周期性径向进给，工件尺寸达到要求时，再进行几次光磨行程	磨削深度小，磨削力小，磨削温度低，装夹弹性变形产生的变形误差小，加工精度和表面质量高，适用面广，生产效率较低，用于单件小批细长轴加工
横磨法	工件不做纵向移动，采用比工件被加工表面宽（或等宽）的砂轮，以慢速作连续的径向进给，直至磨掉全部加工余量	砂轮的形状误差直接影响工件的形状精度，而且由于磨削力大，磨削温度高，工件容易变形和烧伤，加工精度较低，生产效率高，适用于大批量生产面窄且刚性较好的工件
综合磨法	将工件先分段横磨，留下0.01~0.03mm余量，然后用纵磨法精磨	综合了横磨法生产率高、纵磨法精度高的优点，适合于当磨削加工余量较大、刚性较好的工件
深磨法	采用较小的圆周进给速度、较小的纵向进给量、较大的背吃刀量，在一次行程中切出全部余量	砂轮前端修成锥面，预留较大的切入及切出距离，生产效率高，适用于刚性较大且大批量生产的工件

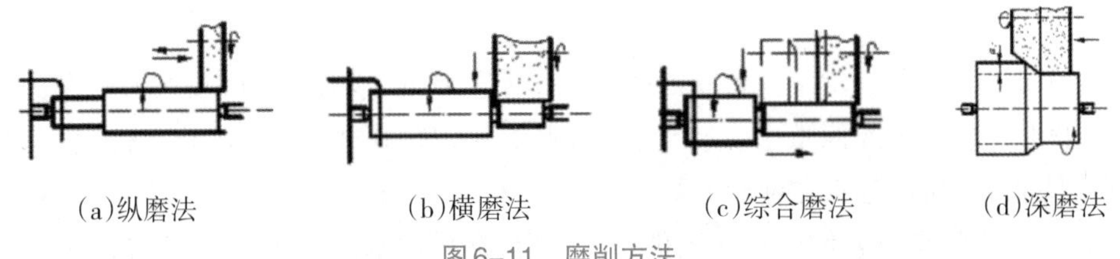

图6–11 磨削方法

3. 内圆磨削操作

利用外圆磨床的内圆磨头可磨削工件的内圆柱面、内圆锥面，工件以外圆及端面作为定位基准装夹在头架卡盘上，将磨头支架翻下即可进行内圆磨削，如图6-12所示，工作台往复运动带动工件做磨削往复运动，磨削内圆锥面时，只需将头架偏转一个角度即可。内圆磨削砂轮的直径可按磨削孔径的60%~80%选择，往复越程可按砂轮长度的1/4控制。

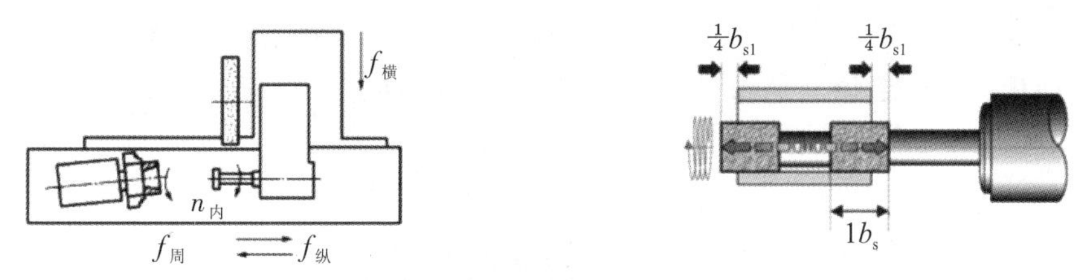

图6-12　内圆的磨削

与外圆磨削相比，内圆磨削砂轮与工件形成较大的接触表面，砂轮要比外圆磨削砂轮选择软些，散热、排屑都没有外磨通畅，故而砂轮磨损也较快，需经常修整和更换。另外，砂轮轴直径一般较小，有一定的悬伸长度，致使主轴刚性差且不稳定，故而每次磨削进给量要很小，而且无法做到较深的磨削深度。

6.4.2　平面磨床

1. 平面磨床主要类型

各种平面的半精加工和精加工，常采用平面磨床进行磨削，以一个平面为基准磨削另一个平面，当两个平面都要磨削且要求平行时，可互为基准，反复磨削。

磨床主轴采用卧式布置，通过砂轮圆周表面进行磨削，与矩形工作台组合的，称为卧轴矩台式平面磨床，如图6-13(a)所示；与圆盘工作台组合的，称为卧轴圆台式平面磨床，如图6-13(d)所示。

磨床主轴采用立式布置，通过砂轮端面进行磨削，与矩形工作台组合的，称为立轴矩台式平面磨床，如图6-13(b)所示；与圆盘工作台组合的，称为立轴圆台式平面磨床，如图6-13(c)所示。

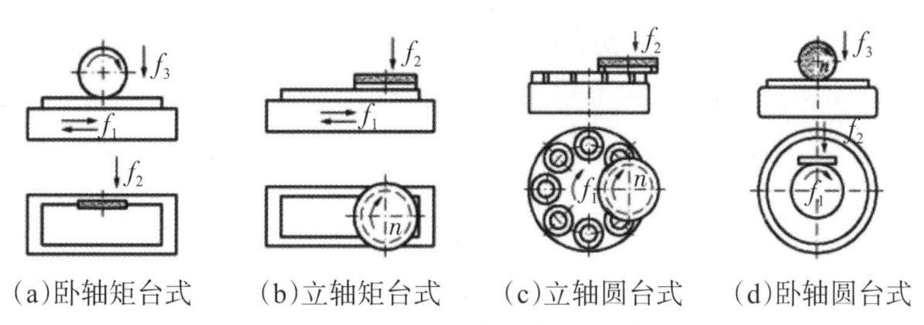

图6-13　平面磨床主要类型

上述四类平面磨床中，立轴式两类平面磨床，由于端面磨削的砂轮直径往往比较大，生产率较高。但弊端是，砂轮和工件表面是呈弧形线或面接触，接触面积大，冷却困难，切屑也不易排除，加工精度和表面粗糙度稍差。卧轴式两类平面磨床，用砂轮周边磨削，由于砂轮和工件接触面较小，发热量小，冷却和排屑条件好，可获得较高的加工精度和表面质量。

圆台式平面磨床的工作圆台是连续式进给,与矩台式平面磨床相比较无换向时间损耗,生产率稍高。但矩台式可方便磨削各种长型零件,包括直径小于矩台宽度的环形零件,而圆台式只适于磨削小零件和大直径的环形零件端面。

2.卧轴矩台平面磨床结构

如图6-14所示为M7130H型卧轴矩台平面磨床,是最常用的平面磨床,可磨削钢、铸铁及有色金属制成的各类工件平面,结构紧凑、操作简单、磨削效率高,由床身、工作台、立柱、手轮、控制面板、砂轮架、砂轮修整器、液压系统等部件组成。

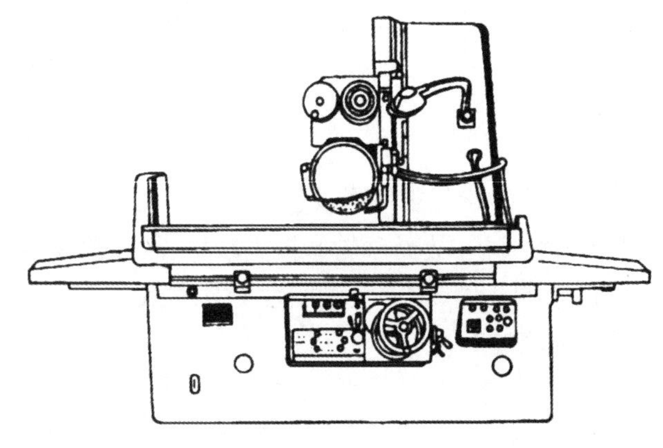

图6-14 平面磨床

(1)床身:床身为箱形体,中空部分作液压系统储油箱之用,提供运动导轨面和机床各个部件安装面,以及用于安装各种功能附件。

(2)矩形工作台:台下安装有液压筒,由油液驱动沿床身导轨做直线往复运动。

(3)立柱:安装在床身上,立柱矩形导轨上安装有拖板及丝杠,用于安装及移动砂轮架。

(4)砂轮架:安装在立柱拖板上,砂轮由电机直接驱动旋转。

(5)手轮:有磨头横向移动手轮和磨头垂直进给手轮,都与丝杠相连提供进给运动。

(6)控制面板:安装有砂轮电机、液压启动和停止按钮,以及电磁台面开关。

(7)砂轮修整器:安装在拖板的侧面,中心线通过砂轮中心倾斜38°,用于粗加工时修整用,其上还有一套金刚钻用于砂轮的精修。

(8)液压系统:传动采用叶片泵提供液压力,主要用作工作台往复运动、磨头横向进给的连续进给和断续进给,以及导轨的润滑。

3.平面磨削操作

(1)工件的安装

磨削钢、铸铁等导磁材料制成的中小型工件的平面时,常采用电磁吸盘直接安装,磨削非导磁材料工件平面,可在工作台上安装精密平口钳或机械夹持工装对工件进行夹紧,再吸在电磁吸盘上。

(2)磨削方法

磨削平面有周磨法和端磨法两种方法,采用砂轮圆周面进行磨削称为周磨法,采用砂轮端面进行磨削称为端磨法。卧轴矩台平面磨床采用的是周磨法,实际生产中,周磨法又可分为如表6-7所示的几种操作法。

表6-7　各种平面磨削方法

磨削方法	进给运动	方法特点
横向磨削法	当工作台每次纵向行程终了时，磨头做一次横向进给，等到工件表面上第一层金属磨削完毕，砂轮按预选磨削深度做一次垂直进给，接着照上述过程逐层磨削，直至把全部余量磨去，使工件达到所需尺寸	粗磨时，应选较大垂直进给量和横向进给量，精磨时则两者均应选较小值，适用于磨削宽长工件，也适用于相同小件按序排列集合磨削
深度磨削法	纵向进给量较小，砂轮只做两次垂直进给，第一次垂直进给量等于全部粗磨余量，当工作台纵向行程终了时，将砂轮横向移动3/4~4/5的砂轮宽度，直到将工件整个表面的粗磨余量磨完为止，第二次垂直进给量等于精磨余量，其精磨过程与横向磨削法相同	由于垂直进给次数少，生产率较高，且加工质量也有保证。但磨削抗力大，仅适用在动力大、刚性好的磨床上磨较大的工件
阶梯磨削法	按照工件余量的大小，将砂轮修整成阶梯形，使其在一次垂直进给中磨去全部余量，用于粗磨的各阶梯宽度和磨削深度都应相同，而其精磨阶段的宽度则应大于砂轮宽度的1/2，磨削深度等于精磨余量0.03~0.05mm，磨削时横向进给量小些	由于磨削用量分配在各段阶梯的轮面上，各段轮面的磨粒受力均匀，磨损也均匀，能较多地发挥砂轮的磨削性能。但砂轮修整工作较为麻烦，应用上受到一定限制

6.4.3　磨床保养

1. 磨削作业结束时及时清理工作台碎屑，并在台面上涂抹薄薄的防锈油，滑台轨道、组件的支承面略涂抹润滑油。

2. 电气开关应保持清洁，防止油水、铁屑侵入。

3. 遇有电路短路熔断时，应换以同容量的熔丝和相应的熔断器替代。

4. 旋转电机轴承处，每隔6个月应清洗轴承，更换清洁润滑脂。

5. 电机、电器在潮湿季节中停置过久后使用时，应对电器绝缘进行复查，将电机空转48小时，以逐步驱除湿气。

6. 注意机床接地情况必须良好，当接地螺钉有油污或锈蚀时，应及时清理。

7. 经常检查各接触点及联锁装置的灵敏度。

8. 经常检查工作台往复导轨和滚珠丝杠的润滑情况。

9. 应注意油池油位高度，低于油标时必须及时添加油液。

10. 液压用油每隔3~5个月过滤一次，并更换过滤器，每年换一次新油。

11. 及时清洗冷却箱，更换冷却液。

12. 定期检查皮带的松紧程度，不得过紧或过松。

13. 各主轴的轴承在运转过程如有噪声、振动或严重发热，须及时查明并根除。

14. 砂轮及砂轮主轴应妥善保存，切忌碰撞、撞击，做好防锈、防潮。

15. 电气设备应定期检查，保持干燥。

6.5 磨削加工练习

6.5.1 磨床安全操作规程

磨削机床是精密加工机床,机械、电气要正确地操作,以保护机床不受损伤,磨床砂轮的转速很高,硬且脆,砂轮破裂飞溅会造成非常严重的后果,磨削时飞溅出的微细砂屑及金属屑,可能会伤害人员,因此,保证设备被安全正确地使用以及保证人员作业安全的规程显得特别重要,作业人员必须做到以下几点:

(1)开机前应检查各手轮、手柄、旋钮均在停止或后退位置,再闭合电源开关。

(2)砂轮转速及平衡、机床进给速度等设定操作严格遵照作业指导书进行操作。

(3)机床使用的电网电压不要超过规定值。

(4)机床正常工作的环境温度一般为5~40℃范围,环境相对湿度为30%~95%。

(5)不得在机床的运动部件上堆放物品,以免损伤部件或掉落伤人。

(6)机床不应在严重污染的环境中使用,对加工时产生严重污染的应采取防污染安全措施。

(7)操作时人员不得站在砂轮正前方,禁止用手触摸旋转的砂轮,切勿随意提高砂轮的线速度,避免发生砂轮破裂危险,伤及设备与人员。

(8)操作机床不允许戴手套,不准用湿手触摸电气开关、按钮等电器元件,高于安全电压且外露的电气开关必须设置警告标志,人员必须严格遵守警告规定。

(9)油泵、砂轮及冷却泵电机不得反转使用。

(10)机床停机时,砂轮架应停在快退位置处,装卸工件时应待砂轮完全停止后进行。

(11)电力突然中断,操作者应将操作手柄置于停止或后退位置,并按总停开关(自锁)。

(12)工件装夹要正确到位,作业人员要穿戴好防护用品,机床的防护挡板不得拆除,功能失效的要及时修复。

6.5.2 磨削加工案例

例6-1 在平面磨床加工如图6-15所示的矩形块,材料为Q235,毛坯尺寸为65mm×55mm×7.25mm。

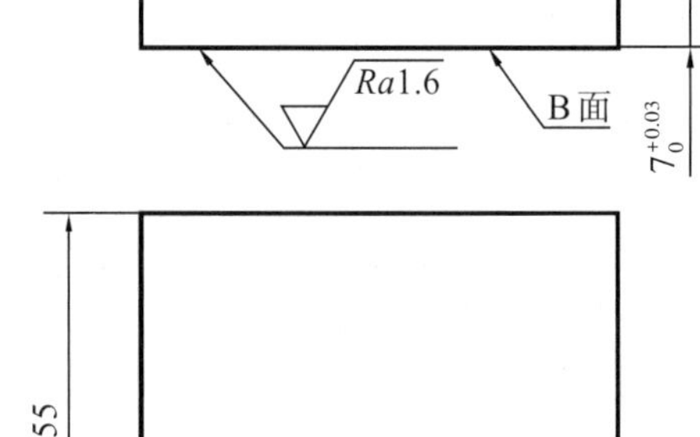

图6-15 矩形块磨削工件

例6-1视频

1. 加工分析

此零件加工时,采用磁性吸盘固定安装,需多次装夹完成磨削加工。

2. 矩形块磨削加工工艺卡

矩形块磨削加工工艺卡见表6−7。

表6−7 矩形块磨削加工工艺卡

零件图号	图6-15	矩形块磨削加工工艺卡		毛坯材料	Q235
机床型号	HZ-Y150			毛坯尺寸	65mm×55mm×7.25mm
刀具		量具		夹具、工具	
砂轮		1	游标卡尺(0~150mm)	1	磁性吸盘
		2	外径千分尺(0~25mm)	2	常用工具
工序	加工内容		背吃刀量/mm	刀具	装夹方式
1	装夹工件,粗磨A面		0.15	棕刚玉砂轮 ϕ180mm×13mm×31mm	磁性吸盘固定安装
2	反面装夹,磨削B面		0.05		
3	反面装夹,磨削A面,保证尺寸精度		0.05		

例6−2 在外圆磨床加工如图6−16所示的棒料。材料为45号钢,该类零件的特点是精度要求高。装夹采用一次装夹加工完成。

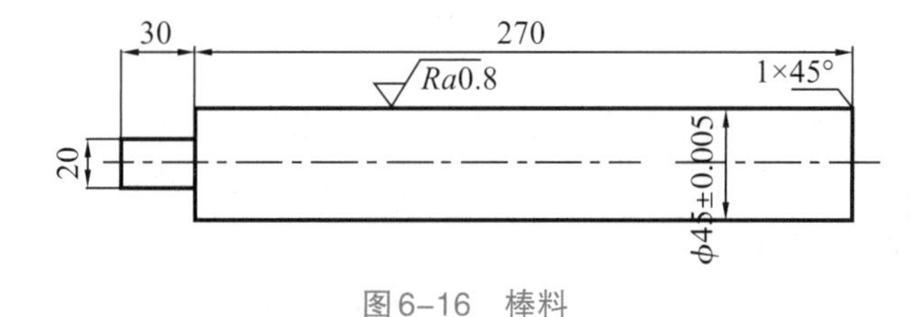

例 6−2视频

图6−16 棒料

1. 加工分析

此轴类零件加工时采用两顶尖安装。

2. 棒料磨削加工工艺卡

棒料磨削加工工艺卡见表6−8。

表6−8 棒料磨削加工工艺卡

零件图号	图6-16	棒料磨削加工工艺卡		毛坯材料	45号钢
磨床型号	MW1420B			毛坯尺寸	ϕ45.1mm×300mm
刀具		量具		夹具、工具	
砂轮		1	游标卡尺(0~150mm)	1	普通顶尖
		2	外径千分尺(0~25mm)	2	常用工具
		3	外径千分尺(25~50mm)		
工序	加工内容		背吃刀量/mm	刀具	装夹方式
1	装夹工件,粗磨外圆		0.07	棕刚玉砂轮 ϕ400mm×40mm×203mm	两顶尖装夹
2	精磨外圆,保证外圆尺寸精度		0.03		

第7章 钳工技能训练

7.1 钳工概述

钳工在生产过程中起着重要的作用，其以手工操作为主，使用多种工具进行零件的加工、装配和修理。由于能够完成不便于机加工或机加工难以完成的工作，钳工有着其他工种无法取代的地位。

7.1.1 钳工的加工特点

钳工基本操作包括划线、锯割、锉削、钻孔、扩孔、锪孔、铰孔、攻丝、套丝、装配、刮削、研磨、矫正和弯曲、铆接以及做标记等。钳工的工作范围主要有：用钳工工具进行零件的修配及小批量零件的加工；精度较高的样板及模具的制作；整机产品的装配和调试；机器设备（或产品）使用中的调试和维修。

钳工是一个技术工艺比较复杂、加工程序细致、工艺要求高的工种。目前虽然有各种先进的加工方法，但很多工作仍然需要钳工来完成，钳工在保证产品质量中起到重要作用。

钳工的加工特点主要包括以下几点：

（1）使用的工具简单，操作灵活，操纵方便，适应面广。

（2）能完成机械不便加工或难以完成的工作；

（3）与机械加工相比，劳动强度大、生产效率低，对工人技术要求较高，在机械制造和维修工作中是必不可少的重要工种。

7.1.2 钳工工种的分析

钳工在一般情况下可分为如下几类：

（1）普通钳工：以生产中的工序为主，如去毛刺、锉削、钻孔、铰孔、攻丝和套丝等。

（2）划线钳工：根据图纸或实物尺寸，准确地在工件表面上划出加工界限，以便进行下道工序的加工。

（3）工具钳工：为生产中制造专用量具、样板和夹具等。

（4）模具钳工：为冲压和注塑等方法制造所需的模具。

（5）机修钳工：修理和维护机床设备或产品。

（6）装配钳工：装配产品。

7.1.3　钳工常用设备

钳工场地应该有与工作相适应的面积和起重设备、适宜的光线、必需的设备以及合理的生产组织。钳工场地内常用的设备有钳工工作台、台虎钳、砂轮机、台钻和立钻等。

1. 钳工工作台

钳工工作台也称钳台或钳桌，如图7-1所示为其中一种样式。工作台一般用钢材或者木材制成，高度在800~900mm，要求牢固、平稳。

2. 台虎钳

台虎钳是钳工常用来夹持工件的夹具，其规格一般以钳口的宽度表示，宽度有100mm、125mm和150mm等多种。台虎钳分固定式和回转式两种，两者主要结构和工作原理基本相同，不同点在于回转式虎钳能够回转，在各种不同方位进行工作，如图7-2所示。

台虎钳使用注意事项：

（1）尽量在钳口中部夹持工件，这样能使钳口受力均匀。

（2）当工件夹紧时，不允许使用增力套管或用锤子敲击手柄，以防受力过大导致丝杠或螺母上的螺纹损坏。

（3）为保持工件表面的光洁度，在工件两侧垫铜皮或铝皮，避免工件直接与钳口接触。

图7-1　钳工工作台

图7-2　回转式台虎钳

3. 砂轮机

砂轮机主要用来刃磨各种刀具、工具，也可以用来对工件或材料的毛刺、锐边进行磨削。它由电动机、基座、砂轮和防护罩等组成，如图7-3所示。

图7-3　砂轮机

在电动机转轴两端安装砂轮时,要做好平衡,以防止出现振动现象。砂轮在工作时,由于转速高,质地较脆,因此为防止砂轮破裂飞出伤人,必须严格遵守砂轮的安全操作规程。在使用砂轮机时要注意以下几点:

(1)使用前检查砂轮无裂痕、伤残。

(2)开动砂轮机后,等到转速稳定后方可磨削,在磨削工件时应站在砂轮的侧面或斜侧面位置,不可正对砂轮。

(3)磨削时,工件略高于砂轮中心位置,不要对砂轮施加过大的压力,以免滑脱。

(4)不得单手握持工件进行磨削。

(5)磨削完毕后,关闭电源,定期检修更换主轴润滑脂。

7.2 钳工常用量具

量具对于制造业的重要性毋庸置疑,它是专门用来检测零件尺寸、检验零件形状或安装位置的工具。量具按用途可分为三类:标准量具、通用量具、专用量具。本节将介绍最常用的几种量具。

7.2.1 钢 尺

钢尺是最常用的不锈钢制量具,可分为钢直尺与钢卷尺。

钢直尺长度有150mm、300mm、500mm和1000mm等几种规格,多用于测量工件的长度尺寸,由于测量时读数误差较大,测量结果不太准确。如图7-4所示为150mm钢直尺。在使用钢直尺时,一般不用来测量工件的孔径或者轴径,这是由于钢直尺很难准确放置在零件直径线上。因此,钢直尺仅用来测量精度较低的长度、宽度、高度等尺寸。

图7-4 钢直尺

钢卷尺,又名钢皮卷尺或钢盒尺,用来测量较长物体的尺寸或者距离,可分为自卷式卷尺、制动式卷尺、摇卷式卷尺。钢卷尺由尺壳、尺条、制动、尺钩、提带、尺簧、防摔保护套等组成,如图7-5所示。

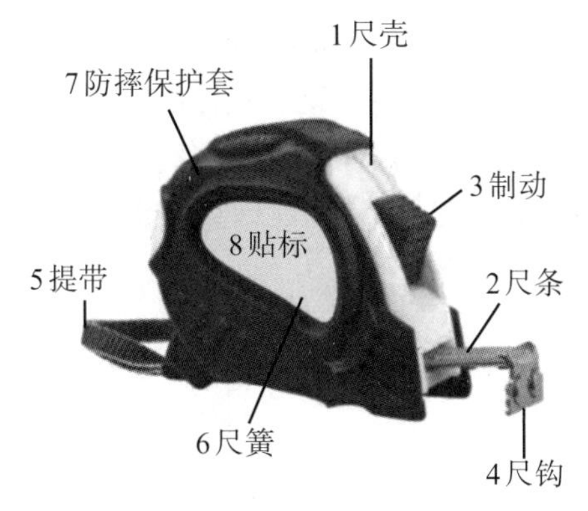

图7-5 钢卷尺

7.2.2 游标卡尺

游标卡尺是常用的一种量具,它能够测量工件内外径、长度、宽度、深度和孔距等,用途广泛,操作也简单。其按照规格测量范围有125mm、200mm、300mm等。

游标卡尺分为机械式游标卡尺、数显式游标卡尺和带表式游标卡尺三种类型,其主要结构大同小异。图7-6所示的机械游标卡尺由尺身、内测量爪、紧固螺钉、外测量爪、游标尺、主尺、深度尺组成。

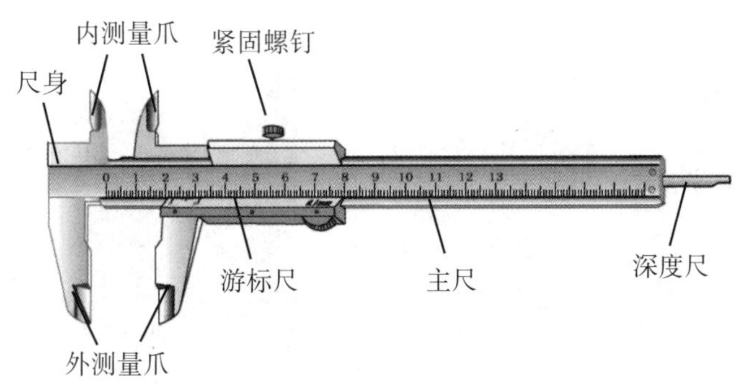

图7-6 机械游标卡尺

内、外测量爪可以分别测量工件内部尺寸与外形尺寸,通过主、游标尺读出工件尺寸的整数值和小数值。当测量工件时,活动量爪与固定量爪卡住工件,副尺上的零线相对于主尺上零线的距离就是该工件的尺寸。深度尺与游标尺配合可以用来测量工件的深度尺寸。由于游标尺是活动的,当进行工件测量时,在测量爪卡住工件或深度尺位置不变后,应旋紧游标尺上的紧固螺钉将其位置固定,以防止尺寸移动。

1.游标卡尺的刻线原理与读法

游标卡尺按其测量精度分为0.1mm、0.05mm、0.02mm三种,其中0.02mm游标卡尺应用最广。

如图7-7所示,游标卡尺主尺上每一小格为1mm,游标尺总长为49mm,并被等分为50小格,游标尺每小格长度为0.98mm,主尺与游标尺每格相差0.02mm,即0.02mm为游标卡尺的测量精度。

如图7-8所示,游标卡尺的读数应按照如下步骤进行:

(1)根据游标尺0刻度线以左、距离主尺刻度最近的线读出整数值24mm;

(2)根据游标尺0刻度线以右、游标尺与主尺刻度线对齐的位置,读出小数值0.42mm;

(3)将(1)与(2)两部分尺寸相加即为总尺寸,即总尺寸为24mm+0.42mm=24.42mm。

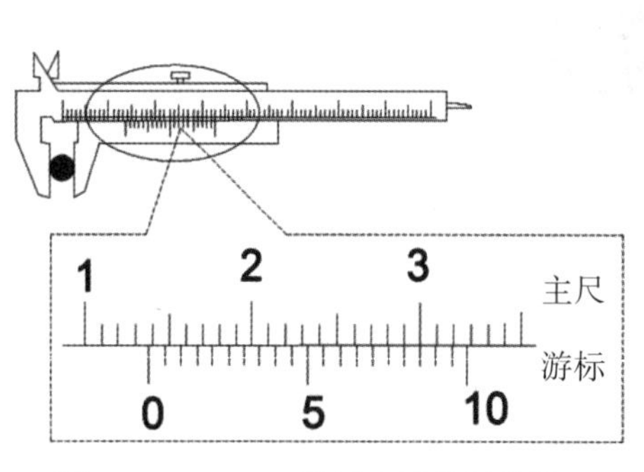

图7-7　0.02mm游标卡尺的刻线原理

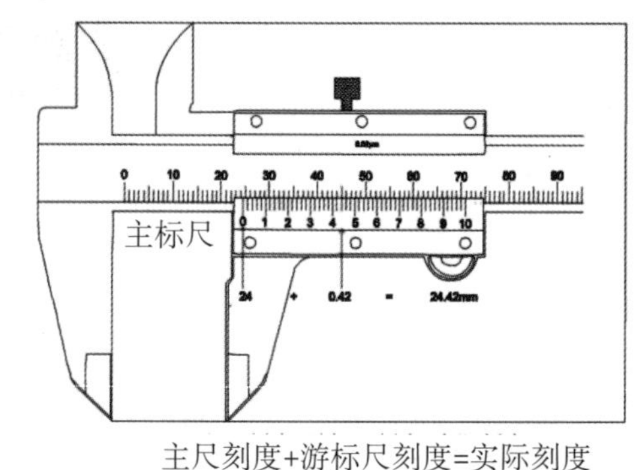

主尺刻度+游标尺刻度=实际刻度

图7-8　0.02mm游标卡尺读数方法

2.游标卡尺的使用

游标卡尺可以用来测量工件外径、内径、宽度、深度等,如图7-9所示。用游标卡尺测量工件时,必须摆正,不可有倾斜,以免测量不准。

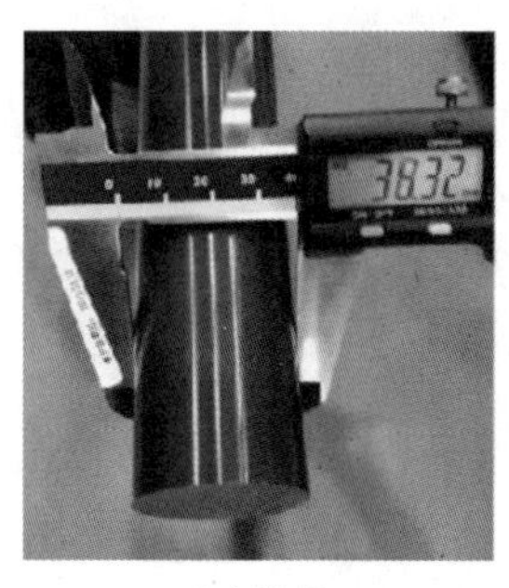

(a)外径

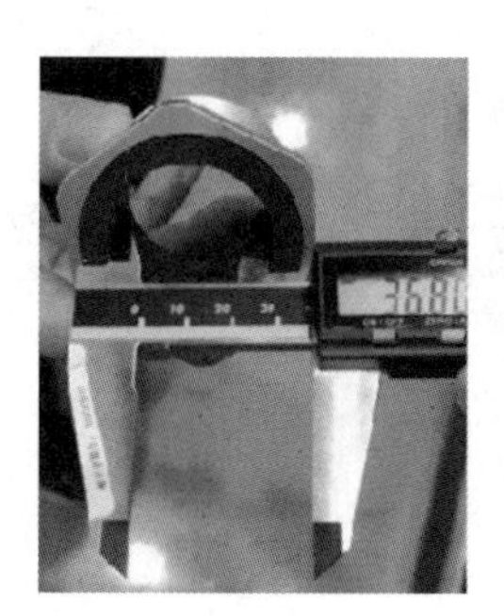

(b)内径

(c)宽度

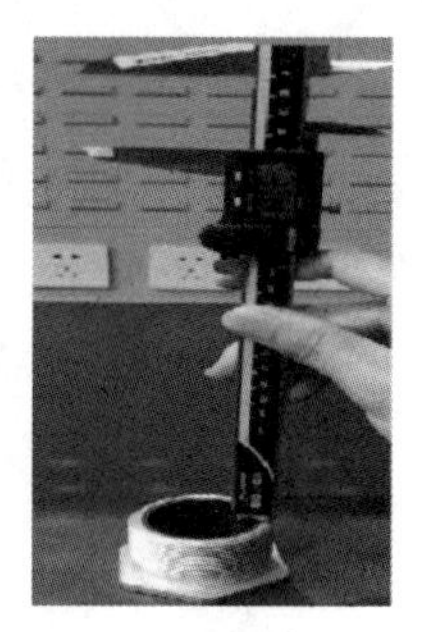

(d)深度

图7-9　游标卡尺的使用方法

游标卡尺在使用时需注意以下几点:

(1)在使用前,先将卡爪与工件外表面擦净,然后将两卡爪合拢,检查主尺零位是否与游标尺零位对齐,若未对齐,则进行校正。

(2)测量时,卡爪测量面需与工件表面平行或者垂直,不得与工件接触过紧,也不得使被测物体在卡爪里移动,避免卡爪变形或磨损,影响测量精度。

(3)游标卡尺需要远离磁场,以免卡尺被磁化,影响使用。若有磁性,则需消磁。

(4)读数时,视线应尽可能与尺面垂直。当目视无法判断时,可以借助放大镜帮助读数。

7.2.3 深度、高度游标卡尺

1.深度游标尺

深度游标尺又名深度尺，如图7-10(a)所示，主要用于测量工件上孔及凹槽的深度、阶梯形工件的高度等。测量内孔时先将尺架端面紧紧贴在零件表面，使得被测孔中心线与尺身保持平行，再使主尺慢慢伸入底部，并用螺丝紧固副尺位置，读取数值即为零件的深度尺寸。深度游标尺的刻线原理、读法、使用维护和保养均与游标卡尺相同。

2.高度游标尺

高度游标卡尺又名高度尺，被广泛应用于测量零件高度、测量形位公差尺寸、钳工精密划线等。高度尺的种类较多，根据不同读数形式可分为普通游标式和电子数显式两大类。根据不同用途可分为单柱式和双柱式，双柱式相比于单柱式常用于较精密的场合。如图7-10(b)所示是普通高度游标卡尺，由主尺、游标尺、紧固螺钉、基座、量爪等组成。当量爪测量面与基座底平面在同一平面时，意味着主尺与游标尺零位重合。测量零件高度时，量爪测量面的高度即是被测工件的高度。高度游标卡尺的刻线原理和读法与游标卡尺一致，都是通过主尺和游标部分组合读出的。在用高度游标卡尺划线时，需先调好划线高度，然后用紧固螺钉锁紧尺框，再将工件与高度尺置于同一平台，在工件面上划出短线，最后再用划针盘对准短线进行划线。

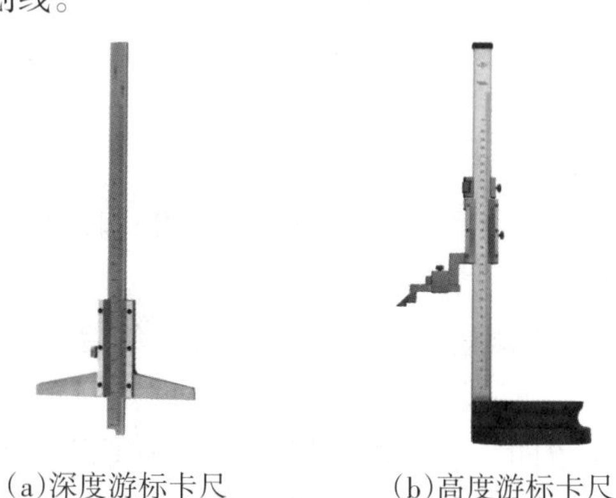

(a)深度游标卡尺　　(b)高度游标卡尺

图7-10　深度游标卡尺和高度游标卡尺

7.2.4 螺旋测微器

螺旋测微器又名千分尺、分厘卡，是一种比游标卡尺更精密的测量工具，测量精度可达0.01mm，它是依据螺纹的原理制成的，沿轴线方向移动的距离，可以通过圆周上的刻度线体现出来。一般螺旋测微器根据用途可分为外径千分尺(见图7-11)、内径千分尺、深度千分尺和螺纹千分尺等。

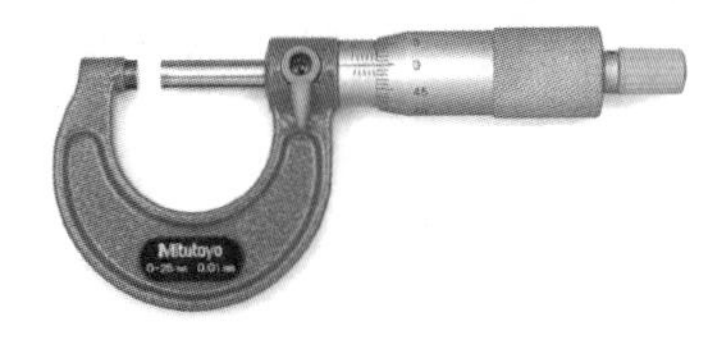

图7-11　外径千分尺

1.千分尺的刻线原理与读法

常用千分尺测微螺杆的螺距为0.5mm,即当螺杆旋转一周,两测量面之间的距离扩大或者缩小0.5mm。与测微螺杆一体的微分活动套筒在圆周上刻有50个等分线,当微分活动套筒旋转一周,螺杆伸出或缩回一个螺距即0.5mm,那么两测量面之间的距离与微分活动套筒之间的关系为:0.5/50=0.01mm。

千分尺的读数可分为三步:

(1)夹持工件后,读出固定套管露出的刻线尺寸,注意若露出0.5mm刻线时不应遗漏。

(2)看清微分活动套管圆周上哪一格与固定套管的轴向中线基准线对齐,用格数乘以0.01mm就是微分活动套管所测量的尺寸。

(3)将两部分读数相加,即为该工件的实际尺寸。

如图7-12所示的千分尺读数为12.24mm。

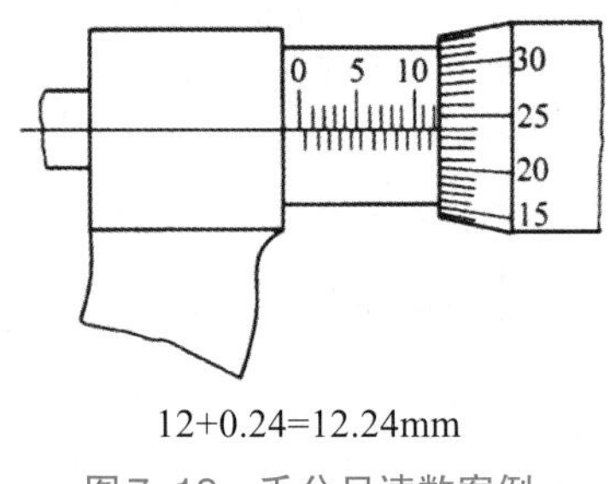

12+0.24=12.24mm

图7-12　千分尺读数案例

2.千分尺的使用注意事项

(1)测量前,先将工件被测面擦拭干净,去除毛刺,再将其放于千分尺两测量面之间,工件中心线垂直或平行于千分尺螺杆轴心线。

(2)测量时,旋转旋钮,使得测量面与工件表面接近,然后改用旋转棘轮盘,直到棘轮发出咔咔的声响,读出读数即为工件尺寸。

(3)为消除测量误差,可以同一个位置多次进行测量后取平均值,也可以多个位置测量。

(4)测量后,放倒微分活动套筒,并轻轻取下千分尺,擦拭干净,放入盒子内。

3.其他千分尺

(1)内径千分尺

常用于测量孔径与槽宽等尺寸,有普通式和量杆式两种。

1)普通式内径千分尺由两个卡爪、固定套管、活动套管与紧固螺钉等组成。固定套管上的刻线尺寸、标注数字与外径千分尺刚好相反。两个卡爪用来检测工件内径,读数方法与外径千分尺相同,如图7-13所示。

2)量杆式内径千分尺一般用于测量孔径较大的工件,加装长杆后测量的最大范围可达4000mm。由于量杆式内径千分尺内部缺少测力装置,因此测量时通常由手来感觉压力大小,如图7-14所示。

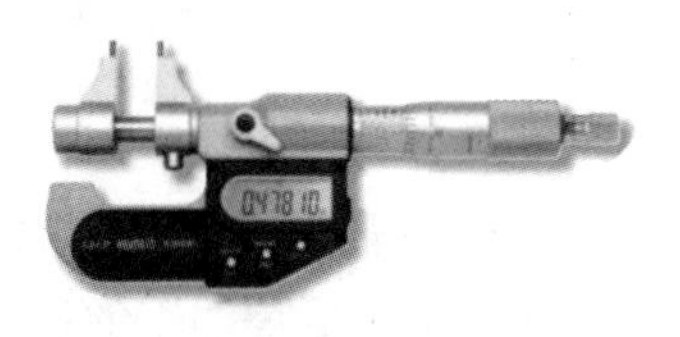

图7-13　普通式内径千分尺

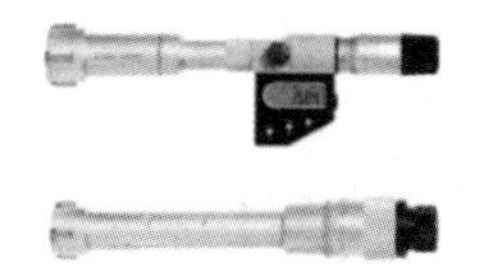

图7-14　量杆式内径千分尺

(2)深度千分尺

深度千分尺由固定套筒、微分筒、测量杆测力装置、紧固装置与基座等组成,其刻线原理和读数方法与外径千分尺相同,如图7-15所示。

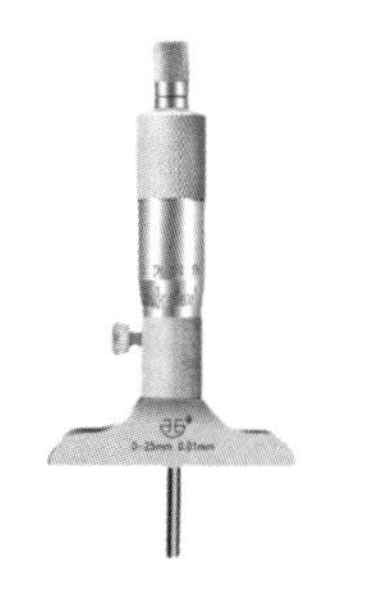

图7-15　深度千分尺

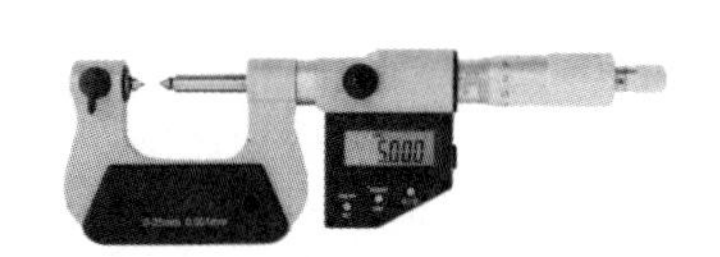

图7-16　螺纹千分尺

(3)螺纹千分尺

螺纹千分尺又名插头千分尺,是机械制造中常用的一种用来测量螺纹中径的精密量具,同样也是利用螺纹副进行测量,如图7-16所示。其结构与外径千分尺结构相似,不同处在于其具有60°锥形和V形的测量头来测量螺纹的中径,测量中径的范围在0~150mm。

7.3　划　线

7.3.1　划线及其作用

在机械加工过程中,划线是非常重要的工序,多用于小批量或者单件的生产。在加工前,工人根据图纸的技术要求,利用划线工具,对毛坯或者半成品工件划出加工基准点、线的过程称为划线。划线具有以下作用:

(1)划线可以确定工件表面的加工余量,标记出尺寸界限,为后续机械加工做好铺垫。

(2)划线可以提前发现质量不良的毛坯,避免后续浪费加工工时。

(3)划线可以对局部有缺陷的毛坯进行借料划线补救,避免毛坯浪费,提高利用率。

7.3.2　划线工具

划线的工具按照用途进行分类有基准工具、量具、绘划工具、辅助工具等。其中,基准工具有V形铁、直角板、划线平台等;量具有游标卡尺、直角尺、万能角度尺等;绘划工具有圆规、划针、划规、样冲等;辅助工具有千斤顶、夹钳、垫铁等。

1.V形铁

V形铁可以用来支承圆柱体工件,比如轴类、套筒类等,如图7-17所示。工件置于V形槽后,便可以通过划针盘找到工件中心线并划出中心线。V形铁是按照国家标准,采用灰铁或者球铁材质进行制造的,加工时一般成对加工,以避免造成单个加工的误差。

图7-17 V形铁

2.划线平台

划线平台又名划线平板,是立体划线的重要工具,如图7-18所示。在铸铁平台表面放有工件、划线盘等,整个平台在安装时,需使平台表面保持水平。平台平整性的好坏会直接反映划线的质量情况。在使用过程中,工件与测量工具需轻拿轻放。平台表面要保持清洁,及时清除铁屑、灰砂以防划伤台面。在使用后,要将表面擦干净,若长时间不用可涂油防锈。

图7-18 划线平台

3.直角尺

直角尺是钳工最常用来检测工件形状垂直度以及工件相对位置垂直度的量具,如图7-19所示。直角尺种类有铸铁直尺、镁铝直角尺、花岗石直角尺。其具有至少一个直角和两个直角边。在进行平面划线时,直角尺作为划垂直线、平行线的导向工具,而在进行立体划线时,直角尺更多地用于检验工件上直线或平面对划线平台的垂直位置关系。

7-19　直角尺

4. 万能角尺

万能角尺也叫组合角尺，如图7-20所示，由钢尺、中心角规、活动量角器、固定角规组成。各部分的功能如下：

（1）钢尺可用作直尺，表面带有刻度线，背面有用于安装固定角规、中心角规、活动量角器的长槽。

（2）固定角规用于测量45°与90°两个特定的角度。

（3）角规结合钢尺，可用于求圆柱形工件的中心。

（4）活动量角器上有一转盘，可以用来测量0~180°范围内的任意角度。

7-20　万能角尺

5. 划针

划针是钳工在工件表面上直接划出用于机械加工线条的工具，如图7-21所示。一般采用高速钢或弹簧钢丝制成。划针的直径通常在3~6mm，其尖端在制造时被磨成15°~20°角，并进行淬火处理，有的划针还焊接硬质合金的针头。划线时划线粗细不得超过0.5mm。

图7-21　划针

6. 圆规

圆规在钳工工序中多用于画圆、圆弧、角度以及将直线尺寸移到工件上。圆规种类有普通圆规、弹簧圆规、滑杆圆规等。圆规一般采用工具钢制作,脚尖进行淬硬处理。根据需求有些圆规要求耐磨、锋利,会焊接硬质合金的脚尖。

(1)普通圆规

普通圆规结构简单,由两个长度一致的支腿(包括脚尖)与铆钉组成,如图7-22(a)所示。铆钉中心线到脚尖的长度即为圆规规格,一般用于画较小的圆弧。

(a)普通圆规

(b)带锁紧装置的圆规

(c)弹簧圆规

图7-22 圆规

(2)带锁紧装置的圆规

使用时,撑开支腿,然后旋紧锁紧装置,保持已调节的尺寸,如图7-22(b)所示。

(3)弹簧圆规

这种圆规常用于工件光滑表面的划线,使用时调节方便,如图7-22(c)所示。

(4)滑杆圆规

滑杆圆规通常用于画大尺寸的圆。使用时,先旋松锁紧螺钉,使得圆规脚能够在滑杆上自由地移动,然后将圆规脚调至尺寸需求处,最后旋紧锁紧螺钉进行刻画,如图7-23所示。

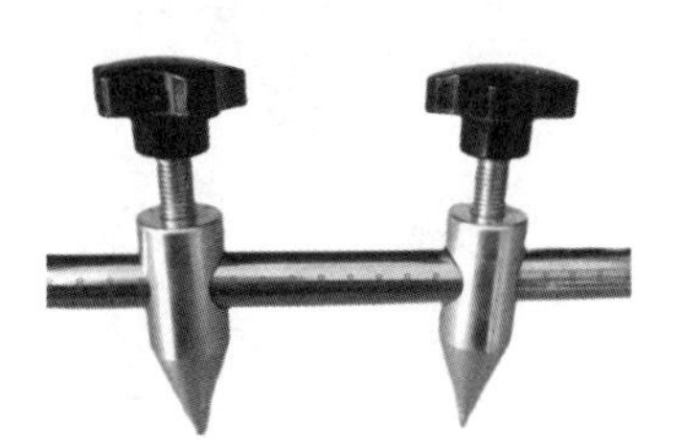

图7-23 滑杆圆规

7. 垫铁

垫铁按照形状分类,有平垫铁与斜垫铁。

(1)平垫铁:可由普通碳素钢板、铸铁加工制作。根据需求不同,垫铁规格也不尽相同。其主要用于支撑、垫高和找平工件,如图7-24所示。

(2)斜垫铁:可由普通碳素钢或铸铁加工制作,斜度范围在1/25~1/10,多用于微量调节工件高度并进行支撑,如图7-24所示。

图7-24 垫铁

7.3.3　划线基准的选择

划线基准的选择，大多是根据设计图纸的技术要求，同时确保孔、柱、台的加工位置、加工余量以及位置尺寸要求，并根据工件具体情况而定的。划线基准的选择可以遵循以下三个原则：

(1)选择两个相互垂直的平面或者线作为划线基准，如图7-25(a)所示。

(2)选择两条中心线作为划线基准，如图7-25(b)所示。

(3)选择一个加工面和一条中心线作为基准，如图7-25(c)所示。

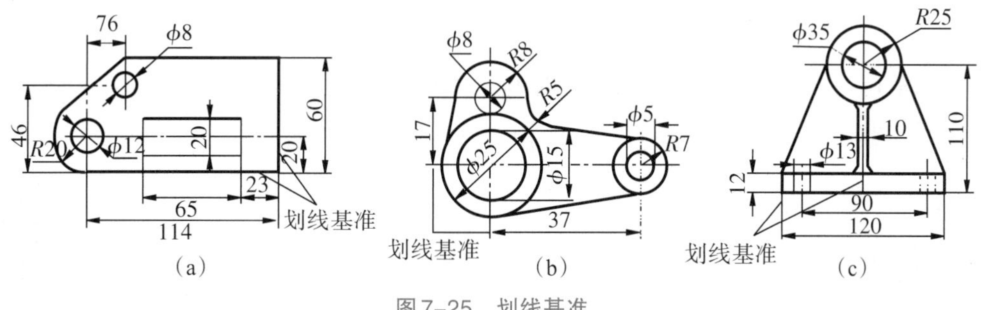

图7-25　划线基准

7.3.4　划线步骤

划线有两种，平面划线和立体划线。平面划线是在工件的一个平面上标明机械加工界限的划线，立体划线是在工件的几个表面标明机械加工界限的划线。

1. 平面划线

平面划线步骤如下：

(1)看清图样，确定划线基准。

(2)检查毛坯可能存在的误差情况。

(3)将工件进行清理，并涂色，选择合适的划线工具。

(4)在划线平板上，正确安放工件，按照图纸对工件进行划线。

(5)检查划线的准确性，并检查有无遗漏。

(6)在线条上打样冲眼。

2. 立体划线

立体划线有两种：一种是针对大件，将工件固定进行划线，划线精度较高，但效率较低；另一种是针对中、小件，通过翻转移动工件进行划线，划线精度较低，但效率较高。立体划线步骤如下：

(1)看清图样，确定划线基准，并检查毛坯可能存在的误差情况。

(2)将工件进行清理，并涂色，选择合适的划线工具。

(3)调节千斤顶，使支撑的工件水平，划出各加工平面的线。

(4)工件翻转90°，调整千斤顶并结合直尺按已划的线去进行工件找正，再进行划线。

(5)工件再翻转90，调整千斤顶并结合直尺按已划的线在两个方向上去进行找正，再进行划线。

(6)检查划线的准确性,并检查有无遗漏。

(7)在线条上打样冲眼。

3. 注意事项

在划线过程中应注意以下三点:

(1)工件不得倾倒或跌落伤人,需稳当地安装在支撑上。

(2)应尽可能在一次支承中,划全要划的平行线,不可出现再次支承而补划的现象。

(3)需正确使用划线工具,划出的线条尽可能细、清楚且准确。

7.4 钳工加工

钳工常用的加工方法有多种:锯削、锉削、孔加工、螺纹加工、铆接、研磨等,这里介绍较为常用的几种。

7.4.1 锯　削

锯削视频

锯削是利用手锯对工件进行切槽或者切割的加工方法,这是一种粗加工形式。

1. 锯削工具

手锯是常用的锯削工具,由锯条和锯弓两部分组成。锯弓是用来张紧锯条的,一般分为固定式和可调式两种,其中可调式锯弓最为常见。手锯组成如图7-26所示。

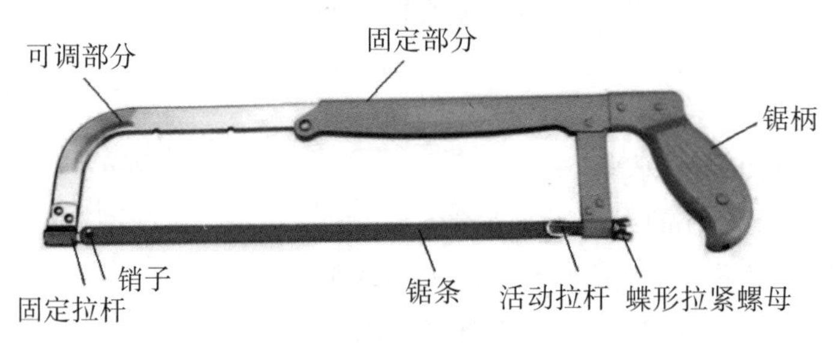

图7-26　手锯

锯条常采用渗碳钢冷轧制成,也可由碳素工具钢制成,并经过热处理进行淬硬。常用锯条约长300mm,宽12mm,厚0.8mm。锯条制造时,锯齿呈交叉的波浪形,这样设计的目的是减少锯条与锯缝两者之间的摩擦阻力,以便能够顺利地排屑,锯削时既省力又高效。

锯齿根据齿距可分类为粗齿、中齿、细齿,对应的齿距为1.6mm、1.2mm、0.8mm。在选用锯齿时,需要根据加工材料的厚度、硬度等参数来决定。通常情况,粗齿锯条用于锯削较软材料,如铜、铝等。细齿锯条用于锯削较硬材料以及薄板等。中齿锯条则用于锯削低碳钢、铸铁等。考虑到锯齿容易绷断或被钩住,锯削时需同时有不少于两个锯齿参加锯削。

2. 锯削方法与步骤

(1)锯条的选择

根据工件厚度、硬度来选择合适的锯条。

(2)锯条的装夹

安装锯条时注意锯齿方向,保证锯齿的方向朝前,方便切削。装夹锯条的松紧要适度,锯条太紧容易崩断;锯条太松会出现扭曲、折断、锯缝歪斜等现象。

(3)工件的夹持

应尽量将工件夹持在台虎钳的左侧,方便锯削操作;锯割线垂直于钳口且距离钳口不应太远,以防锯削时发生锯斜与颤抖;工件夹持要牢固,锯削时工件不可移动,同时要防止工件表面被夹坏或夹变形。

(4)起锯

起锯的方式一般有两种:从工件远离操作者的一端起锯称为远侧起锯;相反从工件靠近操作者的一端起锯称为近侧起锯。通常情况下用远侧起锯,起锯时,施加压力要小,来回行程要短,往返速度要慢。为使位置准确和平稳,采用左手拇指垂直压住工件的方法来定位锯条。起锯角(锯条与工件表面的夹角)约为15°,锯条至少有3个锯齿同时与工件接触。起锯角要适当,过大时锯齿易被工件卡住,甚至会出现崩齿;过小时锯条打滑且难切入材料,工件表面会被锯坏。起锯方法如图7–27所示。

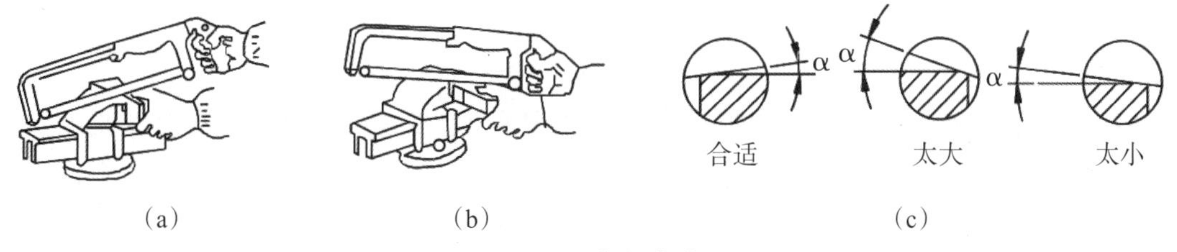

图7–27　起锯方法

(5)锯削的姿势

锯削时,左手扶住锯弓的前端,右手握住锯柄,重心在两腿间,锯弓直线来回,不能左右摆动。锯速控制在每分钟来回40~60次,每次施力要均匀。锯削时使用锯条总长的三分之二及以上部分进行工作,避免局部锯削导致锯齿磨损过快。锯削姿势如图7–28所示。

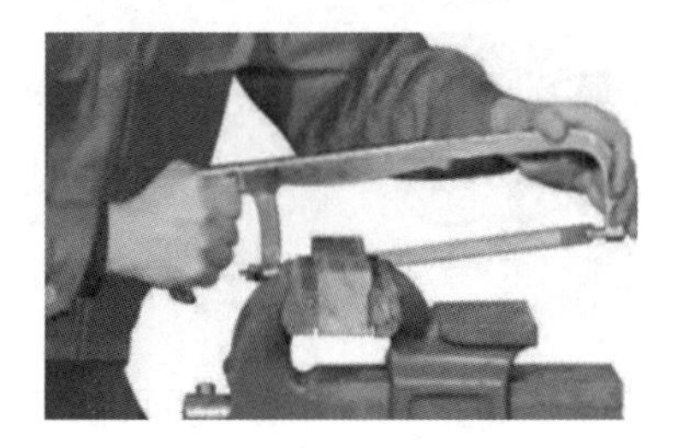

图7–28　锯削姿势

3.锯削注意事项

锯削过程中要注意以下三点:

(1)工件要夹持牢固,锯条装夹要松紧适度。

(2)往复走锯速度要均匀,锯弓不得左右摇摆。

(3)当锯削接近终了时,减轻压力,以防手受伤。

7.4.2 锉 削

锉削是使用锉刀将工件表面多余的金属锉掉,以达到工件图纸上表面粗糙度、形状、尺寸等要求的一种操作。锉削应用范围较广,加工也简单,可以对工件的外表面、内孔、沟槽和其他复杂的表面进行锉削,也可以对模具、成形样板以及机器装配时的工件进行锉修。锉削精度可达0.01mm,表面粗糙度可达0.8μm。

1.锉削工具

(1)锉刀

锉刀是锉削中常用的工具,由碳素工具钢T12或者T13加工制造而成,再经过热处理淬硬,锉削部分硬度范围在62~67HRC。锉刀由两部分构成:锉身与锉柄,如图7-29所示。

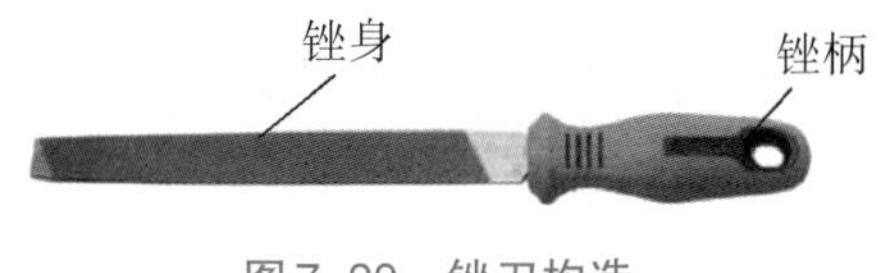

图7-29 锉刀构造

(2)锉刀的种类

锉刀根据用途可分为三类:钳工锉(普通锉)、特种锉、整形锉,其中钳工锉最为常见。钳工锉的规格可以用锉刀工作长度、锉刀齿纹粗细、截面形状表示。锉刀的工作长度种类有100mm、150mm、200mm、250mm、300mm、350mm、400mm等,齿纹粗细种类有粗齿、中齿、细齿以及光锉等,截面形状种类有平锉、圆锉、半圆锉、三角锉、方锉等,如图7-30所示。

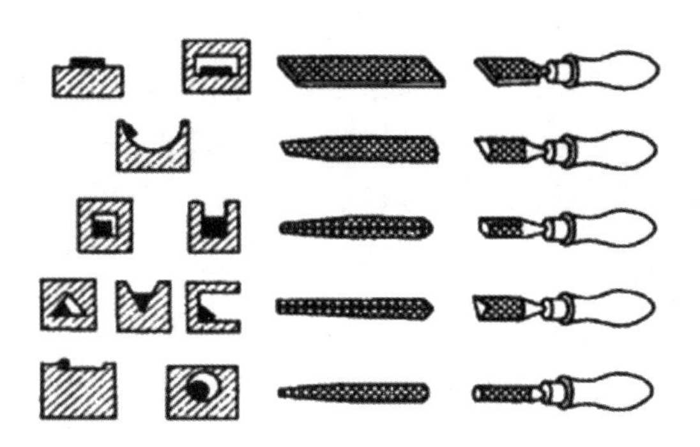

图7-30 普通锉刀种类

图7-31 特种锉刀种类

特种锉是定制化锉刀,用于加工特定零件上的表面,截面形状根据需求有很多种,如图7-31所示。整形锉又名什锦锉,主要用于工件细小部分表面的修锉,根据截面形状可分为椭圆锉、圆边扁锉、单面三角锉等。

(3)锉刀的选用原则

锉削前应对加工工件的技术进行分析,合理地选择锉刀,以确保工件加工质量,提高工件加工效率。具体选用原则如下:

1)锉刀截面形状的选用:根据工件被锉部位的形状来定。

2)锉刀齿粗细的选择:根据工件的加工余量、加工精度、材质来定。加工余量大、尺寸精度低、材质软的工件用粗齿锉刀,反之用细齿锉刀。

3)锉刀齿纹的选择:根据工件材料性质来定。铝、铜、软钢等材料,选用前角大、楔角小、不易堵塞的单齿纹。

2. 锉削步骤与方法

(1)工件的装夹

在台虎钳钳口中间将工件牢固地装夹住,工件应略高于钳口,钳口与工件之间可垫铜片或其他辅助装夹材料。

(2)锉刀的握法

选用不同的锉刀规格,对应采用不同的握刀方法,这样有利于提高锉削质量与效率。

1)大锉刀的握法:右手握住锉柄,大拇指放锉柄上面,掌心抵住锉柄端部,左手轻摁锉身前端,跟随右手做往复运动,如图7-32所示。

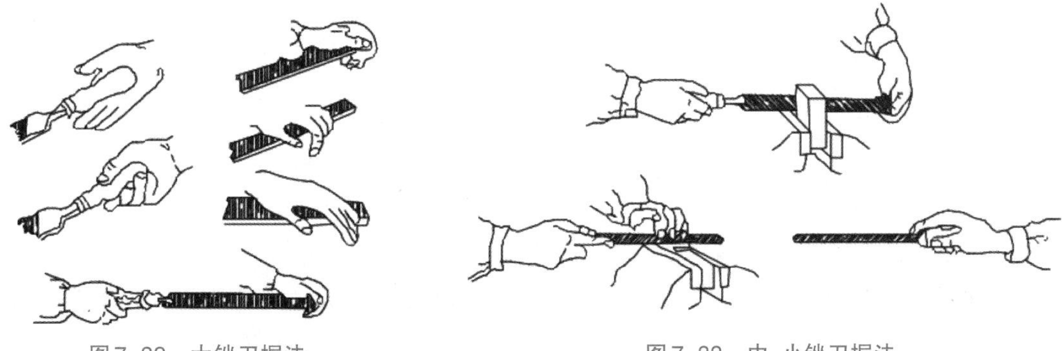

图7-32 大锉刀握法

图7-33 中、小锉刀握法

2)中锉刀的握法:右手握住锉柄,大拇指放锉柄上面,掌心抵住锉柄端部,左手大拇指与食指捏住锉身前端,如图7-33所示。

3)小锉刀的握法:右手大拇指放锉柄上面,食指伸直靠在锉柄一侧,左手手指摁在锉身中部,如图7-33所示。

(3)锉削姿势

锉刀的握法与施力应掌握得当,以提高锉削的质量与效率。锉削时,左腿弯曲在前,右腿伸直在后,重心在左腿上,身体微微前倾15°。结合不同的锉刀规格,身体站姿与用力要自然。

(4)锉削力的运用

锉削时,保持锉刀水平运动是关键,需注意两手压力的变化。开始推进锉刀时,左手施加力大,右手施加力小;锉刀到工件中间位置时,两手施加力大致相等;再继续推进锉刀时,左手施加力减小,右手施加力增大。返回时,两手不施加力,防止损伤已加工表面以及将锉齿磨钝,如图7-34所示。锉削来回速度控制在每分钟30~55次,不宜太快或太慢。

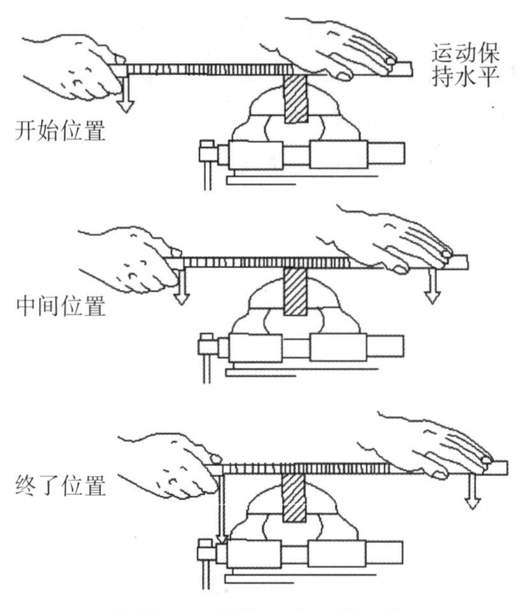

图7-34 锉削时施力的变化

(5)锉削方法

1)锉平面的方法

锉削平面的方法分为顺锉、交叉锉和推锉三种锉法,如图7-35所示。

①顺锉法是最基本、最常用的锉削方法,适用于加工余量小、平面较小的情况,形成的锉纹整齐一致、美观,如图7-35(a)所示。

②交叉锉法适用于粗加工较大的平面,锉刀与工件的接触面大,呈25°~45°夹角,锉刀容易掌握平稳,锉出的平面较平整,交叉锉完成后需进行顺锉修光,如图7-35(b)所示。

③推锉法适用于加工狭窄平面或需精加工的工件。其锉法为两手握在锉刀两端,推拉锉刀进行锉削,以得到比较平整、光滑的平面,如图7-35(c)所示。

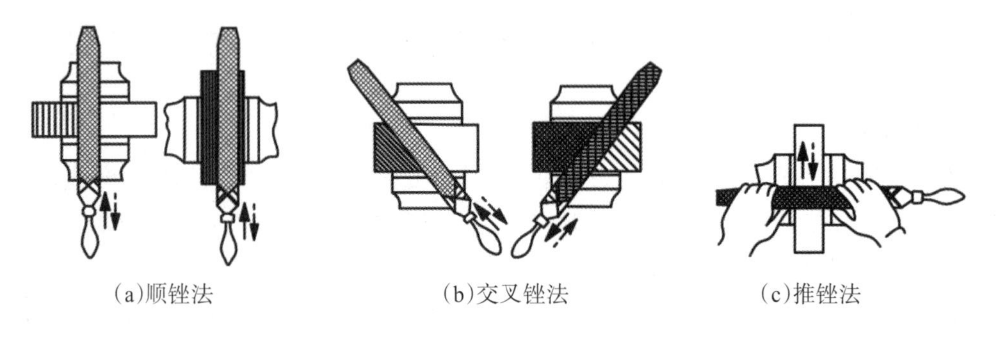

(a)顺锉法 (b)交叉锉法 (c)推锉法

图7-35 锉平面的方法

2)锉外圆弧面的方法

锉削外圆弧面的方法可分为滚锉法、横锉法。滚锉法就是在锉外圆弧面锉刀向前运动的同时,还沿被加工圆弧面转动,多用于精锉外圆弧面,如图7-36(a)所示;横锉法就是锉刀横向对着外圆弧面进行锉削,多用于粗锉外圆弧面,如图7-36(b)所示。

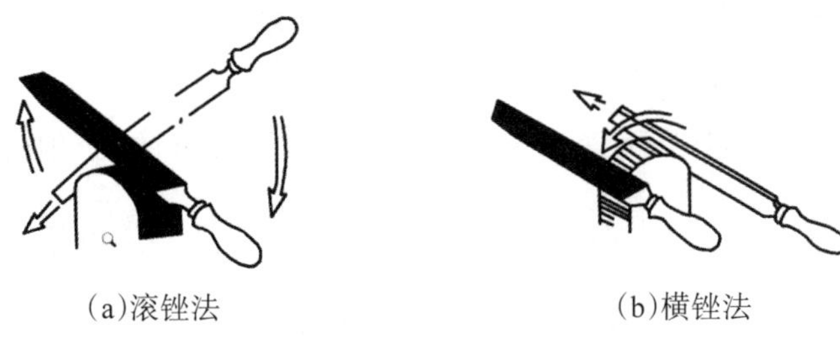

（a）滚锉法　　（b）横锉法

图7-36　锉削外圆弧面的方法

3）锉内圆弧面或通孔的方法

与外圆弧面加工相似，在进行内圆弧面锉削时，锉刀在向前运动的同时，还做一定角度的旋转与左右移动，如图7-37所示。

图7-37　锉削内圆弧面的方法

在锉削通孔时，需根据通孔的形状、加工余量、加工精度、工件材质、表面粗糙度等情况来选择锉刀，如图7-38所示。

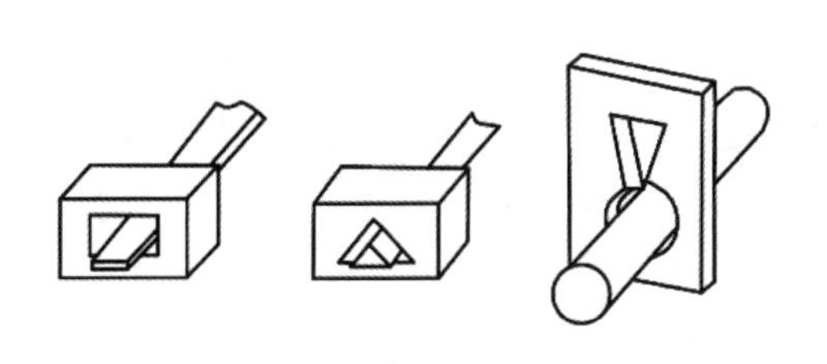

图7-38　锉通孔的方法

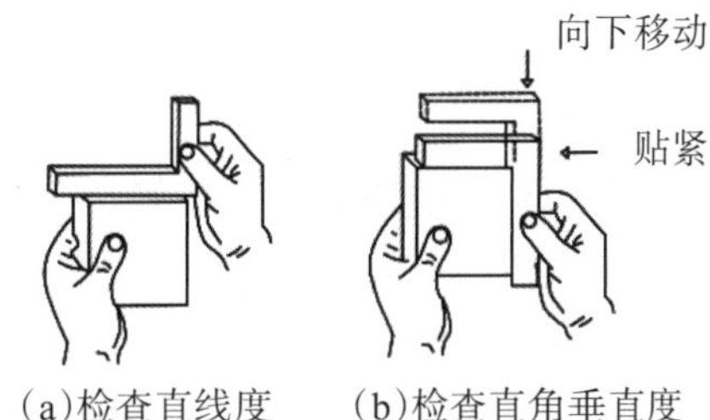

（a）检查直线度　　（b）检查直角垂直度

图7-39　检查工件的直线度和垂直度

（6）锉削平面质量检验

1）检查平面度：利用透光法，将钢直尺或直角尺靠在工件表面查看是否漏光，注意需多个部位进行检查，如图7-39（a）所示。

2）检查垂直度：利用透光法，先选定基准面，再对其他工件表面进行检查，如图7-39（b）所示。

3）检查尺寸：利用游标卡尺在不同尺寸位置上多次测量。

4）检查表面粗糙度：利用表面粗糙度样板对照检查，也可以利用专业计量仪器检测。

（7）注意事项

在锉削过程中应注意以下几点：

1）没有装柄的锉刀或者锉柄开裂的锉刀不得使用。

2）锉刀不要锉到钳口上，以免磨钝锉刀、损坏钳口。

3）铸件上的硬皮或黏砂不可直接锉削，需先用砂轮磨掉。

4)锉削时不可以用手摸工件表面,也不能用嘴吹锉屑。

5)锉刀不可以作为撬棒使用。

6)锉刀属于右手工具,应置于台虎钳右侧,且不可露出钳桌外面,以免碰落掉地砸伤人脚。

7.4.3 钻　孔

在钻床上利用钻头在实体材料或工件上加工孔的过程叫钻孔。钻孔时,工件装夹在工作台上固定不动,钻头旋转的同时也做轴向移动,如图7-40所示。钻孔有别于其他加工孔的方式,属于一种粗加工或精度要求不高的加工,加工出的孔质量不高,一般尺寸公差等级在IT12,表面粗糙度Ra值在12.5。这主要是由于钻头的刚度差以及导向性差所导致的。在钻床上也可以完成扩孔、铰孔、锪孔等加工。常用的钻床有台式、立式、摇臂式三种,视工件加工要求而选择。

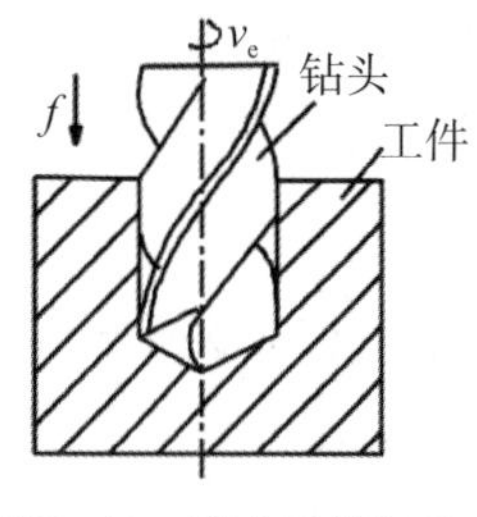

图7-40　钻孔及其运动

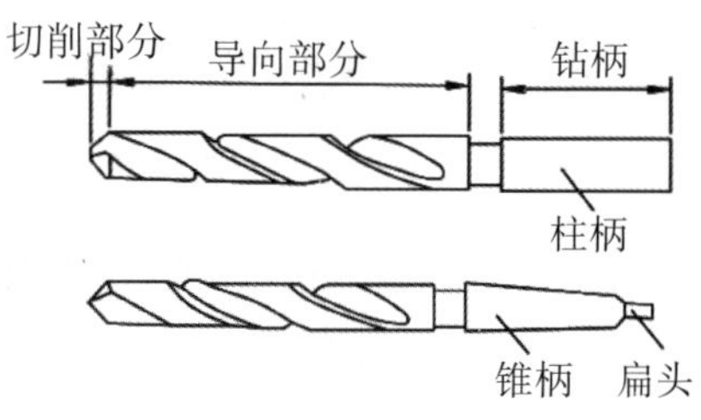

图7-41　麻花钻的结构

1.麻花钻

麻花钻是钻孔用的主要工具,一般采用高速钢或工具钢制成。麻花钻的结构由钻柄与钻身组成,其中钻身由切削与导向组成,如图7-41所示。在麻花钻切削部分有两个对称且成116°~118°角的切削刃,如图7-42所示。在钻身顶部两主后刃的交线称为横刃,在钻削时可以增加轴向力,需经常通过修磨的形式缩短横刃。在导向部分,有刃带与螺旋槽。其中刃带是用于引导钻头的,而螺旋槽是用来将钻削时产生的铁屑向外排出,并向切削部分输送切削液。钻柄可根据钻头直径分为两种:一种是圆柱形,常用于直径小于12mm的钻头;另一种是锥柄形,用于直径大于12mm的钻头。

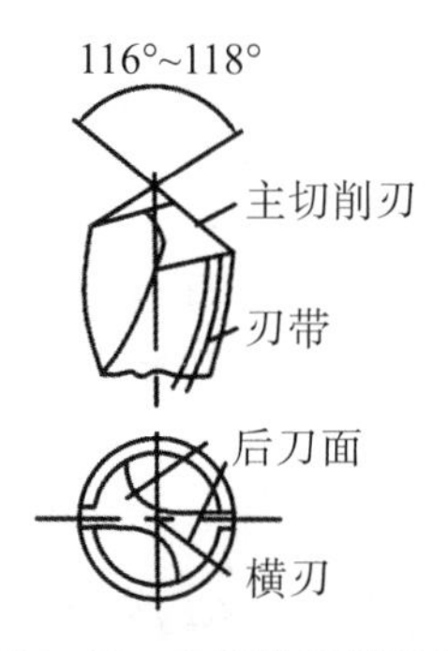

图7-42　麻花钻切削部分

2.钻孔用附件

钻夹头、变锥套以及平口钳是最常用的钻孔用附件，其中直柄钻头用钻夹头装夹，如图7-43所示；锥柄钻头用变锥套装夹，变锥套有五个莫氏锥度号，如图7-44所示。

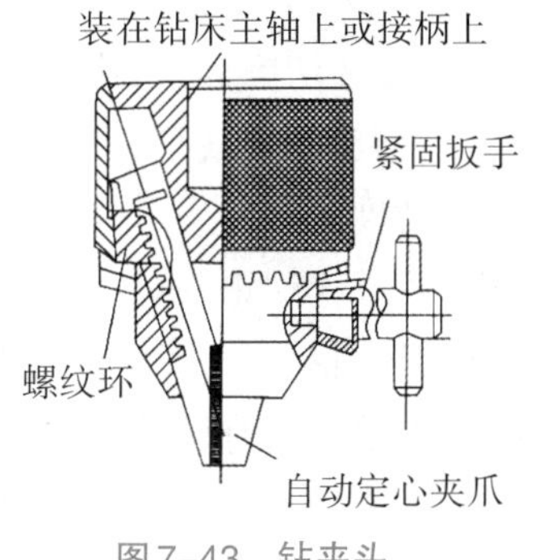

图7-43 钻夹头

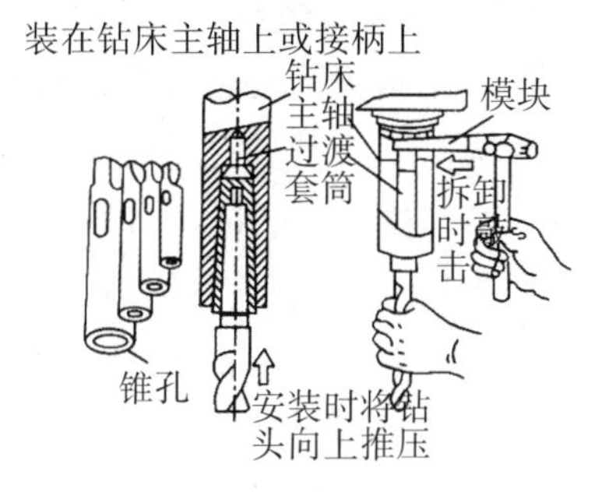

图7-44 用变锥套安装与拆卸钻头

用立式钻床钻孔时，平口钳通常用来装夹固定工件，如图7-45(a)所示。在没有或不能采用平口钳时，也可以利用压板、垫块等将工件固定在工作台上，如图7-45(b)所示。在进行批量性生产时，钻模是比较理想的辅助工具，由于钻模已经确定了孔的位置，且无须进行划线工作，能极大地提高生产效率与孔的精度。在钻模上装有淬硬且耐磨性高的钻套用于引导钻头做轴向运动，如图7-46所示。

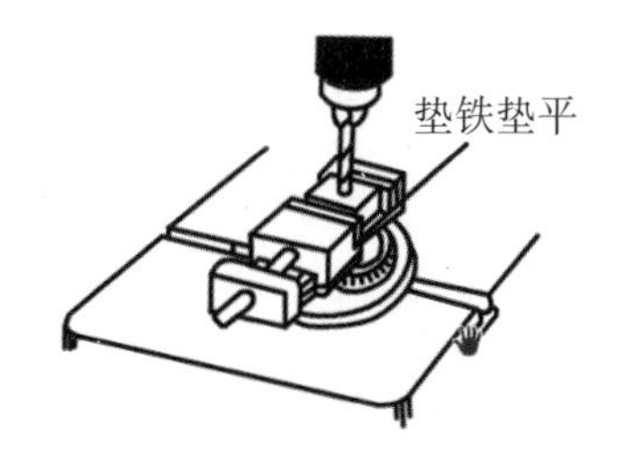

(a)钻孔时工件的安装

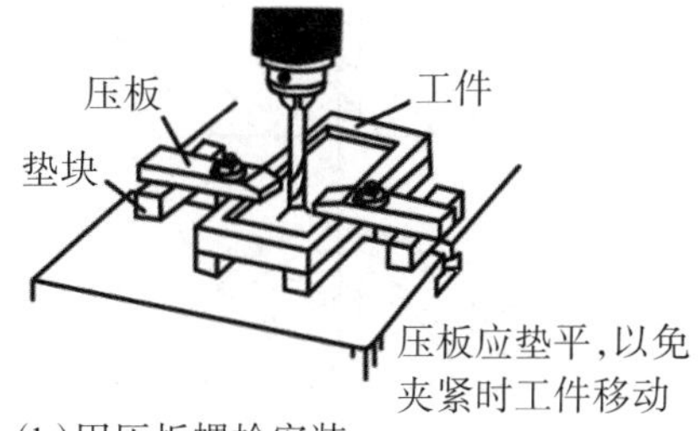

(b)用压板螺栓安装

图7-45 钻孔时工件的安装

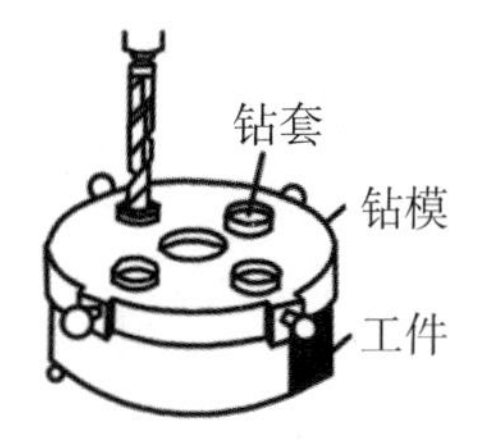

图7-46 钻模

3.钻孔的方法

(1)钻孔准备

1)划线：钻孔前，先对工件进行划线，在应钻孔位置划出孔径圆并打样冲眼，精度要求高时还需划出检查圆，如图7-47所示。

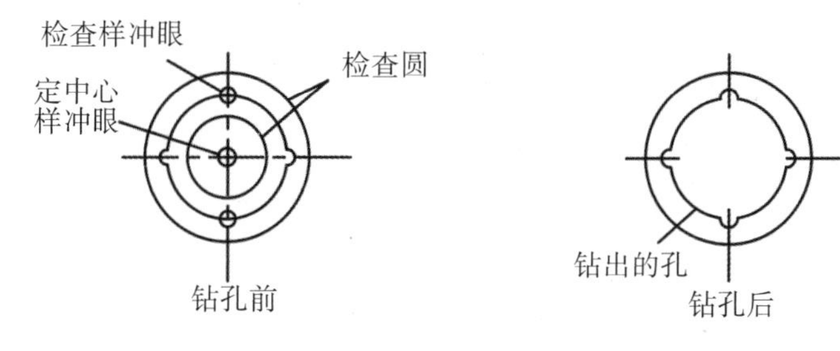

图7-47 钻精度要求较高的孔

2)钻头的选择与刃磨:合适钻头的选择取决于孔径尺寸和精度等级。对于精度要求一般的孔,选用与孔径相同的钻头一次钻削成形;对于精度要求较高的孔,先用直径小于孔径的钻头进行钻孔,剩余加工余量进行扩孔;对于高精度要求的孔,先用直径小于孔径的钻头进行钻孔,剩余加工余量进行扩孔和铰孔。

钻孔前先确认钻头是否需要刃磨,判断的依据是检查切削部分两切削刃是否锋利与对称。若钻头需要刃磨,需按照两条主切削刃对称、所成夹角118°、钻头中心线平分顶角的要求进行刃磨。整个刃磨过程需加冷却液,以防止过热造成的钻头硬度下降。

3)钻头、工件的装夹:钻头的装夹形式与钻柄有关。钻夹头用于直柄钻头装夹,利用紧固扳手来夹紧或者松开钻头;变锥套用于锥柄钻头装夹,当锥柄尺寸较小时,可用钻套进行过渡连接。此时,先将钻头轻轻夹住,但无须夹紧,给钻床通电,查看钻头有无偏摆,如无偏摆,则断电后夹紧钻头开始工作;如有偏摆,则断电后重新对钻头装夹,再观察,直至无偏摆。工件通过平口钳或者压板垫块进行装夹时要始终保证工作台面与被钻孔中心线垂直。

(2)钻孔操作

正式钻孔前须进行试钻,即钻头横刃对准孔中心钻出浅坑,目测此浅坑是否与检查圆同轴。如有偏差须及时纠偏:偏差较小时可以在下次起钻时将工件推向反方向以校正偏差;偏差较大时可在偏移反方向上打几个样冲眼以减少该部分的切削阻力,从而在钻孔时实现修正的目的,如图7-48所示。

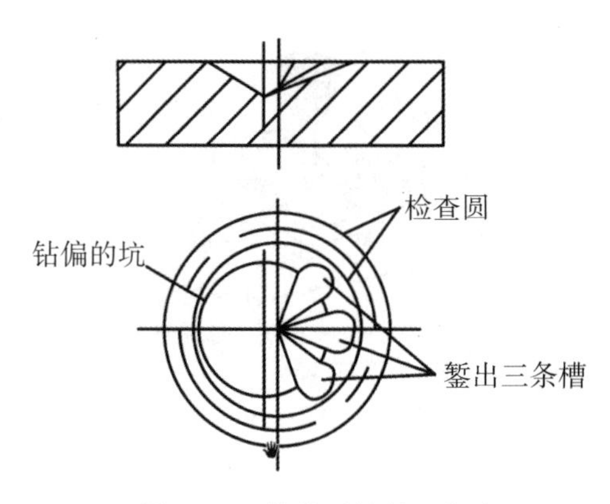

图7-48　钻偏时的纠正方法

4.注意事项

在进行钻孔的操作中应注意以下几点:

(1)钻孔前,认真检查各项钻孔工具,工作台面要保持整洁。

(2)利用钻孔附件对工件进行夹持,不可直接拿工件进行钻孔。

(3)钻孔时,不可用嘴吹切屑,或者用手去清理切屑,须用刷子及时清理。在进行高速钻削时,更应及时断屑,以防伤及人身和损坏设备。

(4)机床开启状况下不可进行钻头和工件的装卸,必须在停车状况下进行操作。

(5)当孔钻穿时,需在工件底面放一垫块,以免损坏工作台。

(6)钻孔时,不可两人同时操作一台钻床,以免造成事故。

7.4.4 攻丝和套丝

1.攻丝工具与方法

采用一定的扭矩将丝锥旋入底孔并切削出内螺纹的过程称作攻丝。丝锥加工内螺纹，适用于螺纹直径和螺距较小的情况。

(1)攻丝工具

1)丝锥

丝锥是用于加工内螺纹的工具，按照驱动方式分为手用和机用，按照螺纹规格分为粗牙和细牙，按照加工方式分为切削和挤压。丝锥的结构和形状如图7-49所示。丝锥由工作部分和柄部两部分组成。切削部分与校正部分属于工作部分，切削部分端部磨有锥角，攻丝时能够起到引导作用，同时也能够将切削负荷均布到齿上，以确保内螺纹孔的光洁度；校正部分用于修正已攻丝出的螺纹，另外这部分具有完整的螺纹齿，能够引导丝锥前进。柄部主要用于传递攻丝所需扭矩，在其端部有方榫。

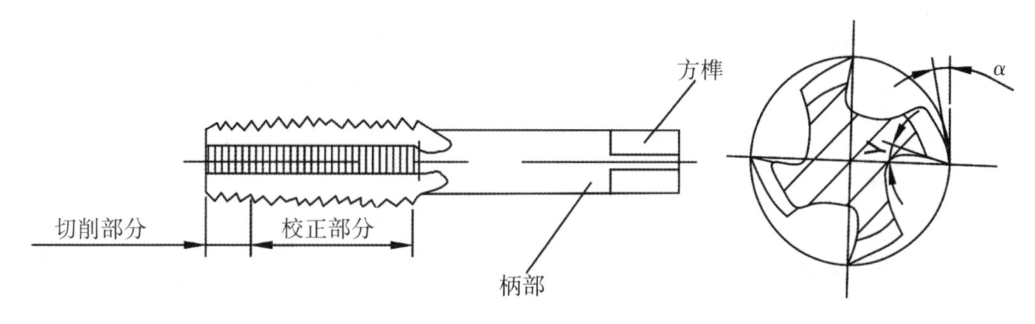

图7-49 丝锥的结构

手用丝锥顾名思义是手工攻丝，常用碳素工具钢或者合金工具钢制成。通常两只或三只为一套，逐级切削，俗称头攻、二攻、三攻。

2)绞手

绞手是手用丝锥攻丝时用来卡住丝锥传递扭矩的工具。通常有普通绞手和丁字绞手两种。其中普通绞手又可以分为固定和活络两种。固定绞手适用于M5以下的螺纹孔攻丝；活络绞手由于卡丝锥的方孔可以调节，因此能够适用不同规格的丝锥。

丁字绞手同样也分为固定和活络两种，如图7-50所示。

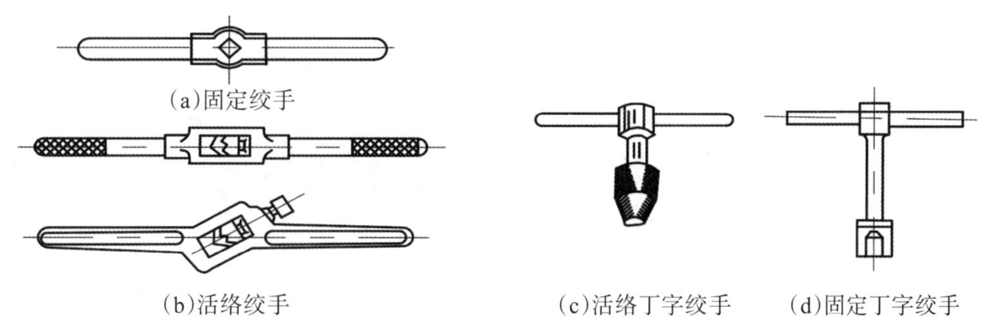

图7-50 普通绞手和丁字绞手

(2)攻丝方法

1)确定底孔直径

丝锥攻丝时,切削刃一方面起切削作用,另一方面能够挤压材料,将材料填塞到丝锥根部与底孔之间。在钻底孔时,如果底孔直径过小,丝锥在切削时需要较大切削扭矩,这就增大了丝锥被卡住甚至折断的风险,因此规定,底孔直径必须大于螺纹内径。

2)手工攻丝方法

①首先在工件螺纹孔位置,钻出螺纹底孔。

②孔口倒角,即通孔两端都进行倒角。

③攻丝前,工件装夹牢固,确保螺纹孔的中心线垂直于水平面。

④攻丝时,摆正丝锥,使得螺纹孔中心线与丝锥轴线保持重合。施加压力并转动绞手1~2圈后,再次检查丝锥是否与螺纹孔端面垂直,若不垂直须及时修正。修正可以通过角尺等量具进行操作。

⑤修正后,继续转动绞手,此时无须施加压力,转动绞手直至攻出螺纹孔。若是盲孔,须注意丝锥切削的深度。

⑥倒钻,使切屑碎断并及时排出切屑,避免出现丝锥卡住的现象。一般每攻丝1/2~1圈,就进行一次倒钻。在对塑性较大的材料进行攻丝时,每攻丝1/2圈就进行一次倒钻。

⑦在对塑性较大的材料进行攻丝时,须及时注入冷却润滑液来减小丝锥与工件之间阻力,提高螺纹粗糙度。

⑧修整旧螺纹孔,先手旋与螺纹孔规格相同的丝锥几圈,再用绞手固定丝锥旋转。

2.套丝工具与方法

加工M16以下或者螺距小于2mm的外螺纹时常用套丝。套丝具有生产效率高、一次切削成形等特点。

(1)套丝工具

1)板牙

如图7-51所示是板牙的结构,板牙相当于一个螺母,硬度很高,在螺孔周围有几个能够容纳切屑的排屑孔。板牙正反两面均有可使用的切削刃,切削部分的锥角约为25°。板牙中间部分起校正螺纹和导向的作用。

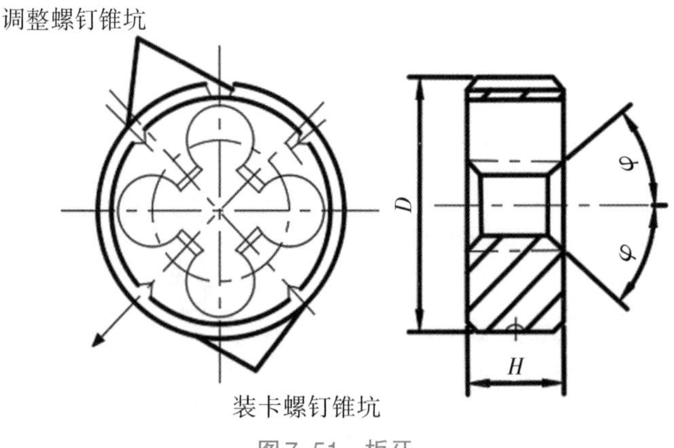

图7-51 板牙

在螺纹公称直径大于M3.5的板牙外圆上，有一个V字形槽和四个螺钉锥坑，其中两个经过中心线的螺钉锥坑可传递绞手扭矩，另外两个偏离中心线的螺钉锥坑可调整板牙的尺寸。

2)绞手

如图7-52所示是板牙绞手的结构。绞手中间是一个用于安装板牙的沉头通孔。圆周上装有五只螺钉，它们的作用分别是：两只用于板牙的固定，其余三只用于对板牙螺纹尺寸的调整。若板牙中间部分由于磨损导致螺纹尺寸变大且超出公差范围，可沿板牙V形槽切割通槽，将绞手上两只螺钉旋入板牙的偏心锥坑内，可获得0.10~0.25mm的调节范围。

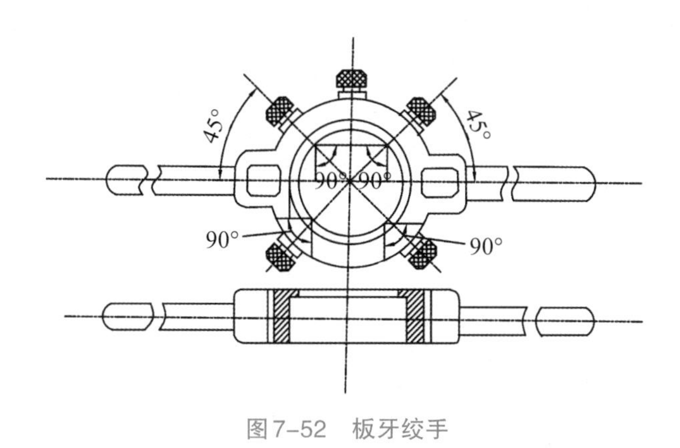

图7-52　板牙绞手

(2)套丝方法

1)圆杆直径小于螺纹外径，圆杆两端倒15°~20°的斜角。倒角的小端直径小于螺纹内径。

2)在台虎钳上装夹圆杆，尽量将套丝部分靠近钳口。

3)将装有圆板牙的绞手对准圆杆端部轻轻转动并施加压力，注意圆杆轴线须与板牙的端面保持垂直。

4)在板牙已切出螺纹时，仅需继续转动绞手至规定的螺纹长度，无须再施加压力。

5)与攻丝类似，在切削过程中同样需要注入冷却润滑液，也需要时常倒转，便于断屑，以防切屑堵塞。

6)修整旧的螺杆时，先旋转几圈与外螺纹规格相同的板牙，再用绞手固定板牙进行转动。如果端部已经烂牙，则应该去掉烂牙部分，倒角后再进行修整。

7.5　装　配

7.5.1　装配概述

零件按照规定的装配工艺技术要求组装在一起，再经过调试、检测等过程使其成为合格产品的过程，称为装配。装配工序可分为总装配、部件装配以及组件装配三种。

(1)总装配：在一个基准零件上，将若干个部件、组件、零件按序装配在一起的过程。例如汽车是由变速箱、发动机等安装在底盘上构成的。

(2)部件装配:在一个基准零件上,将若干个组件、零件按序装配在一起的过程。例如发动机部件。

(3)组件装配:在一个基准零件上,将若干个零件按序装配在一起的过程。例如变速箱里各轴系组件。

7.5.2 装配的基本原则

装配前,先熟悉产品的结构、功能与工作原理,再研究产品的装配图与技术要求,从而确定装配顺序。在确定装配顺序时须遵循以下原则:

(1)装配前,完成零件去毛刺、清洗、防锈、干燥等工作。

(2)先装配基准重大零部件,后装配其他轻量的小零部件,以保证装配时整机重心处于最稳的状态。

(3)先装配复杂、精密零部件,后装配简单零部件。开始装配时,基准件上安装、调整的空间比较大,便于先安装复杂、精密的零部件。

(4)先装配需要冷装配或者热装配的零部件。

(5)相同装配工艺的零部件,集中安排。

(6)气动线路、油路与电气线路等安装须与设计布局图纸一致,并在装配过程中完成。

(7)与易燃、易爆、有毒等相关的零部件最后安装。

7.5.3 常见的零件装配方式

1.螺纹连接

螺纹连接零件时,注意拧紧的顺序,要进行多次逐步拧紧,不可出现单个紧固件一次拧紧的现象,如图7-53所示。为防止螺纹连接在工作时由于振动等原因出现松动现象,须使用止动垫圈、弹簧垫圈、锁片等。

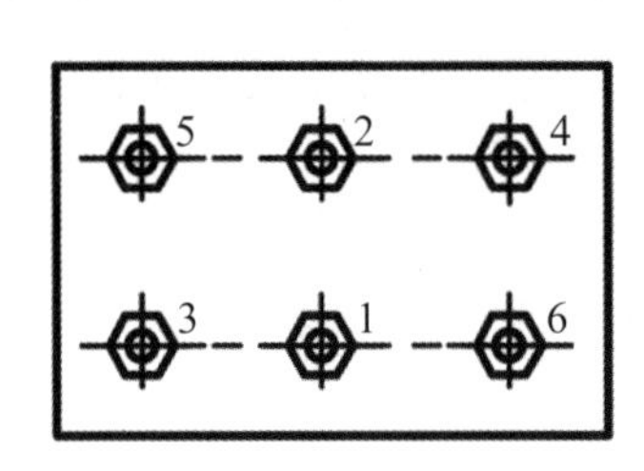

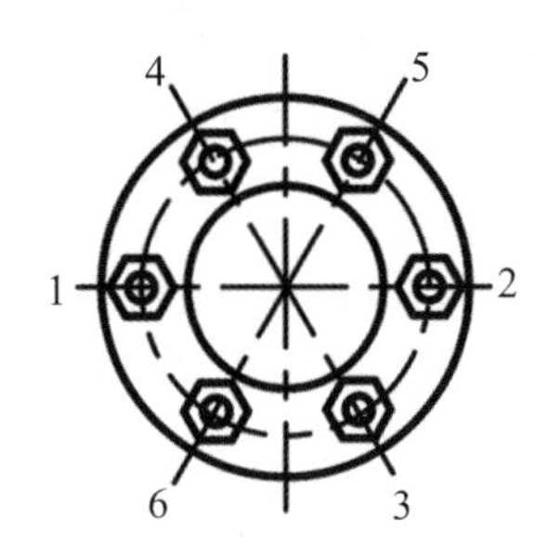

图7-53 螺纹连接拧紧顺序

2.销连接

销连接常用于定位与连接,一般有圆柱销、圆锥销连接,如图7-54所示。圆柱销装配是用铜棒将表面涂有机油的销子敲入圆孔内,销子两头与工件表面齐平或者略高。圆锥销在进行装配时,用于安装圆锥销的销孔须配作。铰孔时,销子能自由插入销长80%时,可将销子敲入销孔内,圆锥销大头端面与工件表面齐平或稍高一些。

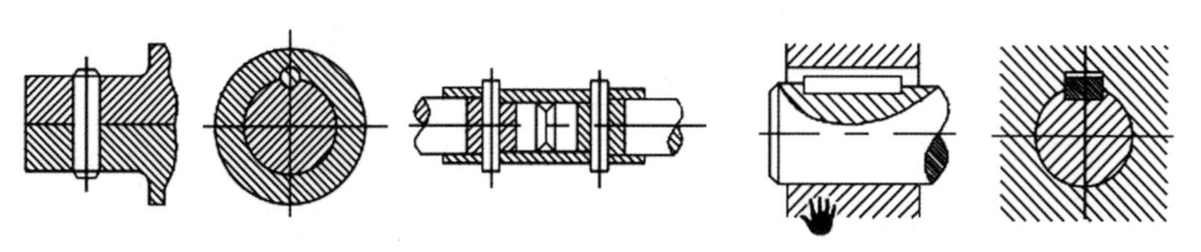

图7-54 销连接装配　　图7-55 普通平键连接

3.键连接

键可以分为平键、半圆键与花键等。键连接多用于旋转体的连接，用于传递扭矩与运动，比如轴与齿轮的连接。图7-55为普通平键连接图，装配时，键的底面与键槽底面贴平，键顶部与轮毂之间有间隙，键在宽度方向上采用过渡配合，长度与键槽相适应。

4.滚动轴承的装配

滚动轴承包括内圈、外圈、滚动体和保持架四部分。通常滚动轴承外圈安装在轴承座内静止不动，内圈与轴配合后一起转动。滚动轴承装配时多用过盈配合，进行冷装时，可用压力机及套筒等工具将轴承外圈压入轴承座内，轴承内圈套到轴颈上，也可以同时将轴承装配在轴和轴承座上，如图7-56所示。

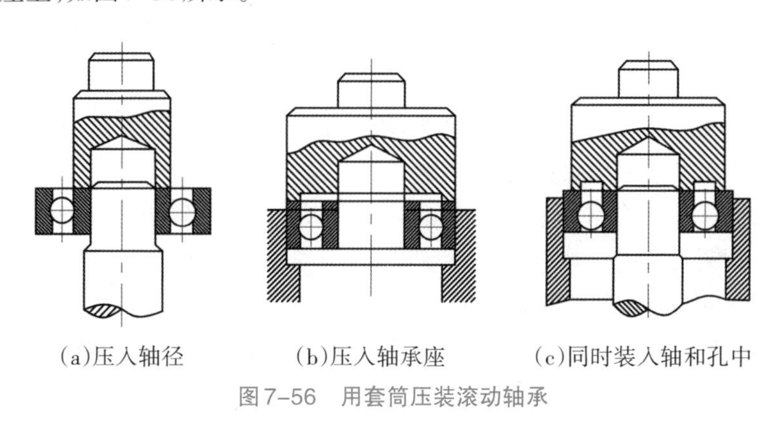

(a)压入轴径　(b)压入轴承座　(c)同时装入轴和孔中

图7-56 用套筒压装滚动轴承

7.5.4 设备的拆装

设备在工作一段时间后，需要保养或维护，有时需要替换零部件，此时就需对设备进行拆装。

在拆装时需注意如下事项：

(1)拆装前，熟悉设备结构、功能，分析设备的装配图，制定拆卸方案。

(2)拆卸时，不可盲目拆卸、猛敲乱砸，损坏零件。

(3)做好拆卸顺序记录，按拆卸顺序将零部件有序摆放整齐。做到先拆的后装，后拆的先装。

(4)紧配合零部件拆卸时，不可直接使用铁锤、榔头敲击，须使用专用工装工具。

7.6 钳工技能练习

7.6.1 钳工安全操作规程

1.工作前仔细检查使用的工具设备,确认无疑方可工作。

2.在台虎钳上锉削、锯削工件时,必须夹紧工件,禁止戴手套操作,使用时不能用力过猛,免得发生意外。

3.手锯锯条安装松紧适当,锯削时不可用力过猛或扭转锯条。工件即将锯断时,应减小压力和速度,以防锯条折断伤人。

4.钻孔前工件一定要夹紧,禁止用手直接握住工件进行钻孔,检查钻头是否夹紧,并保证钻孔中心线与钻床的工作台面垂直。

5.操作钻床时,严禁戴手套,应穿紧身工作服,袖口必须扎紧,女学生必须戴束发工作帽。操作时手中不能拿棉纱头,以免不小心被切屑勾住发生人身事故。不准用手去拉切屑或用嘴吹碎屑。

6.在钻孔时,应加充足的冷却润滑液,以防钻头退火,提高钻头的切削能力和孔壁的表面质量。

7.钻床未停妥前不准用手去捏停钻夹头,松紧钻夹头必须用钥匙,不准用手锤或其他东西敲打,钻头从钻头套中退出要用斜铁敲出。

8.在钻通孔时,若即将钻穿要特别小心,尽量减少进给量,以防进给量突然增加而发生工件甩出、钻头折断事故。

9.攻丝时,不可用力过猛,否则容易折断丝攻,碰伤手臂。

10.工具和量具要分开安放,不准重叠放置,以免摔坏,操作结束后,必须整理工量具、维护设备,打扫工作场地。

11.工作中不准互相打闹、串岗,做到文明实习,安全操作。

7.6.2 钳工加工案例

例 7-1 在钳工工作台完成如7-57图所示錾口榔头的制作,要求表面粗糙度 Ra 值为3.2,毛坯材料为20mm × 20mm的45号方钢。

例 7-1 视频

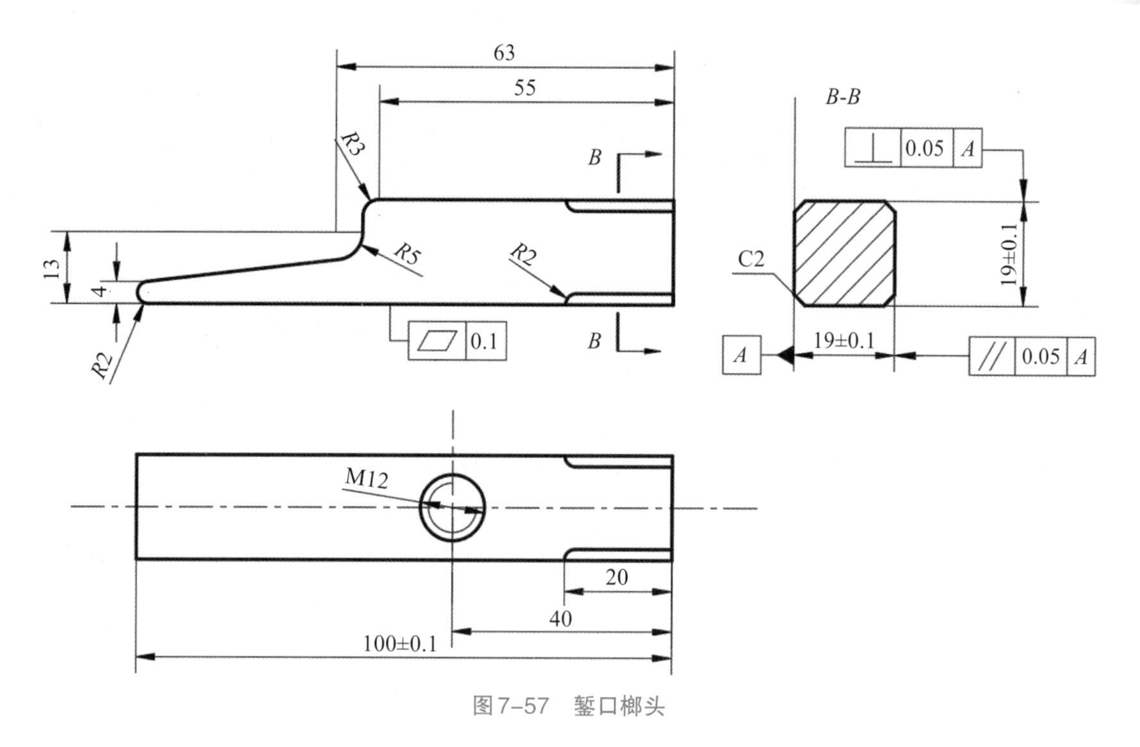

图7-57 錾口榔头

1.加工分析

錾口榔头的制作,把划线、锯削、锉削、钻孔、攻丝等钳工工艺都包含在内,是钳工加工较为经典的实例之一。

2.錾口榔头工艺卡

錾口榔头加工工艺卡见表7-1。

表7-1 錾口榔头加工工艺卡

零件图号	图7-57	錾口榔头加工工艺卡		毛坯材料	45号钢
机床型号	钳工工作台			毛坯尺寸	20mm×20mm×102mm
工具		量具		夹具及附件	
1	锯弓	1	游标卡尺(0~150mm)	1	台虎钳
2	锉刀	2	钢直尺	2	绞手
3	ϕ10.3麻花钻	3	刀口角尺	3	常用辅具
4	ϕ10麻花钻				
5	倒角钻头				
6	M12丝锥				
工序	工序内容	说明			
1	下料	用钢直尺划线,保证锯削下料长度102mm			
2	锉削	锉削一个端面和底面,作基准面,保证表面质量			
3	划线	在划线平台,利用上道工序基准面,划出R5圆弧中心点,并打样冲眼			
4	钻孔	在钻床上,使用ϕ10麻花钻,完成钻孔加工			

续表

<table>
<tr><td>零件图号</td><td>图7-57</td><td rowspan="2">錾口榔头加工工艺卡</td><td>毛坯材料</td><td>45号钢</td></tr>
<tr><td>机床型号</td><td>钳工工作台</td><td>毛坯尺寸</td><td>20mm×20mm×102mm</td></tr>
<tr><td>5</td><td>划线</td><td colspan="3">用钢直尺划出斜面辅助线</td></tr>
<tr><td>6</td><td>锯削</td><td colspan="3">锯削斜面,保证锯路平直</td></tr>
<tr><td>7</td><td>锉削</td><td colspan="3">锉削表面,达到图纸尺寸位置要求</td></tr>
<tr><td>8</td><td>划线</td><td colspan="3">按图示要求,在划线平台划出螺纹孔中心点</td></tr>
<tr><td>9</td><td>钻孔</td><td colspan="3">在钻床上,使用ϕ10.3麻花钻,完成螺纹底孔加工,孔两端倒角</td></tr>
<tr><td>10</td><td>攻丝</td><td colspan="3">完成M12螺纹加工</td></tr>
<tr><td>11</td><td>倒角</td><td colspan="3">划线,界定倒角位置,锉削完成C2倒角加工</td></tr>
<tr><td>12</td><td>修整</td><td colspan="3">抛光、上油、修整</td></tr>
<tr><td>13</td><td>保养</td><td colspan="3">清理工作台,并保养工量用具</td></tr>
</table>

第8章 数控车削技能训练

8.1 数控技术概述

8.1.1 数控技术的特点

数字控制(numerical control,NC)是一种用数字化信号对控制对象(如机床的运动及其加工过程)进行自动控制的技术,简称为数控。

利用数控技术完成零件加工的过程,如图8-1所示,主要内容如下:

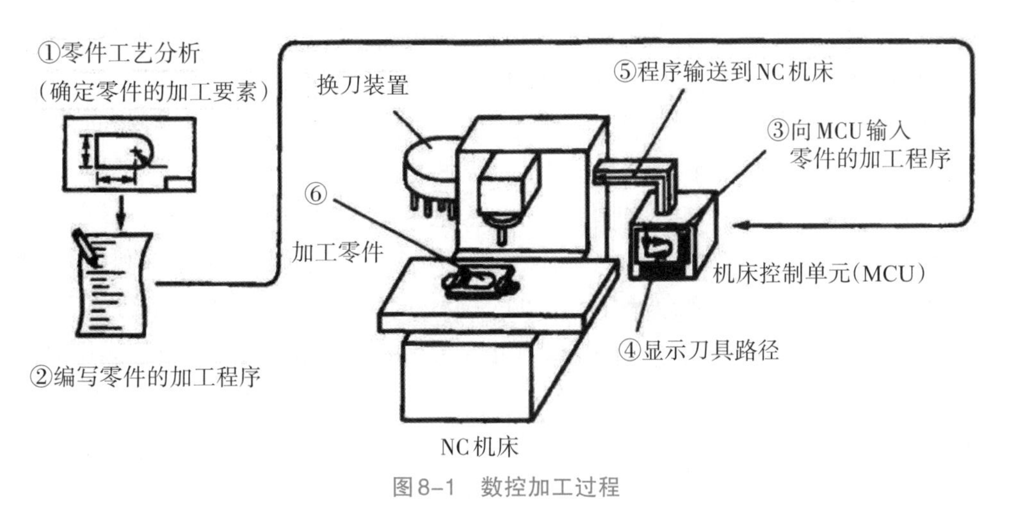

图8-1 数控加工过程

(1)根据零件加工图样进行工艺分析,确定加工方案、工艺参数和位移数据。

(2)用规定的程序代码和格式编写零件加工程序单,或用自动编程软件进行CAD/CAM操作,直接生成零件的加工程序代码文件。

(3)程序的输入或传输。由手工编写的程序,可以通过数控机床的操作面板输入,由编程软件生成的程序,可以通过计算机的串行通信接口直接传输到数控机床的控制单元(MCU)。

(4)将输入或传输到数控单元的加工程序进行试运行、刀具路径模拟等操作。

(5)通过对机床的正确操作进行自动运行,首样试切。

(6)检验加工的零件。

数控技术具有较高的灵活性、操作性,其对提高企业加工效率和质量具有十分重要的现实意义,是制造业实现自动化、柔性化、集成化生产的基础,是提高产品质量、提高劳动生产率必不可少的技术手段,是关系到国家战略地位和体现国家综合国力水平的重要基础性产业。

数控技术及装备是发展新兴高新技术产业、尖端工业的使能技术和最基本的装备。世界各国信息产业、生物产业、航空、航天等国防工业广泛采用数控技术,以提高制造能力和水平,提高对市场的适应能力和竞争能力。工业发达国家还将数控技术及数控装备列为国家的战略物资,不仅大力发展自己的数控技术及其产业,而且在“高精尖”数控关键技术和装备方面对我国实行封锁和限制政策。因此大力发展以数控技术为核心的先进制造技术已成为世界各发达国家加速经济发展、提高综合国力和国家地位的重要途径。

8.1.2 数控技术的应用

与传统加工技术相比,数控技术具有高柔性、高生产率、加工精度高、加工稳定可靠等特点,能够减轻工人劳动强度,有助于提高生产管理水平。数控技术的应用范围非常广,涉及国防航空、汽车工业、模具制造、机械加工、零件构造等。

1. 机械加工制造行业

数控加工技术精度高,可以提高加工精度,将数控加工技术应用于机械制造行业中,通过计算与分析,优化工件加工工艺,减小机械零件加工误差,生产出更高质量的机械产品。

数控编程技术,即用数字化信号对机床运动及其加工过程进行控制,可以帮助人工完成一些对人体伤害比较大的工作,减少人力物力资源投入。

2. 零件检测相关技术

数控技术在零件检测中的应用,可以代替传统人工对于零件的检测工作,利用先进的检测仪器,对零件裂缝、破损等现象展开高密度的检测,同时配合对工件整体进行的全方面检测工作,科学分析机械加工工件的整个情况,并根据实际检测结果提出相应的优化措施,充分发挥出数控加工技术的自动化与网络化优势,在满足不同行业对于机械加工实际需求的基础上,促进机械加工中新型工件的创新发展。

3. 信息行业

在信息产业中,从计算机到网络、移动通信、遥测、遥控等设备,都需要采用基于超精技术、纳米技术的制造装备,如芯片制造的引线键合机、晶片键合机和光刻机等,这些装备的控制都需要采用数控技术。

4. 医疗设备行业

在医疗行业中,许多现代化的医疗诊断、治疗设备都采用了数控技术,如CT诊断仪、全身刀治疗机以及基于视觉引导的微创手术机器人等。

5. 军事装备

现代的许多军事装备都大量采用伺服运动控制技术,如火炮的自动瞄准控制、雷达的跟踪控制和导弹的自动跟踪控制等。

8.1.3　数控技术发展及未来趋势

1.发展历程

(1)世界数控技术发展

1952年,美国麻省理工学院研制出第1台实验性数控机床,它的数控系统从最初的电子管式起步,经历了以下几个发展阶段:分立式晶体管式→小规模集成电路式→大规模集成电路式→小型计算机式→超大规模集成电路→微机式的数控系统。

数控装置总体发展趋势是由NC向CNC发展,并广泛采用多微处理器,提高系统的集成度,缩小体积,采用模块化结构,便于裁剪、扩展和功能升级,满足不同类型数控机床的需要;驱动装置向交流、数字化方向发展,CNC装置向人工智能化方向发展;采用新型的自动编程系统,增强通信功能,数控系统可靠性不断提高等。

(2)我国数控技术发展

1958年,我国正式开始研究数控加工技术,经过几年的大力研究,至20世纪60年代初期,我国成功研制出了数控线切割机床、数控劈锥机床以及数控非圆齿轮机等多项设备。在1979年后,我国数控加工技术进入低谷期,其间我国耗费巨资购买国外先进的数控机床,而我国当时的数控加工技术难以满足引进数控机床设备的要求,因此进口数控技术未能够充分发挥其应有的价值。面对着这一不良现状,我国不断加大对数控技术的人力、财力、物力资源投入,力争在最短的时间内摆脱我国数控技术的落后状况。此后,我国数控加工技术不断发展和成熟,尤其是数控线切割技术完善更为显著,大大推动了数控车床、铣床、磨床等设备的发展。

数控机床的水平、品种和生产能力,直接反映了国家综合实力。在制造业向数字化和智能化转型过程中,对于设备组成部件的性能有了更高的要求,包括精密性、表面质量等,尤其是在一些高新技术产业领域,如航天、通信等。市场技术需求的转变,对数控机床行业的发展提出了新的挑战,迫使我国数控机床技术在高速化、复合化、精密化、多轴化等方面取得大的突破,不断增强我国高端数控机床的竞争力,才能牢牢抓住制造业转型中的良好机遇。

现阶段,我国规模以上工业企业关键工序数控化率与发达国家存在明显差距。《中国制造2025》战略纲领明确指出,大力推进制造强国建设,其中智能化数控机床被作为十大重点战略必争领域,至2025年中国机床数控化率将提升至60%以上。而高端产品的国产化率目前仍然较低,数控化率提升空间巨大。旺盛的市场需求有望提升拥有核心自主能力的高端数控产业规模。

2.未来趋势

(1)高速高精度

效率、质量是先进制造技术的主体。高速、高精技术可极大地提高加工效率,提高产品的质量和档次,缩短生产周期和提高市场竞争能力。而高速、高精度的高端数控机床才能满足航空、航天、航母等高端装备的关键零部件制造。

(2)智能数字化

采用智能化编程技术,不仅能够按照产品设计加工要求,自主完成编程,降低传统人工操作对编程精准度产生的误差，而且还能够有效提高编程效率，实现机械数控加工资源的优化配置。

(3)集成网络化

DNC(distributed numerical control)是分布式数字控制的简称，是通过专业的软件与硬件的配合实施，将分散的数控机床与上层计算机连接起来实现信息交换，实现对生产计划、技术准备、加工操作进行集中监控与分散控制。

集成DNC是现代化先进机械加工的一种运行模式，以数控技术、通信技术、计算机技术和网络技术为基础，把制造过程有关的设备与控制计算机远程运营，实现制造车间设备集中控制管理和信息交互，有利于企业大批量生产，简化数据管理传输，增加机加工生产系统的柔性。

数控装备的网络化将极大地满足生产线、制造系统、制造企业对信息集成的需求，也是实现新的制造模式如敏捷制造、虚拟企业、全球制造的基础单元。

8.2 数控车床

8.2.1 数控车床的主要功能

数控车床主要用于轴类、盘类等回转体零件的内外圆柱面、任意角度的内外圆锥面、复杂回转内外曲面或非圆弧曲线轮廓面、端面和螺纹等的切削加工，并能进行切槽、钻孔、扩孔、铰孔及镗孔等，特别适合加工形状复杂的零件。数控车床的主要功能有：

1. 直线插补功能

控制刀具沿直线进行切削，在数控车床中利用该功能可加工圆柱面、圆锥面和倒角。

2. 圆弧插补功能

控制刀具沿圆弧进行切削，在数控车床中利用该功能可加工圆弧面和曲面。

3. 固定循环功能

固化机床常用的一些功能，如粗加工、螺纹加工、切槽、钻孔等，使用该功能可以简化编程。

4. 恒线速度车削

通过控制主轴转速保持切削点处的切削速度恒定，可获得一致的加工表面。

5. 刀尖半径自动补偿功能

可对刀具运动轨迹进行半径补偿，具备该功能的机床在编程时可不考虑刀尖半径，直接按零件轮廓进行编程。

8.2.2 数控车床的分类

1. 按车床主轴位置分类

(1)立式数控车床

立式数控车床简称数控立车，其车床主轴垂直于水平面，有一个直径很大的圆形工作台，用来装夹工件。这类机床主要用于加工径向尺寸大、轴向尺寸相对较小的大型复杂零件，如图8-2(a)所示。

(a)立式数控车床

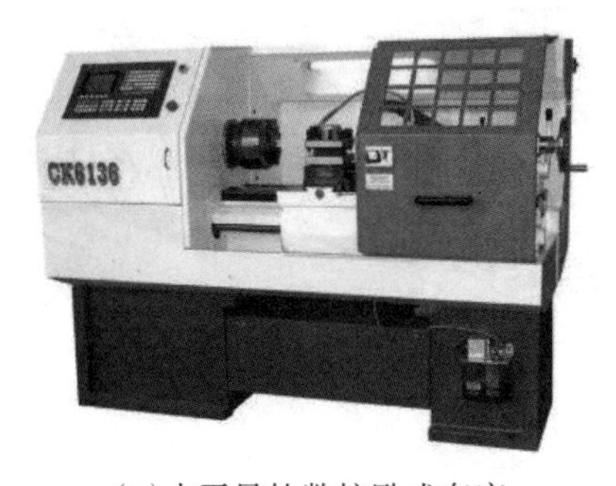

(b)水平导轨数控卧式车床

(c)倾斜导轨数控卧式车床

图8-2　数控车床按车床主轴位置分类

(2)卧式数控车床

卧式数控车床又分为水平导轨数控卧式车床，如图8-2(b)所示，和倾斜导轨数控卧式车床，其倾斜导轨结构可以使车床具有更好的刚性，并易于排屑，如图8-2(c)所示。

2.按加工零件的基本类型分类

(1)卡盘式数控车床：没有尾座，适合车削盘类(含短轴类)零件。夹紧方式多为电动或液动控制，卡盘结构多具有可调卡爪或不淬火卡爪(即软卡爪)。

(2)顶尖式数控车床：配有普通尾座或数控尾座，适合车削较长的轴类零件及直径不太大的盘类零件，如图8-3所示。

(a)普通尾座

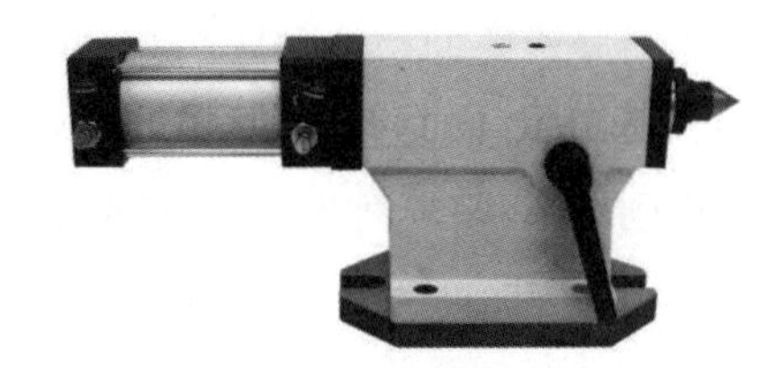
(b)数控尾座

图8-3　数控车床尾座

3.按刀架数量分类

(1)单刀架数控车床：一般都配有各种形式的单刀架，如四工位卧动转位刀架或多工位转塔式自动转位刀架，如图8-4所示。

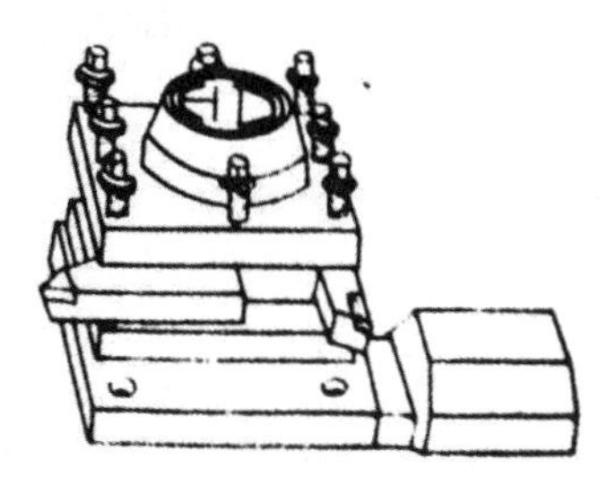
(a)四工位卧动转位刀架

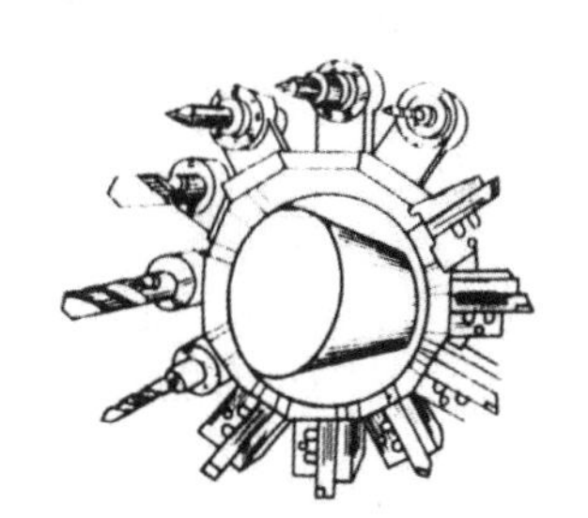
(b)多工位转塔式自动转位刀架

图8-4　数控车床刀架

(2)双刀架数控车床:配置双刀架平行分布,也可以是相互垂直分布,如图8-5所示。

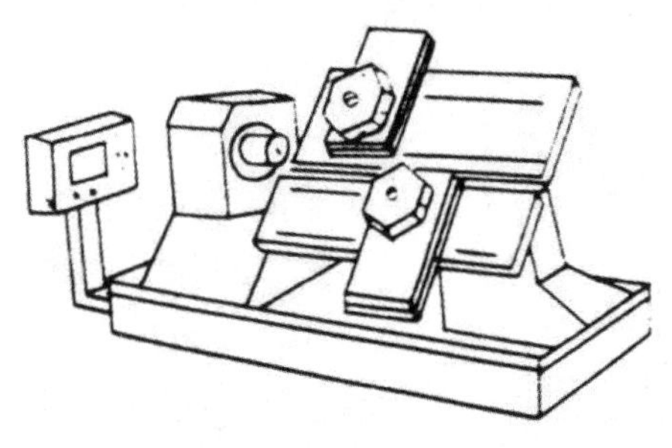

(a)双刀架配置平行分布

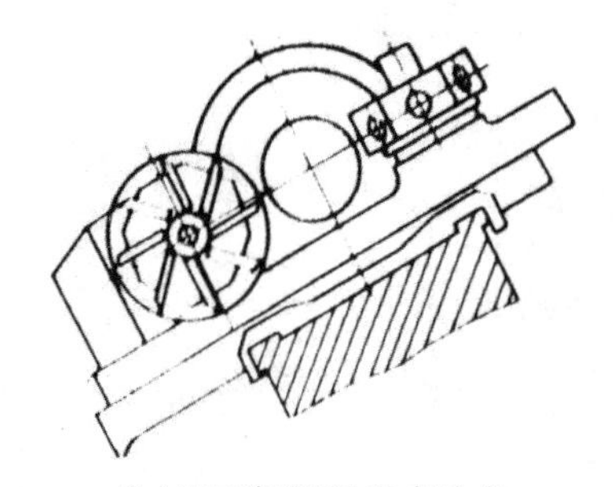

(b)双刀架配置垂直分布

图8-5　双刀架数控车床

4.按功能分类

(1)经济型数控车床

经济型数控车床是采用步进电动机和单片机对普通车床的进给系统进行改造后形成的简易型数控车床,其成本较低,但自动化程度和功能都较差,车削加工精度也不高,适用于要求不高的回转类零件的车削加工,如图8-6(a)所示。

(2)全功能数控车床

全功能数控车床是根据车削加工要求在结构上进行专门设计并配备通用数控系统、排屑装置、八工位刀具以上而形成的数控车床,其数控系统功能强,自动化程度和加工精度也比较高,如图8-6(b)所示。

(3)车削加工中心

车削加工中心是在普通数控车床的基础上,增加了C轴和动力头,更高级的车削加工中心带有刀库,可控制X、Z和C三个坐标轴,联动控制轴可以是(X、Z)、(X、C)或(Z、C)。由于增加了C轴和铣削动力头,这种数控车床的加工功能大大增强,除进行一般车削外,还可以进行径向和轴向铣削、曲面铣削、中心线不在零件回转中心的孔和径向孔的钻削等加工,如图8-6(c)所示。

(a)经济型数控车床

(b)全功能数控车床

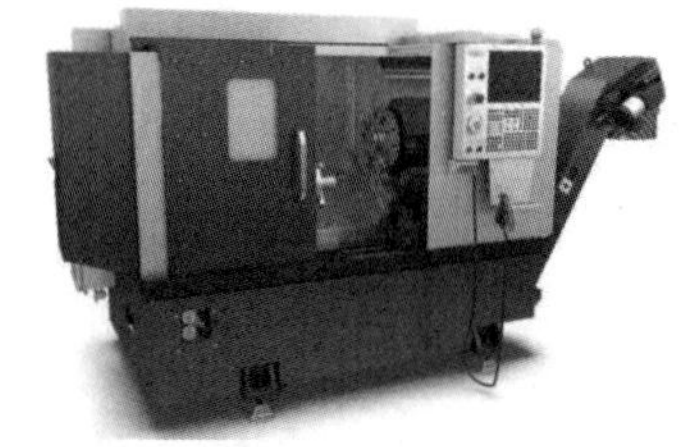

(c)车削加工中心

图8-6　数控车床按功能分类

5.其他分类方法

按数控系统的不同控制方式等指标分,数控车床可以分很多种类,如直线控制数控车床、两主轴控制数控车床等;按特殊或专门工艺性能分,数控车床可分为螺纹数控车床、活塞数控车床、曲轴数控车床等多种。

8.2.3 数控车床特点及组成

1.数控车床特点

现代数控机床集高效率、高精度、高柔性于一身，具有许多普通机床无法实现的特殊功能，它具有如下特点。

(1)加工精度高

数控机床加工同批零件尺寸的一致性好，加工精度高，加工质量稳定，产品合格率高。中、小型数控机床的定位精度可达0.005mm，重复定位精度可达0.002mm。数控机床按预定的零件加工程序自动加工，加工过程不需要人工干预。加之数控机床本身的刚度好，精度高，而且还可以利用软件进行精度校正和补偿。因此可以获得比机床本身精度还要高的加工精度和重复精度。

(2)生产效率高

数控机床具有良好的结构刚性，可进行大切削用量的强力切削，有效地节省机动时间，还具有自动变速、自动换刀、自动交换工作和其他辅助操作自动化等功能，使辅助时间缩短，而且无需工序间的检测和测量，所以数控机床生产效率比一般普通机床高得多。

(3)自动化程度高

数控机床的加工，是输入事先编写好的零件加工程序后自动完成的，除了装卸零件、安装刀具、操作键盘、观察机床运行之外，其他的机床动作直至加工完毕，都是自动连续完成，大大减轻了操作者的劳动强度，改善了劳动条件，减少了操作人员的人数，有利于现代化的生产管理，可向更高级的制造系统发展。

(4)对加工对象的适应性强

数控机床是一种高度自动化和高效率的机床，可适应不同品种和尺寸规格工件的自动加工。当加工对象改变时，只要改变数控加工程序，就可改变加工工件的品种，为复杂结构的单件、小批量生产以及试制新产品提供了极大的便利，特别是那些普通机床很难甚至无法加工的精密复杂表面，数控机床也能实现自动加工。

(5)经济效益好

数控机床虽然设备昂贵，加工时分摊到每个工件上的设备折旧费较高，但在单件、小批量生产情况下，使用数控机床加工，可节省划线工时，减少调整、加工和检验时间，节省直接生产费用和工艺装备费用。数控机床的加工精度稳定，减少了废品率，使生产成本进一步下降。此外，数控机床可实现一机多用，节省厂房面积和建设投资。因此，使用数控机床仍可获得良好的经济效益。

2.数控车床组成

数控车床一般由数控系统、伺服单元、驱动装置(或称执行机构)及电气控制装置、辅助装置、机床本体、测量反馈装置等组成，如图8-7所示。

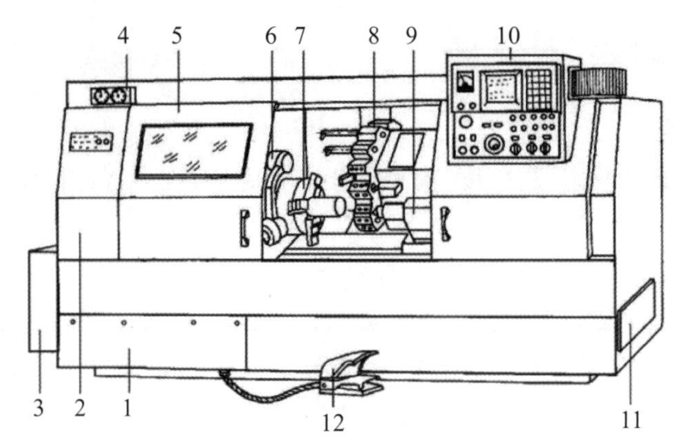

图 8-7 CK6140 数控车床

1—床身;2—主轴箱;3—切削液系统;4—压力表;5—护罩;6—机内对刀仪;7—液动卡盘;8—回转刀架及纵横滑板;9—尾座;10—控制面板;11—清屑系统;12—脚踏开关

(1)数控系统

数控系统是数控车床的核心,由硬件和软件两部分组成,接收输入装置输入的加工信息,将其加以信息识别、数据存储、插补运算,并输出相应的控制,使机床实现各种动作功能。目前常用的数控系统有日本的发那科(FANUC)和三菱(MITSUBISHI),德国的西门子(SIEMENS)和海德汉(HEIDENHAIN),美国的哈斯(Haas),我国的华中数控、广州数控和凯恩帝数控等。

(2)机床本体

机床本体是数控车床主体,用于完成各种切削加工,由床身、立柱、主轴箱、刀架、尾座、进给机构等机械部件组成。

(3)驱动装置

数控机床执行机构的驱动部件,包括主轴驱动单元、进给单元、主轴电机及进给电机等。在数控装置的控制下通过电气或电液伺服系统实现主轴和进给驱动。当几个进给联动时,可以完成坐标定位,直线、平面、曲线和空间曲线的加工。

(4)辅助装置

辅助装置是指数控车床的配套部件,包括液压气动装置、冷却系统、排屑装置、交换工作台、数控转台和防护设备等。

8.2.4 数控车床型号

以工程训练中使用的数控车床 CK6140 为例,如图 8-8 所示,其字母与数字的含义如下:

C——机床型别代号,表示普通车床型;

K——结构特性,表示数控;

6——机床组别代号,表示落地及卧式车床;

1——机床类别代号,表示车床类;

40——主参数代号,表示最大车削直径的 1/10,即 400mm。

图 8-8 CK6140 数控车床

8.3　数控车床的编程加工

8.3.1　坐标系

数控车床坐标系统分为机床坐标系和工件坐标系(编程坐标系)。无论哪种坐标系统都规定与车床主轴轴线平行的方向为Z轴,且规定从卡盘中心至尾座顶尖中心的方向为正方向。在水平面内与车床主轴轴线垂直的方向为X轴,且规定刀具远离主轴旋转中心的方向为正方向。

1.机床坐标系

以机床原点为坐标原点建立起来的X、Z轴直角坐标系,称为机床坐标系,如图8-9所示。机床坐标系是机床固有的坐标系,它是制造和调整机床的基础,也是设置工件坐标系的基础。机床坐标系在出厂前已经调整好,一般情况下,不允许用户随意变动。

机床原点为机床上一个固定的点,车床的机床原点为主轴旋转中心与卡盘后的端面之交点。参考点也是机床上的一个固定点,该点是刀具退离到一个固定不变的极限点,其位置由机械挡块来确定。

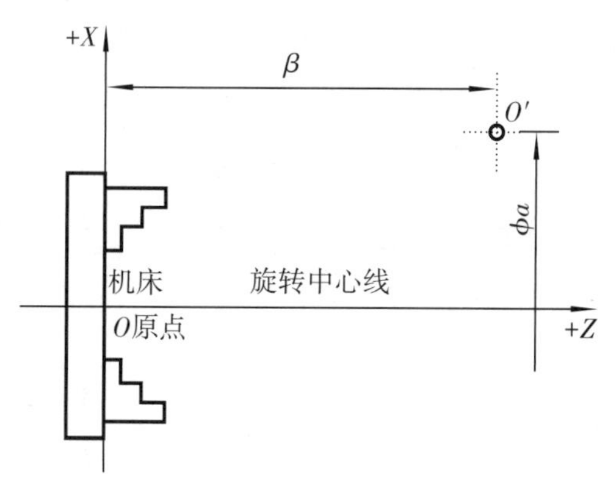

图8-9　机床坐标系

2.工件坐标系(编程坐标系)

工件坐标系是编程时使用的坐标系,所以又称为编程坐标系,如图8-10所示。数控编程时,应该首先确定工件坐标系和工件原点。

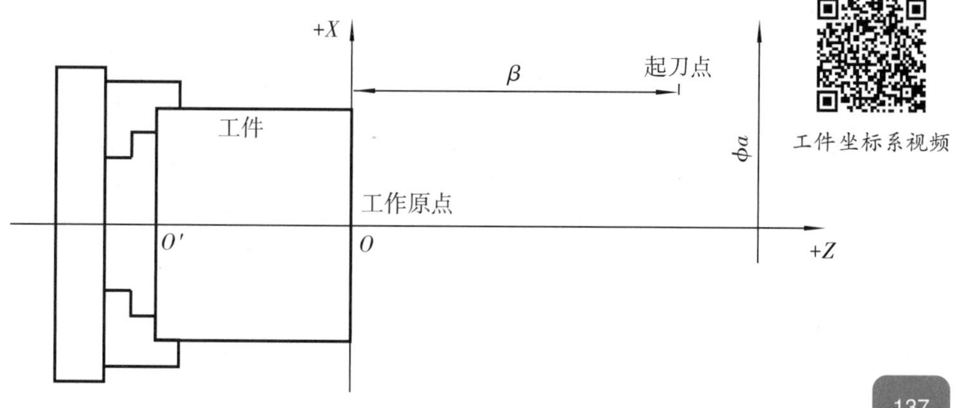

图8-10　工件坐标系

零件在设计中有设计基准,在加工过程中有工艺基准,编程时要尽量将工艺基准与设计基准统一,该基准点通常称为工件原点。

以工件原点为坐标原点建立的X、Z轴直角坐标系,称为工件坐标系。工件坐标系是由编程人员设定的,且要符合图样要求,从理论上讲,工件原点选在任何位置都是可以的,但实际上,为了编程方便以及各尺寸较为直观,应尽量把工件原点的位置选得合理些。

8.3.2 程序结构

由于使用数控系统不同,其代码功能的含义和格式不尽相同,即使完成相同的功能,所使用的编程指令也可能有所不同,所以编程时需要查看所使用的机床说明书。

这里以FANUC数控系统为例,一般程序段由下列功能字组成:

N___ G___ X___ Y___ Z___ F___ S___ T___ M___

程序段号 准备功能 坐标值 进给速度 主轴速度 刀具选择 辅助功能

1.准备功能

准备功能字G代码,用来规定刀具和工件的相对运动轨迹(即指令插补功能)、机床坐标系、坐标平面、刀具补偿、坐标偏置等多种加工操作。我国机械工业部根据ISO标准制定了JB3208-83标准,规定G代码由字母G及其后面的两位数字组成,从G00到G99共有100种代码,FANUC数控车床常用G代码功能如表8-1所示。

G代码分模态代码和非模态代码。

表8-1 FANUC数控车床常用G代码功能表

代码	组别	功能
G00	01	快速定位(快速移动)
G01		直线插补
G02		顺时针圆弧插补
G03		逆时针切圆弧插补
G04	00	暂停
G28		机床返回原点
G30		机床返回第2和第3原点
G40	07	取消刀尖半径偏置
G41		刀尖半径左偏置
G42		刀尖半径右偏置
G70	00	精加工循环
G71		内外径粗加工循环
G72		台阶粗加工循环
G73		封闭轮廓复合循环
G74		Z向步进钻削
G75		X向切槽

续表

代码	组别	功能
G76		切螺纹循环
G90	01	(内外直径)切削循环
G92		切螺纹循环
G94		(台阶)切削循环
G96	12	恒线速度控制
G97		恒线速度控制取消
G98	00	每分钟进给
G99		每转进给

2. 坐标功能字

坐标功能字(又称尺寸字)用来设定机床各坐标的位移量。它一般使用X、Y、Z、U、V、W、P、Q、R、A、B、C、D、E等地址符为首,在地址符后紧跟"+"(正)或"-"(负)及一串数字,该数字一般以系统脉冲当量(指数控系统能实现的最小位移量,即数控装置每发出一个脉冲信号,机床工作台的移动量,一般为0.0001~0.01mm)为单位。一个程序段中有多个尺寸字时,一般按上述地址符顺序排列。

3. 进给功能字

该功能字用来指定刀具相对工件运动的速度,数控车床默认其单位一般为mm/r。当进给速度与主轴转速有关时,如车螺纹、攻丝等,使用的单位为mm/r。进给功能字以地址符"F"为首,其后跟一串数字代码。

4. 主轴功能字

该功能字用来指定主轴速度,单位为r/min,它以地址符"S"为首,后跟一串数字。

5. 刀具功能字

当系统具有换刀功能时,刀具功能字用以选择替换的刀具。它以地址符"T"为首,其后一般跟两位数字,代表刀具的编号。

以上F功能、T功能、S功能均为模态代码。

6. 辅助功能字

辅助功能字M代码主要用于数控机床的开关量控制,如主轴的正、反转,切削液开、关,工件的夹紧、松开,程序结束等,主要用于完成加工操作时的辅助动作。常用的M指令见表8-2。

表8-2 常用辅助指令M代码表

M代码	功能	M代码	功能
M00	程序暂停	M08	冷却液开
M01	选择程序停止	M09	冷却液关
M02	程序结束	M30	程序结束并返回

续表

M代码	功能	M代码	功能
M03	主轴顺时针旋转	M98	调用子程序
M04	主轴逆时针旋转	M99	子程序结束,返回主程序
M05	主轴停止		

8.3.3 控制面板

控制面板视频

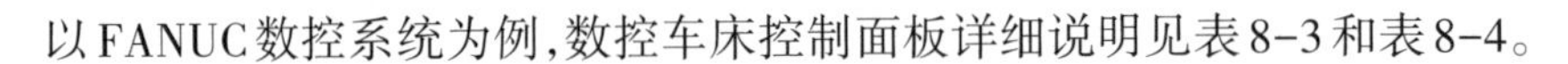

以FANUC数控系统为例,数控车床控制面板详细说明见表8-3和表8-4。

表8-3 FANUC数控车床控制面板

开关	名称	功用说明
ON OFF	CNC电源按钮	按下"ON"接通CNC电源 按下"OFF"关闭CNC电源
CYCLE START	循环启动按钮(带灯)	在AUTO方式下,选择要执行的程序后,按下此按钮,自动操作开始执行。在自动循环操作期间,按钮内的灯亮,在MDI方式下,数据输入完毕后,按下此按钮,执行MDI指令
FEED HOLD	暂停进给保持按钮	机床在自动循环期间按下此按钮,机床进给立即减速、停止,但主轴仍然在转动。再次按下循环启动按钮,程序可再次执行
MODE SELECT	模式选择软键	EDIT:编辑模式
		AUTO:自动模式
		MDI:手动数据输入模式
		HANDLE:手摇脉冲发生器操作模式(与AXISSELECT、HANDLE MULTIER、手摇脉冲发生器联合使用)
		JOG:手动慢速进给模式
		RAPID:手动快速进给模式
		ZRM:手动返回机床参考点模式
MANUAL PULSE GENERATOR	手摇脉冲发生器	当工作方式为手摇脉冲发生器操作方(HANDLE时,转动手摇脉冲发生器可以正方向或负方向进给各轴
AXISSELSCT	手摇脉冲进给轴选择开 关(旋钮)	用于选择手摇脉冲进给的轴XYZ
HANDLE MULTINLIER	手摇脉冲倍率开关(旋钮)	用于选择手摇脉冲进给时的最小脉冲当量(手摇脉冲发生器转一格,轴的移动量分别为1μm、10μm、100μm)
JOG AXIS SELECT	点动操作按钮	JOG方式时,可以正方向或负方向移动或进给各轴,移动或进给速度由进给速度修调开关(旋钮)控制
MACHINE POWER READY	POWER电源指示灯	主电源开关合上后,灯亮
	READY准备好指示灯	当机床复位按钮按下后,机床无故障时灯亮
SPINDLE SPEED	主轴转速修调开关(旋钮)	在AUTO或JOG时,在50%~150%范围内修调主轴转速

表8-4 FANUC数控车床按键说明

键	名称	功能详细说明
RESET	复位键	使CNC复位或者取消报警、主轴故障复位、中途退出自动运行操作等
HELP	帮助键	当对MDI键的操作不明白时，按下此键可以获得帮助功能
O~P	地址和数字键	输入字母、数字或者其他字符
SHIFT	上档键	输入键盘左上角字体较小的字母或者字符
INPUT	输入键	常用于数字和参数输入
CAN	取消键	删除编辑框内的数字和字符
ALTER	替换键	在编程时用于替换已在程序中的代码
INSERT	插入键	将输入框代码插入程序中
DELETE	删除键	删除输入框全部数值，若无数值则删除黄色光标选中代码
POS	位置显示键	显示坐标位置
PROG	程序显示键	显示机床程序信息
OFFSET SETTING	偏置/设置键	显示刀具偏置量数值、工作坐标系设定和主程序变量等，参数的设定与显示
SYSTEM	系统键	显示和设定参数表及自诊断表的内容
MESSAGE	报警键	显示报警信息
CUSTOM GRAPH	图形键	显示图形加工的刀具轨迹和参数
PAGE	光标移动键	用于在CRT屏幕页面上，按这些光标移动键，使光标向上、下、左、右等方向移动
	换页键	按下此键用于CRT屏幕选择不同的页面(前后翻页)
EOB	程序段号键	按下此键为输入程序段结束符号(;)接着自动显示新的顺序号
	屏幕底部软键	根据不同的画面，软键有不同的功能，功能显示在屏幕的底端，可根据左右箭头切换

8.3.4 数控车床常用指令介绍

1. 快速定位指令G00

格式:G00 X_ Z _

功能:G00指定刀具相对于工件以各轴预先设定的速度，从当前位置快速移动到程序段指令的定位目标点。

说明:

(1)X、Z为绝对编程时终点在工件坐标系中的坐标值，增量(相对)编程时终点相对于起点的位移量;U、W为增量(相对)编程时终点相对于起点的位移量。

(2)G00指令的快速移动速度由机床参数“快移进给速度”对各轴分别设定(决定于各轴的脉冲当量)，与所编F无关，因此不能用F指令限定G00的速度。

(3)G00指令一般用于加工前快速定位或加工后快速退刀,以提高工作效率。

(4)G00指令执行过程中,可由机床控制面板上的"快速修调"键调整快移速度。

(5)G00指令是模态指令,可由G01、G02、G03或G32功能注销。

(6)执行G00指令时,由于X、Z 轴以各自速度移动,因而各轴联动的合成轨迹不一定是一条直线,可能是折线,编程时必须格外小心,因快速定位指令进给速度较快,要避免刀具与工件或夹具发生碰撞,对不适合联动的场合,可采取先两轴单动。

2.直线插补指令G01

格式:G01 X_ Z _ F _

功能:直线插补指令的功能是刀具以程序中设定的进给速度,从某一点出发,直线移动到目标点。

说明:

(1)G01指令是在刀具加工直线轨迹时采用的,如车外圆、断面、内孔,切槽等。

(2)机床执行直线插补指令时,程序段中必须有F指令。刀具移动的快慢由F后面的数值大小来决定。

(3)G01和F都是模态指令,前一段已指定,后面的程序段都可不再重写,只需写出移动坐标值。

3.圆弧插补指令G02/G03

格式:G02/G03 X_ Z _ R _ F _

功能:刀具相对于工件以指定的速度从起始点到终点进行圆弧插补,G02为顺时针圆弧插补指令、G03为逆时针圆弧插补指令。

说明:

(1)圆弧插补用来编写圆弧或完整的圆,主要应用于外部和内部半径(过渡和局部半径)、圆柱型腔、圆球或圆锥、放射状凹槽、凹槽、圆弧拐角、螺旋切削甚至大的平底沉头孔等操作中。

(2)X、Z为圆弧的终点绝对坐标值,R为圆弧半径,当圆弧的起点到终点所夹圆心角小于等于180°时,R为正值。

(3)顺时针与逆时针的圆弧判断由走刀方向决定,不由圆弧形状确定。

4.精车循环G70

格式:G70 P(ns) Q(nf) U(Δu) W(Δu)

功能:用于在零件用粗车循环指令G71、G72或G73车削后进行精车。

说明:

(1)ns为精加工轮廓程序段中开始段的段号。

(2)nf为精加工轮廓程序段中结束段的段号。

(3)Δu为沿X方向的精车余量。

(4)Δw为沿Z方向的精车余量。

5.外圆粗车复合指令G71

格式:G71 U(Δd)R(e)

G71 P(ns) Q(nf) U(Δu) W(Δw) F(f) S(s) T(t)

功能:适合于采用毛坯为圆棒料,粗车需多次走刀才能完成的阶梯轴零件,如图8-11所示。

说明:

(1)Δd为切削深度(背吃刀量、每次切削量),半径值,无正负号。

(2)e为每次退刀量。

(3)ns为粗加工轮廓程序段中开始段的段号。

(4)nf为粗加工轮廓程序段中结束段的段号。

(5)Δu为留给X轴方向的粗加工余量,直径值。

(6)Δw为留给Z轴方向的粗加工余量。

(7)f、s、t为粗车时的进给量、主轴转速及所用刀具。而精加工时处于ns到nf程序段之内的F、S、T有效。功能:直线插补指令的功能是刀具以程序中设定的进给速度,从某一点出发,直线移动到目标点。

(8)G71仅可以使用在零件轮廓单调变化的情况。

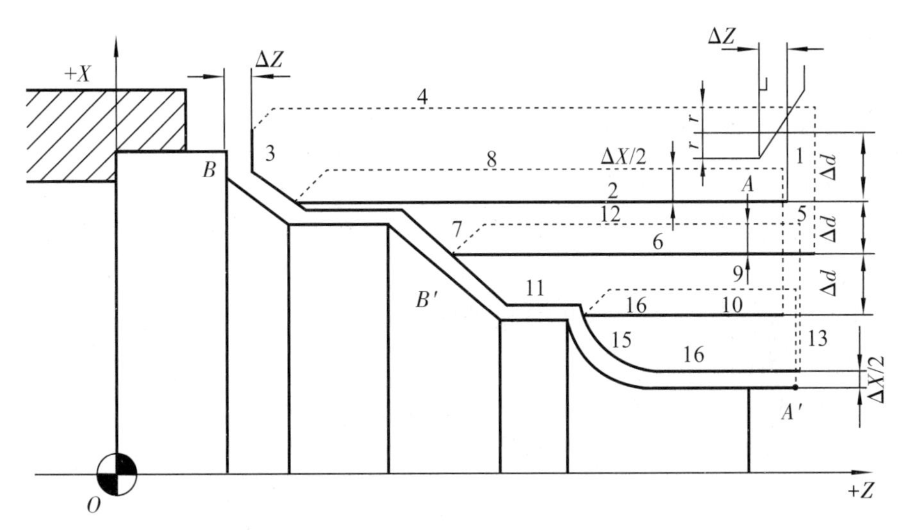

图8-11 外圆粗车复合指令G71

6.封闭轮廓复合循环指令G73

格式:G73 U(Δi) W(Δk) R(d)

G73 P(ns) Q(nf) X(Δu) Z(Δw) F

功能:按零件轮廓形状重复车削,每次平移一个距离,直至达到零件要求的位置,如图8-12所示。

说明:

(1)Δi为X轴方向粗车的总切削深度,半径值;

(2)Δk为Z轴方向粗车的总切削深度;

(3)d为重复加工的次数,如R5表示5次切削完成封闭切削循环。

(4)ns为粗车轨迹的第一个程序段的程序段号。

(5)nf为粗车轨迹的最后一个程序段的程序段号。

(6)Δu为X轴的粗加工余量,单位mm,直径值。

(7)Δw为Z轴的粗加工余量,单位mm。

(8)F为切削进给速度;

G73适用于已初成形毛坯的粗加工。

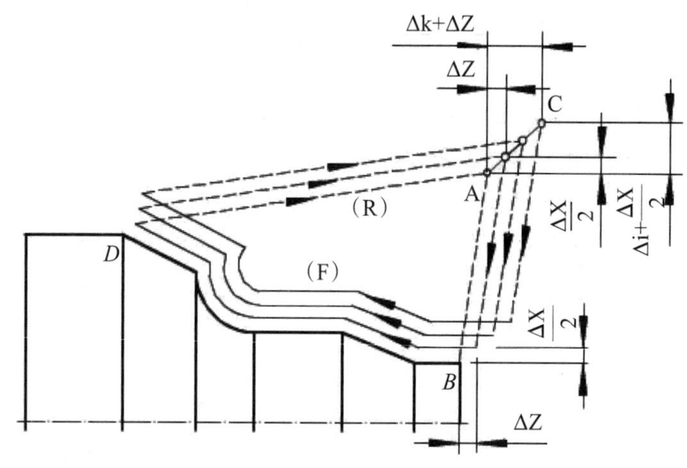

图8-12 封闭轮廓复合循环指令G73

7.螺纹切削单一循环指令G92

直螺纹格式:G92 X(U) Z(W) F

功能:该指令用于等螺距直螺纹、锥螺纹的循环切削,如图8-13所示。

说明:

(1)X(U)、Z(W)是螺纹终点的绝对(相对)坐标;

(2)F是螺纹螺距;

(3)R是螺纹起点半径与终点半径之差,有正负号;

(4)G92轨迹与G90直线车削循环类似。

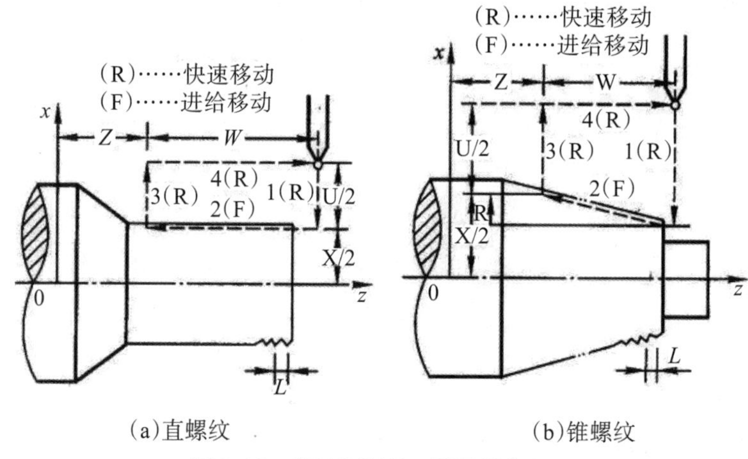

图8-13 螺纹切削单一循环指令G92

8.4 数控车削加工练习

8.4.1 数控车床安全操作规程

1.工作前

操作前按规定穿防护服,袖口扣紧,严禁戴手套。女生必须戴好安全帽,辫子应放入帽内,不得穿短裤、裙子、拖鞋。

2.工作中

(1)操作者要熟悉机床的一般性能、结构和传动系统,严禁超性能使用。

(2)主电动机启动后,应首先通过床头箱油窗,检查润滑油泵工作是否正常,看见油窗有油流动后,方可启动主轴。

(3)各润滑部位必须按润滑图标规定按期加油,注入的润滑油必须清洁。

(4)不得随意改变机床参数和内部程序。

(5)加工前,确认工件、刀具是否夹紧固定。停机后才能清除刀具和工作台上的切屑。

(6)机床运转时,关上安全防护门。不允许用手接近旋转部件,也不要进入安全防护罩内。

(7)定期清洗刀座和上刀架之间的污物和冷却液,以保持刀座的重复定位精度。

(8)使用中心架时,应对工作支承面进行润滑。

(9)装卸工件或操作者离开机床时必须停止主电机的运转。

(10)不准用湿手去触摸开关,且操作开关时不要戴手套,防误操作。

(11)不准在机床运转时离开工作岗位,因故离开时,必须停车并切断电源。

3.工作后

(1)工作后,应将刀架平均分配在导轨上,尾架退到最后并切断电源。

(2)工作完毕,切断电源,做好设备和工作场地的清扫工作。实行文明作业。

8.4.2 数控车削加工案例

例8-1 在数控车床上加工如图8-14所示的葫芦。

例8-1视频

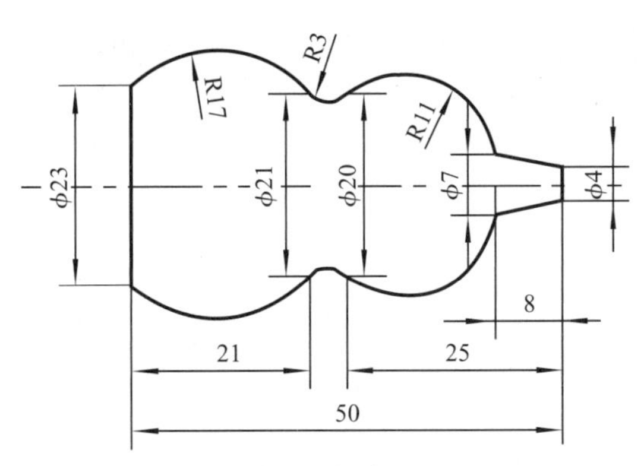

图8-14 简单外轮廓加工练习图

1.加工分析

此零件外轮廓简单，没有内孔、槽及螺纹，整体形状非单调，则采用G73指令加工后切断即可。

2.葫芦加工工艺卡

葫芦加工工艺卡见表8-5。

表8-5　葫芦加工工艺卡

零件图号	图8-14	葫芦加工工艺卡		毛坯材料	MC尼龙
车床型号	CK6140S			毛坯尺寸	ϕ32mmx100mm
刀具		量具		夹具、工具	
T0101	93°外圆尖形车刀	1	游标卡尺（0~150mm）	1	自定心卡盘
T0202	93°外圆尖形车刀	2	外径千分尺（0~25mm）	2	垫刀片若干
T0303	4mm宽切断刀	3	外径千分尺（25~50mm）	3	车床常用辅具
				4	毛刷、油枪
工序	工序内容	切削用量			备注
		主轴转速/（r/min）	进给速度/（mm/r）	背吃刀量/mm	
1	开机、复位、回零				建立机床坐标系
2	分别将所有刀具对应地装到刀架上				注意装刀高度和伸出长度
3	用自定心卡盘装夹毛坯、伸出长度95mm				注意毛坯找正夹紧
4	对刀	试切法对刀，以刀架号顺序依次对刀			
5	输入程序				
6	校验程序				
7	1号刀粗加工外轮廓，留加工余量0.5mm	600	0.15	0.3	
8	2号刀精加工外轮廓至图样尺寸要求	800	0.1	0.5	
9	3号刀切断	600	0.15		切断刀必须与工件轴线垂直，保证总长
10	去除毛刺				锉刀处理
11	精度检查				
12	清理卫生、保养机床				

3. 参考程序及注释

外轮廓加工的参考程序及注释见表8-6。

表8-6　简单外轮廓加工的参考程序及注释

程　序	注　释
O0001	程序名
M03 S600	主轴正转，转速600r/min
T0101 G99	一号刀具一号刀补，进给每转进给
G00 X32 Z2	快速定位至循环起始点x32 z2
G73 U14 R7	仿形粗加工，循环7次
G73 P10 Q20 U0.5 F0.3	仿形粗加工参数设定
N10 G00 X4	仿形粗加工开始
G01 Z0 F0.1	
X7 Z-8	
G03 X20 Z-25 R11	
G02 X21 Z-29 R3	
G03 X23 Z-50 R15	
N20 G01 Z-54	仿形粗加工结束
G00 X50 Z50	退刀至换刀点
T0202 S800	选择二号刀精加工，转速800r/min
G00 X32 Z2	循环起始坐标点
G70 P10 Q20 F0.1	精加工参数
G00 X50 Z50	退刀至换刀点
T0303 S600	选择三号切断刀，转速600r/min
G00 X34 Z-54	切断点
G01 X0 F0.1	切断
G00 X50 Z50	退刀
M30	程序结束并返回起始点

例8-2　在数控机床上加工如图8-15所示零件。

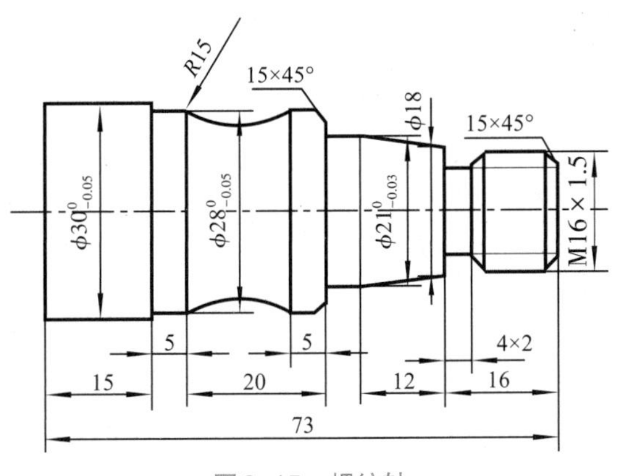

图8-15　螺纹轴

例8-2视频

1.加工分析

此零件属于典型的轴类零件，加工时用三爪卡盘装夹零件，零件相对比较简单，只需要进行一次装夹，整体形状呈非单调变化，所以使用G73指令从右往左进行加工，退刀槽和切断采用G01，中间圆弧采用G02。

2.螺纹轴加工工艺卡

螺纹轴加工工艺卡见表8-7。

表8-7　螺纹轴加工工艺卡

<table>
<tr><td>零件图号</td><td>图8-15</td><td colspan="3" rowspan="2">螺纹轴加工工艺卡</td><td colspan="2">毛坯材料</td><td>MC尼龙</td></tr>
<tr><td>车床型号</td><td>Ck6140S</td><td colspan="2">毛坯尺寸</td><td>ϕ32mm×100mm</td></tr>
<tr><td colspan="2">刀具</td><td colspan="3">量具</td><td colspan="3">夹具、工具</td></tr>
<tr><td>T0101</td><td>93°外圆尖形车刀</td><td>1</td><td colspan="2">游标卡尺（0~150mm）</td><td>1</td><td colspan="2">三爪卡盘</td></tr>
<tr><td>T0202</td><td>93°外圆尖形车刀</td><td>2</td><td colspan="2">外径千分尺（0~25mm）</td><td>2</td><td colspan="2">垫刀片若干</td></tr>
<tr><td>T0303</td><td>4mm宽切断刀</td><td>3</td><td colspan="2">外径千分尺（25~50mm）</td><td>3</td><td colspan="2">车床常用辅具</td></tr>
<tr><td>T0404</td><td>三角形外螺纹刀
（牙型60°）</td><td>4</td><td colspan="2">深度尺、游标万能角度尺、R规</td><td>4</td><td colspan="2">毛刷、油枪</td></tr>
<tr><td rowspan="2">工序</td><td colspan="2" rowspan="2">工序内容</td><td colspan="3">切削用量</td><td colspan="2" rowspan="2">备注</td></tr>
<tr><td>主轴转速/（r/min）</td><td>进给速度/（mm/r）</td><td>背吃刀量/mm</td></tr>
<tr><td>1</td><td colspan="2">开机、复位、回零</td><td></td><td></td><td></td><td colspan="2">建立机床坐标系</td></tr>
<tr><td>2</td><td colspan="2">分别将所有刀具对应地装到刀架上</td><td></td><td></td><td></td><td colspan="2">注意装刀高度和伸出长度</td></tr>
<tr><td>3</td><td colspan="2">用自定心卡盘装夹毛坯、伸出长度95mm</td><td></td><td></td><td></td><td colspan="2">注意毛坯找正夹紧</td></tr>
<tr><td>4</td><td colspan="2">对刀</td><td colspan="3">试切法对刀，以刀架号顺序依次对刀</td><td colspan="2"></td></tr>
<tr><td>5</td><td colspan="2">输入程序</td><td></td><td></td><td></td><td colspan="2"></td></tr>
<tr><td>6</td><td colspan="2">校验程序</td><td></td><td></td><td></td><td colspan="2"></td></tr>
<tr><td>7</td><td colspan="2">1号刀粗加工外轮廓，留加工余量0.5mm</td><td>600</td><td>0.3</td><td>1</td><td colspan="2"></td></tr>
<tr><td>8</td><td colspan="2">2号刀精加工外轮廓至图样要求尺寸</td><td>800</td><td>0.1</td><td>0.5</td><td colspan="2"></td></tr>
<tr><td>9</td><td colspan="2">3号刀切槽以及倒角</td><td>600</td><td>0.15</td><td></td><td colspan="2">切断刀必须与工件轴线垂直</td></tr>
<tr><td>10</td><td colspan="2">4号刀加工螺纹</td><td>800</td><td></td><td></td><td colspan="2"></td></tr>
<tr><td>11</td><td colspan="2">3号刀切断</td><td>600</td><td>0.15</td><td></td><td colspan="2">保证总长</td></tr>
<tr><td>12</td><td colspan="2">去除毛刺</td><td></td><td></td><td></td><td colspan="2"></td></tr>
<tr><td>13</td><td colspan="2">精度检查</td><td></td><td></td><td></td><td colspan="2"></td></tr>
<tr><td>14</td><td colspan="2">清理卫生、保养机床</td><td></td><td></td><td></td><td colspan="2"></td></tr>
</table>

3. 参考程序及注释

外轮廓加工的参考程序及注释见表8-8。

表8-8 外轮廓及螺纹加工的参考程序及注释

程 序	注 释
O0001	程序名
M03 S600	主轴正转,转速600r/min
T0101 G99	一号刀具一号刀补,进给每转进给
G00 X32 Z2	快速定位至循环起始点,x32 z2
G73 U9.5 R5	仿形粗加工,循环5次
G73 P10 Q20 U0.5 F0.3	仿形粗加工参数设定
N10 G00 X13	仿形粗加工开始
G01 Z0 F0.1	
X16 Z-1.5	
Z-16	
X18	
X21 Z-28	
Z-33	
X25	
X28 Z-34.5	
Z-38	
G02 X28 Z-53 R15	
G01 Z-58	
X30	
N20 Z-77	仿形粗加工结束
G00 X50 Z50	退刀至换刀点
T0202 S800	选择二号刀精加工,转速800r/min
G00 X32 Z2	
G70 P10 Q20 F0.1	精加工参数
G00 X50 Z50	退刀至换刀点
T0303 S600	选择三号刀切断,转速600r/min
G00 X20 Z-14.5	倒角加工
G01 X16 F0.1	切槽
X13 Z-16	
X12	
G00 X50	X方向退刀
Z50	Z方向退刀

续表

程 序	注 释
T0404 S800	选择四号螺纹刀,转速800r/min
G00 X18 Z2	
G92 X15 Z-14 F1.5	螺纹加工
X14.5	
X14.2	
X14.05	
G00 X50 Z50	退刀至换刀点
T0303 S600	选择三号切断刀,转速600r/min
G00 X34 Z-77	快速定位至切断点
G01 X0 F0.1	切断
G00 X50 Z50	退刀
M30	程序结束并返回起始点

第9章 加工中心技能训练

9.1 加工中心概述

9.1.1 加工中心特点

加工中心最初是从数控铣床发展而来的。第一台加工中心是1958年由美国卡尼·特雷克公司在数控卧式镗铣床的基础上增加自动换刀装置研制成功。所以加工中心和数控铣床最大区别在于具有自动换刀功能的刀库,从而实现工件一次装夹后即可进行铣削、钻削、镗削、铰削和攻丝等多种工序集中的加工。因此,加工中心的特点有:

1.工序集中

加工中心具有自动换刀功能的刀库,工件在一次装夹后,能完成多道工序加工。按不同工序编制数控程序,执行后,加工中心能自动选择和更换刀具,自动改变机床主轴转速、进给量和刀具相对工件的运动轨迹,以及其他辅助功能,实现多表面、多特征、多工位的连续、高效、高精度加工,即工序集中。

2.对加工对象的适应性强

加工中心生产的柔性在于,随着CAD/CAM技术成熟发展,配合四轴联动、五轴联动加工中心能满足形状复杂零件的加工需求,对特殊要求能快速反应,还能快速实现批量生产,提高市场竞争能力。

3.加工精度高

加工中心生产由数控程序自动控制,避免长工艺流程,减少人为干扰。选择合理的切削参数,让加工精度更高,加工质量更稳定。

4.生产效率高

零件加工所需要的时间包括机动时间与辅助时间两部分。加工中心带有刀库和自动换刀装置,在一台机床上能集中完成多种工序,因而可减少工件装夹、测量和机床的调整时间,减少工件半成品的周转、搬运和存放时间,使机床的切削利用率(切削时间和辅助时间之比)高于普通机床3~4倍,达80%以上。加工中心在首件试切调试完成,程序和相关生产信息储存后,后期批量生产时调用方便。

5.操作者劳动强度减轻

加工中心对零件的加工是按照程序内容自动完成的,操作者除了面板控制、装卸零件、进行关键工序的中间测量以及观察机床的运行之外,不需要进行繁重的重复性手工操作,劳动强度和紧张程度均可大大减轻,劳动条件也得到很大的改善。

6.管理现代化

加工中心生产加工零件,能够准确地计算零件的加工工时,并有效地简化检验、工装夹具、半成品的管理工作。这些特点有利于使生产管理现代化,加上CAD/CAM集成软件的生产管理模块,实现计算机辅助生产管理。

9.1.2 加工中心组成

1.机床本体

机床本体是加工中心的基础结构,由床身、立柱和工作台等组成,主要承受加工中心的静载荷以及在加工时产生的切削负载,因此必须要有足够的刚度,可以是铸铁件也可以是焊接而成的钢结构件,是加工中心中体积和重量最大的部件。

2.主轴部件

由主轴箱、主轴电动机、主轴和主轴轴承等零件组成,如图9-1所示。主轴转动、停止和变速等动作均由数控系统控制,并且通过装在主轴上的刀具参与切削运动,是切削加工的功率输出部件,是加工中心的关键部件,它决定加工中心的加工精度及稳定性。

图9-1 机床主轴

3.数控系统

加工中心的数控部分是由CNC装置、可编程控制器PLC、伺服驱动装置以及操作面板等组成。

4.自动换刀系统

由刀库、机械手驱动机构等部件组成。当需要换刀时,数控系统发出指令,由机械手(或通过其他方式)将刀具从刀库内取出装入主轴孔中。它解决工件一次装夹后多工序连续加工中,工序与工序之间的刀具自动储存、选择、搬运和交换的任务。

刀库是存放加工过程中所使用的全部刀具的装置。根据刀库存放刀具的数目和取刀方式不同有下面两种分类及其特点:

(1)按机械结构划分

盘式刀库的特点是结构紧凑,但因刀具单环排列,定向使用率较低,大容量刀库的外径较大,转动惯量大,因此这种刀库容量较小,一般不超过32把刀,一般应用在小型加工中心上。在刀库刀具容量小的情况下,其选刀运动时间短、效率高、换刀可靠性较高,如图9-2所示。

图9-2　盘式刀库

链式刀库的特点是容量较大。当采用多环链式刀库时，刀库的外形较紧凑，占用空间小，适合做大容量刀库。基于这些优点，链式刀库在加工中心应用得非常广泛，如图9-3所示。

图9-3　链式刀库

(2)按换刀方式划分

主轴直接取刀方式一般应用在盘式刀库上，无机械手的盘式刀库俗称斗笠式刀库，其结构简单，成本较低，而且容易控制，因而在小型加工中心得到广泛的应用。这种刀库的特点是刀库具有前后两个位置，刀库前位时刀库最外的刀具正好与主轴套在同条轴线上。通过气动或者液压装置使刀库在两个位置上前后移动，通过两个行程开关确认刀库的前后位置。这种刀库另外一个特点是采用固定刀位管理，即每个刀套只用于安装一把固定刀具。固定刀位换刀过程需要两次完成，首先把主轴的刀具放回刀具的原来位置，然后再从刀库中取出要选择的刀具，这样换刀效率低，一般用于刀库容量比较少的刀库选刀控制。

主轴直接取刀方式主要缺点是容量小，在换刀抓松刀过程中主轴会对刀库刀盘有一定挤压力，容易造成刀库旋转体变形、断裂等现象。

带机械手的刀库，换刀速度快，在零件程序运行的同时，刀库可以将下一把刀具提前转到换刀位置。换刀指令生效后，机械手将主轴刀套内的刀具与刀库换刀位置刀套内的目标刀具直接交换。在整个换刀过程中对刀库冲击小，带机械手的刀库增加了机械手的控制，因而相关的PLC应用程序也相对复杂，机械手的控制方法因厂家不同，通常采用以下几种控制方式:液压控制、异步电机控制、凸轮控制机械手。

机械手换刀主要缺点是由于在换刀过程中动作较多,使其换刀故障率较高,排故过程较复杂。

(3)按照刀具管理方式划分

固定刀位管理是在加工前,将加工所需要的刀具依照工艺次序插入刀库刀套中,顺序不能有差,每一把刀具只对应一个刀套。加工时按照固定刀的位置进行调刀、还刀。

如1号刀具对应安装在1号刀套内,20号刀具对应安装在20号刀套内。在换刀过程中,如果主轴需要从1号刀更换为20号刀具时,首先需要刀库转动到1号刀套位置进行1号刀具的还刀动作,还刀后刀库转动到20号刀具再进行取刀动作。不管一把刀具被调用多少次,其刀具、刀套对应位置都不会改变。

按固定刀位管理的刀库一般使用在容量较少的刀库上,其特点是刀具管理简单,换刀设计控制容易。

随机刀位管理刀库中刀具排列的顺序与工件的加工顺序无关。换刀过程中主轴上刀具就近放入刀库内空刀套上,通过计算确定刀库中刀具与实际刀套对应位置,在换取刀具时刀库直接转动到相应刀套位置进行换刀动作。

随机刀位管理刀库的特点是换刀速度快,同把刀每次换刀对应的刀套位置不确定,刀库管理复杂。

5.辅助装置

辅助装置包括润滑、冷却、排屑、防护、液压、气动和检测系统等部分。这些装置虽然不直接参与切削运动,但对加工中心的加工效率、加工精度和可靠性起着保障作用,因此也是加工中心中不对缺少的部分。

6.APC自动托盘交换系统

为了实现进一步的无人化或进一步缩短辅助时间,有的加工中心会采用多个自动交换工作台方式储备工件,一个工件安装在工作台上进行加工的同时,另外一个或几个工作台还可以装卸别的零件,当完成一个工作台上的零件的加工后,便自动交换工作台,进行新零件的加工,这样可以减少辅助时间,提高加工效率,如图9-4所示。

图9-4 卧加双工作台

9.1.3　加工中心分类

1.立式加工中心

结构形式多为固定立柱式，如图9-5所示，工作台为长方形，适合加工盘套板类零件。立式加工中心通常有三个直线运动坐标（*XYZ*轴），还可以在工作台上安装一个第四轴*A*轴。立式加工中心装夹方便，便于操作、观察加工情况、调试程序，但受立柱高度和换刀机构的影响，不能加工太高的零件。立式加工中心结构简单，占地面积小，价格较低。

图9-5　立式加工中心

2.卧式加工中心

通常采用移动式立柱，主轴箱在两立柱之间，沿导轨上下移动，如图9-6所示。卧式加工中心通常有三个直线运动坐标，面对机床，左右移动为*X*轴，前后移动为*Z*轴，上下移动为*Y*轴。卧式加工中心还可以在工作台上安装一个第四轴*A*轴，可以加工螺旋线类圆柱凸轮等零件。卧式加工中心在调试程序和首件试切时，不方便观察和监视，零件装夹和测量不方便。卧式加工中心排屑容易，适用于模具内腔和较大箱体零件加工。卧式加工中心与立式加工中心相比结构复杂，占地面积大，价格较高。

图9-6　卧式加工中心

3.龙门加工中心

其主轴多数为垂直设置，带有ATC系统，并带有可更换的主轴头附件，系统软件功能较多,能一机多用,适合加工大型零件,如图9-7所示。

图9-7 龙门加工中心

4.万能加工中心

万能加工中心即五轴或多轴加工中心,如图9-8所示,具有立式加工中心和卧式加工中心的功能,工件一次装夹后,能完成除安装面以外的所有侧面和顶面的加工。常见的万能加工中心有:

(1)主轴可以旋转90°,既可以像立式加工中心那样工作,也可以像卧式加工中心那样工作。

(2)主轴不改变方向,工作台带着工件旋转90°,完成对其他面的加工。

图9-8 龙门加工中心

按工作台的数量和功能分,有单工作台加工中心、双工作台加工中心和多工作台加工中心。

9.1.4 加工中心工艺基础

1.工序划分

在加工中心上加工的零件,一般按工序集中原则划分工序,划分方法如下:

(1)按所用刀具划分

以同一把刀具完成的那一部分工艺过程为一道工序,这种方法适用于工件的待加工表面较多、机床连续工作时间较长、加工程序的编制和检查难度较大等情况。加工中心常用这种方法规划。

(2)按安装次数划分

以一次安装完成的那一部分工艺过程为一道工序,这种方法适合用于加工内容不多的工件,加工完成后就能达到待检状态。

(3)按粗、精加工划分

即粗加工中完成的那部分工艺过程为一道工序,精加工中完成的那一部分工艺过程为一道工序。这种划分方法适用于加工后变形较大,需粗、精加工分开的零件,如毛坯为铸件、焊接件或锻件。

(4)按加工部位划分

即以完成相同型面的那一部分工艺过程为一道工序,对于加工表面多而复杂的零件,可按其结构特点(如内形、外形、曲面和平面等)划分成多道工序。

2. 加工顺序

(1)基面先行原则

用作精基准的表面应优先加工,因为定位基准的表面越精确,装夹误差就越小。例如轴类零件总是先加工中心孔,再以中心孔为精基准加工外圆表面和端面。箱体类零件总是先加工定位用的平面和两个定位孔,再以平面和定位孔为精基准加工孔系和其他平面。

(2)先粗后精原则

各个表面的加工顺序按照粗加工→半精加工→精加工→光整加工的顺序依次进行,逐步提高表面的加工精度和减小表面粗糙度值。

(3)先主后次原则

零件的主要工作表面、装配基面应先加工,从而能及早发现毛坯中主要表面可能出现的缺陷。次要表面可穿插进行,放在主要加工表面加工到一定程度后,最终精加工之前进行。

(4)先面后孔原则

对箱体、支架零件,平面轮廓尺寸较大,一般先加工平面,再加工孔和其他尺寸,这样安排加工顺序一方面用加工过的平面定位,稳定可靠;另一方面在加工过的平面上加工孔,比较容易,并能提高孔加工的精度,特别是钻孔,孔的轴线不易偏。

9.1.5 加工中心型号

不同厂家的加工中心型号表示含义各不相同,以VMC850加工中心机床为例,如图9-9所示,其字母与数字的含义如下:

V——主轴水平代号,表示立式;

MC——机床组别,表示加工中心英文缩写(Machining Center);

850——行程代号,表示XY最大行程为800mm×500mm。

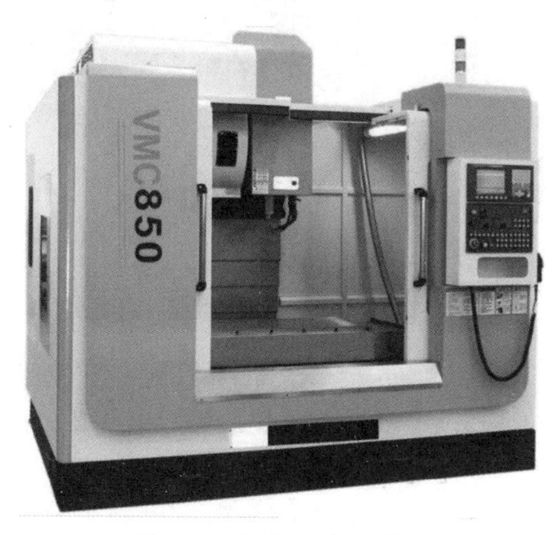

图9-9 VMC850加工中心

9.2 加工中心编程

9.2.1 编程方法

数控编程方法有手工编程和自动编程两种。

手工编程是指从零件图样分析、工艺处理、数据计算、编写程序、输入程序到程序校验等各步骤主要由人工完成的编程过程。适用于点位加工或几何形状不太复杂的零件加工，以及计算较简单、程序段不多、编程易于实现的场合。

自动编程也称为计算机（或编程机）辅助编程，即程序编制工作的大部分或全部由计算机完成，如完成坐标值计算、编写零件加工程序等，有时甚至能帮助进行工艺处理。自动编程编出的程序还可通过计算机或自动绘图仪进行刀具运动轨迹的图形检查，编程人员可以及时检查程序是否正确，并及时修改。自动编程大大减轻了编程人员的劳动强度，提高效率几十倍乃至上百倍，同时解决了手工编程无法解决的许多复杂零件的编程难题。工件表面形状愈复杂，工艺过程愈烦琐，自动编程的优势愈明显。

自动编程的主要类型有数控语言编程（如APT语言）、图形交互式编程（如CAD/CAM软件）、语音式自动编程和实物模型式自动编程等。

9.2.2 坐标系

1. 坐标轴

以机床的一个直线进给运动或一个圆周进给运动来定义一个坐标轴，我国标准GB/T 19660—2005规定采用右手直角笛卡儿坐标系，即直线进给运动用直角坐标系X、Y、Z表示，常称为基本坐标系。X、Y、Z坐标的相互关系用右手定则确定。围绕X、Y、Z轴旋转的圆周进给坐标轴分别用A、B、C坐标表示，其正向根据右手螺旋定则确定，如图9-10所示。

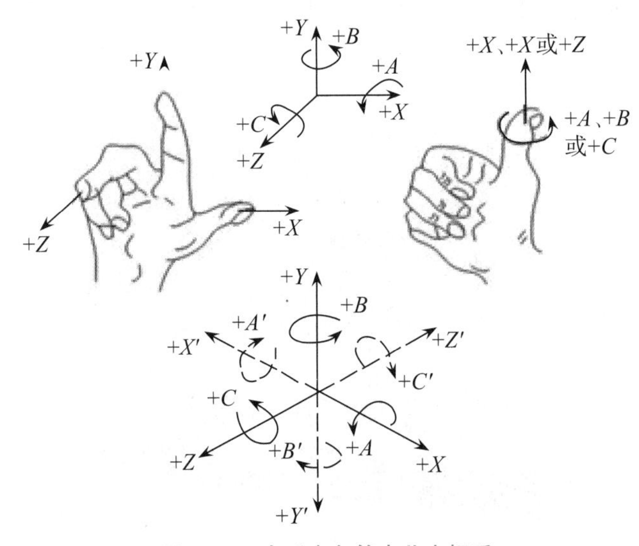

图9-10 右手直角笛卡儿坐标系

为方便数控加工程序的编制以及使程序具有通用性，目前国际上数控机床的坐标轴和运动方向均已标准化。标准规定，在加工过程中无论是刀具移动、工件静止，还是工件移动、刀具静止，一般都假定工件相对静止不动，而刀具在移动，并同时规定刀具远离工件的方向作为坐标轴的正方向。

(1)*X*轴

规定*X*坐标轴为水平方向，且垂直于*Z*轴并平行于工件的装夹面。对于工件旋转的机床（如车床、外圆磨床等），*X*坐标的方向是在工件的径向上，且平行于横向滑座。同样，取刀具远离工件的方向为*X*坐标的正方向。对于刀具旋转的机床（如铣床、镗床等）则规定：当*Z*轴为水平时，从刀具主轴后端向工件方向看，向右方向为*X*轴的正方向；当*Z*轴为垂直时，面对刀具主轴向立柱方向看，向右方向为*X*轴的正方向。

(2)*Y*轴

垂直于*X*、*Z*坐标。在确定了*X*、*Z*坐标的正方向后可按右手定则确定*Y*坐标的正方向。

(3)*Z*轴

规定平行于机床主轴（传递切削动力）的刀具运动坐标为*Z*坐标，取刀具远离工件的方向为正方向(+*Z*)。

2.机床坐标系

机床坐标系原点也称机械原点、参考点、零点，是机床调试和加工时十分重要的基准点，由机床生产厂家设定，用以确定工件、刀具等在机床中的位置，通常开机后或自动换刀时都要使用机床回零，是其他所有坐标系的参照系。

所谓回零就是使运动部件回到机械原点，机械原点一般设在刀具或工作台的最大行程处，并且在机床标准坐标系的正方向。

3.工件坐标系

工件坐标系是编程人员根据零件图编写程序时，在工件上建立的坐标系，以确定零件轮廓上各节点的坐标值。工件坐标系的原点方位为工件原点，也称编程原点。理论上，工件原点的设置是随意的，但实际上，它是编程人员依据零件特色为了编程方便以及尺寸的直观性而设定的。对加工中心来说，在准确挑选工件原点后，才能建立工件坐标系。

工件原点的选用准则：

(1)应使工件原点与零件的设计基准相重合。

(2)应使编制数控程序时的运算最为简单，避免出现尺寸链的计算误差。

(3)引起的加工误差最小。

(4)工件原点应选在容易找正且在加工过程中便于测量的位置。

工件原点的位置，对零件进行数学处理时就已经规定好了，零件在机床上装夹好后，这一点也就确定，但它是随工件装夹位置的不同而改变的。所以，工件坐标系在机床上根据需要是可以变动的。

机床坐标系与工件坐标系的关系如图9-11所示。一般说来，工件坐标系的坐标轴与机床坐标系相应的坐标轴相平行，方向也相同，但原点不同。在加工中，工件随夹具在机床上安装后，要测量工件原点与机床原点之间的坐标距离，这个距离称为工件原点偏置，这个偏置值需要预设在机床系统中。在加工时，工件原点偏置值能自动加到工件坐标系上，使数控系统按机床坐标系确定加工时的坐标值。

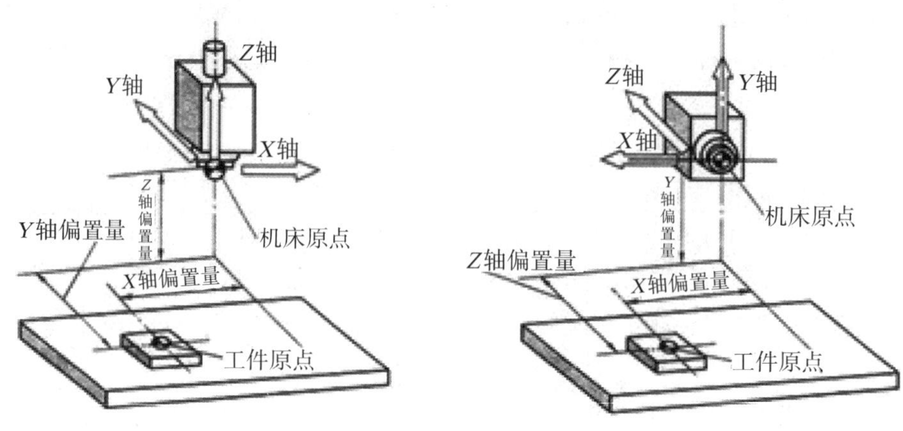

图 9–11　机床坐标系与工件坐标系的关系

9.2.3　程序结构

1. 准备功能指令（G 指令）

准备功能指令由字符 G 和其后的两位数字组成，其主要功能是规定刀具和工件的相对运动轨迹、机床坐标系、坐标平面、刀具补偿、坐标偏置等多种加工操作。G 指令的有关规定和含义见表 9–1。

表 9–1　FANUC 加工中心常用 G 代码功能表

G代码	组	功能	G代码	组	功能
G00	1	快速定位（快速移动）	G43	08	刀具长度正补偿
G01		直线插补（切削进给）	G44		刀具长度负补偿
G02		顺时针圆弧插补	G49		取消刀具长度补偿
G03		逆时针圆弧插补	G54~G59	14	工作坐标系
G17	2	XY 平面选择	*G80	09	固定循环取消
G18		ZX 平面选择	G81		钻孔固定循环
G19		YZ 平面选择	G83		深孔钻孔固定循环
*G40	7	取消刀具半径补偿	G90	03	绝对坐标编程方式
G41		刀具半径左补偿	G91		相对坐标编程方式
G42		刀具半径右补偿	*G98	10	返回固定循环初始平面
			G99		返回固定循环 R 点平面

注：

①以上 G 代码均为模态指令。

模态指令是指代码一经程序段中指定，便一直有效，直到往后程序段中出现同组另一指令或被其他指令取消时才失效，否则保留作用继续有效，而且在以后的程序中使用时可省略不写。

②当机床电源打开或按重置键时，标有“*”符号的 G 代码被激活，即缺省状态。

2. 辅助功能指令(M指令)

辅助功能指令由字母M和其后的两位数字组成，主要用于完成加工操作时的数控机床辅助装置的接通和关断，如主轴转/停、切削液开/关、卡盘夹紧/松开、刀具更换等辅助动作。FANUC加工中心常用M代码功能见表9-2。

表9-2　FANUC加工中心常用M代码功能表

代码	功能	说明
M00	程序暂停	当执行有M00指令的程序段后,主轴旋转、进给切削液都将停止,重新按下(循环启动)键,继续执行后面程序段
M01	程序选择停止	功能与M00相同,但只有在机床操作面板上的(选择停止)键处于“ON”状态时,M01才执行,否则跳过才执行
M02	程序结束	放在程序的最后一段,执行该指令后,主轴停、切削液关、自动运行停,机床处于复位状态
M30	程序结束	放在程序的最后一段,除了执行M02的内容外,还返回到程序的第一段,准备下一个工件的加工
M03	主轴正转	用于主轴顺时针方向转动
M04	主轴反转	用于主轴逆时针方向转动
M05	主轴停止	用于主轴停止转动
M06	换刀	用于加工中心的自动换刀
M08	切削液开	用于切削液开
M09	切削液关	用于切削液关
M98	调用子程序	用于子程序
M99	子程序结束	用于子程序结束并返回主程序

3. 常用代码格式

(1)快速定位:G00

格式:G00　X_　Y_　Z_

功能:刀具以点位控制方式从当前所在位置快速移动到指令给出的目标位置。

说明:

1)X、Y、Z为快速定位终点，在G90绝对坐标编程时为终点在工件坐标系中的坐标，在G91相对坐标编程时为终点相对于起点的位移量。

2)G00一般用于加工前快速定位或加工后快速退刀。

3)为避免发生干涉，如刀具与工作台或者夹具发生碰撞，通常的做法是:不轻易三轴联动，一般先移动一个轴，再在其他两轴构成的面内联动。

如:进刀时，先在安全高度Z上，移动(联动)X、Y轴，再下移Z轴到工件附近。退刀时，先移动X-Y轴远离工件，再抬Z轴。

(2)直线插补:G01

格式:G01 X_ Y_ Z_ F_

功能:刀具以一定的进给速度从当前所在位置沿直线移动到指令给出的目标位置。

说明:

1)X、Y、Z表示终点坐标,在G90时为终点在工件坐标系中的坐标,在G91时为终点相对于起点的位移量。

2)F表示进给速度,实际进给速度等于指令速度F与进给速度修调倍率的乘积,加工中心默认单位mm/min。

(3)圆弧插补:G02、G03

格式:G02/G03 X_ Y_ R _

功能:G02为顺时针圆弧插补,指刀具按顺时针方向走圆弧;G03为逆时针圆弧插补,指刀具按逆时针方向走圆弧。

说明:

1)圆弧插补只能在某平面内进行,G17代码指定XY平面,省略时就被默认为是G17,如图9-12表示G02/G03的判断,G02为顺时针圆弧插补,G03为逆时针圆弧插补。顺时针或逆时针是从垂直于圆弧加工平面的第三轴的正方向看到的回转方向。

2)X_ Y_表示圆弧终点坐标,R表示圆弧半径。整圆不能用R编程,只能用I、J、K:圆心度小于等于180°,R取正值;圆心度大于180°,R取负值。

3)整圆编程格式为G02/G03 X_ Y_ I _J _;其中I、J表示圆心相对于圆弧起点的偏移量,计算方式是圆心坐标减去起点坐标。I表示X方向值,J表示Y方向值。

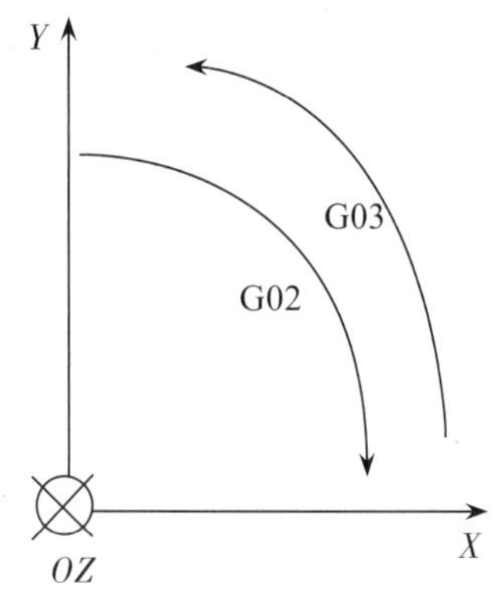

图9-12　*XY*平面圆弧插补

(4)刀具半径插补:G41、G42、G40

格式:G41/G42 D_ G01 X_ Y_

功能:G41指刀具半径左补偿;G42指刀具半径右补偿;G40指取消刀具半径补偿。

说明:

1)判断方法:站在刀具运动轨迹后方,判断刀具在工件左右,如图9-13所示。

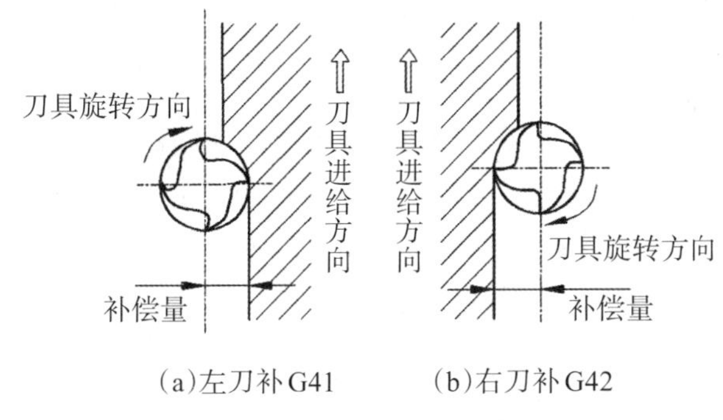

(a)左刀补G41　　(b)右刀补G42

图9-13　刀具半径补偿判断方法

2)从刀具寿命、加工精度、表面粗糙度而言,顺铣效果较好,因此G41使用较多。

3)D是刀补号地址,是系统中记录刀具半径的存储器地址,后面跟的数值是刀具号,用来调用内存中刀具半径补偿的数值。D01数值设置7.1,如图9-14所示。

FANUC Series O*i*-MF

刀偏　　O0001　N00000

号	形状(H)	磨耗(H)	形状(D)	磨耗(D)
001	0.000	0.000	7.100	0.000
002	0.000	0.000	0.000	0.000
003	0.000	0.000	0.000	0.000
004	0.000	0.000	0.000	0.000
005	0.000	0.000	0.000	0.000
006	0.000	0.000	0.000	0.000
007	0.000	0.000	0.000	0.000
008	0.000	0.000	0.000	0.000

相对坐标　X -397.423　Y -295.862　Z -47.022

A)_

S　0 L100%

THND　****　***　***　09:02:50

刀偏　设定　工件坐标系　(操作)　+

图9-14　刀具半径补偿界面

4)不能和G02、G03一起使用,只能和G00或G01一起使用(通常情况下和G01使用),且刀具必须移动(即启动刀径补正指令,必须在前一单节启动,且启动距离最少要大于刀具半径),取消刀具补偿同样有此要求。

5)G41、G42不能重复使用,即在一个程序段已有G41/G42指令或正在执行G41/G42的程序段,不能在下一个程序段直接使用G42/G41指令,若要使用,则必须先用G40取消后,再使用G41或G42功能。

6)在建立半径补偿程序段后,如果有两个以上程序段内无坐标轴(X、Y轴)移动指令,将会导致过切现象。

(5)刀具长度补偿:G43、G44、G49

格式:G43/G44　H_　Z_

功能:G43指刀具长度正补偿;G44指刀具长度负补偿;G49指取消刀具长度补偿。

说明:

1)示例:G43　H10　Z100,其中10表示补偿10号刀具长度在Z的零点正向100mm的位置。

2)刀具长度必须由标准长度测量仪测出。

3)刀具号在刀具参数里有准确的刀具长度。

4)G43补偿后一定要在下刀前检查刀具停止在Z方向的位置是否正确。

5)使用刀具长度补偿是通过执行含有G43(G44)和H指令来实现的,同时给出一个Z坐标值,刀具在补偿之后,移动到离工件表面距离为Z的位置。而G49是取消刀具长度指令,实际中可省略该指令,因为换刀时,利用G43(G44)中H指令赋予该刀长补偿,则自动取消了前一把刀具的长度补偿。

6)使用G43或G44指令刀长补正时,只能有Z轴的移动量,若有其他轴向的移动,则会出现警示画面。

7)G43、G44为持续有效机能,如欲取消刀长补正机能,则以G49或H00指令之。(G49:刀长补正取消,H00表示补正值为零)

8)G43 H_ Z_:补正号码内的数据为正值时,刀具向上补正,若为负值,刀具向下补正。

9)G44 H_ Z_:补正号码内的数据为正值时,刀具向下补正,若为负值,刀具向上补正。

(6)钻孔固定循环:G81、G80

G81:该循环用于通常的孔加工,如钻中心孔,钻较浅的孔。

格式:G81 X_Y_Z_R_F

孔加工动作如下:刀具沿着X 、Y轴快速定位后,快速到达R点平面,从R点平面到孔底Z点进行钻孔加工,最后刀具快速回到初始平面或R点平面,如图9-15所示。

G80:取消钻孔固定循环。

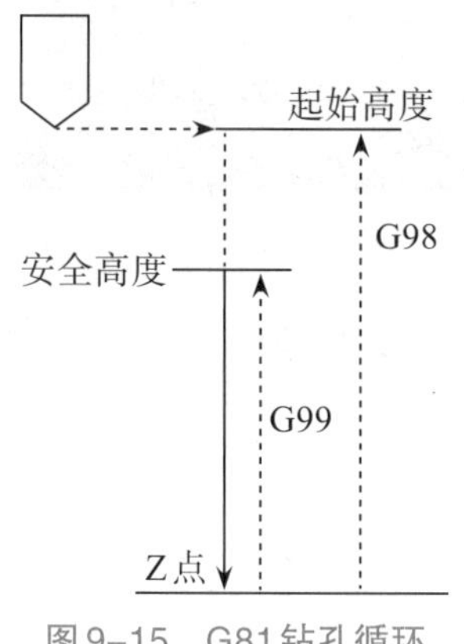

图9-15 G81钻孔循环

9.3 加工中心技能练习

9.3.1 加工中心安全操作规程

1.操作者要求

必须熟悉加工中心的结构、性能及传动系统、润滑部位、电气等基本知识和使用维护方法,操作者必须经过训练考核合格后,方可进行操作。

数控加工设备属贵重设备,使用者须经专门培训。参加加工中心技能训练的学生必须在指导教师指导下使用加工中心,且严格遵守操作规程。

操作前按规定穿防护服,袖口扣紧,严禁戴手套。女生必须戴好安全帽,辫子应放入帽内,不得穿短裤、裙子、拖鞋。

2. 工作前

要求检查润滑系统储油部位的油量是否符合规定;工作台、导轨及主要滑动面有无破坏;安全防护、制动(止动)和换向等装置是否齐全完好;操作阀门、开关等应处于非工作的位置上,灵活、准确、可靠;刀具是否处于非工作位置,刀具及刀片是否松动;电器配电箱是否关闭牢靠,电气接地是否良好。

3. 工作中

(1)坚守岗位,仔细操作,不做与工作无关的事,因事离开时要停车。

(2)按工艺规定进行加工,不得任意加大进刀量、切削速度,不准超规范、超负荷、超重使用设备。

(3)刀具、工件应装夹正确、紧固牢靠,装卸时不得碰伤设备。

(4)不准在设备主轴锥孔安装与其锥度或孔径不符、表面有刻痕和不清洁的顶针、刀套等。

(5)对加工的首件要进行动作检查和防止刀具干涉的检查,按"空运转"的顺序进行。

(6)保持刀具应及时更换。

(7)不得擅自拆卸机床上的安全防护装置,缺少安全防护装置的设备不准工作。

(8)机床运行过程中,工作台不得放置工具或其他无关物件,操作者应注意不要使刀具与工作台撞击。

(9)经常清除设备上的铁粉、油污,保持导轨面、滑动面、转动面、定位基准面清洁。

(10)密切注意设备运转情况、润滑情况,如发现动作失灵、震动、发热、爬行、噪声、异味、碰伤等异常现象,应立即停车检查,排除故障后,方可继续工作。

(11)设备发生事故时应立即按急停按钮,保持事故现场,报告维修部门分析处理。

(12)装卸及测量工件时,把刀具移到安全位置,主轴停转;要确认工件在卡紧状态下加工。

(13)使用快速进给时,应注意工作台面情况,以免刀具与夹具工作台干涉,发生事故。

(14)装卸大件等较重部件需多人搬运时,动作要协调,应注意安全,以免发生事故。

(15)在手动方式下操作机床,要防止主轴和刀具与设备或夹具相撞。操作设备电脑时,只允许单人操作,其他人不得触摸按键。

(16)自动加工中出现紧急情况时,立即按下复位或急停按钮。当显示屏出现报警号,要先查明报警原因,采取相应措施,取消报警后,再进行操作。

(17)设备开动前必须关好机床防护门,加工中心开动时不得随意打开防护门。

4. 工作后

(1)将工作台停在适当位置,机械操作阀门、开关等扳到非工作位置上。

(2)停止设备运转,切断电源、气源。

(3)清除铁屑,清扫工作现场,认真擦净加工中心机床,导轨面、转动及滑动面、定位基准面、工作台面等处加油保养。严禁使用带有木屑的脏棉纱揩擦机床,以免拉伤机床导轨面。

9.3.2 加工中心对刀操作

1.对刀的目的

对刀的目的是通过刀具或对刀工具确定工件坐标系与机床坐标系之间的空间位置关系,并将对刀数据输入到相应的出处位置。它是数控加工中最重要的操作内容,其准确度将直接影响零件的加工精度。

(1)对刀方法

根据现有条件和加工精度要求选择对刀方法,可采用试切法、寻边器对刀、机内对刀仪对刀、自动对刀等。其中试切法对刀精度较低,还会在工件表面留下痕迹。为了避免损坏工件表面,在刀具和工件之间插入塞尺来测量刀具位置。加工中常用寻边器和Z向设定器对刀,效率高,能保证对刀精度。

(2)对刀工具

1)寻边器

寻边器主要用于确定工件坐标系原点在机床坐标系中的X值、Y值,也可以测量工件的尺寸。寻边器有偏心式和光电式等类型,如图9-16所示,其中以光电式较为常用。光电式寻边器的测头一般为10mm的钢球,用弹簧拉紧在光电式寻边器的测杆上,碰到工件时测头可以退让,并将电路导通,发出光信号,通过光电式寻边器的指示和机床坐标位置即可得到被测表面的坐标位置。

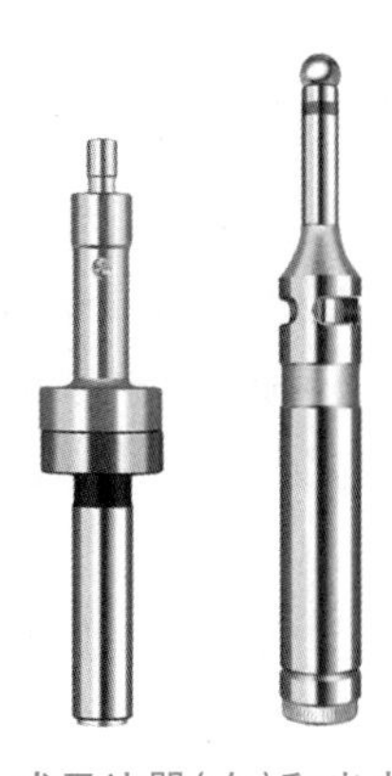

图9-16　偏心式寻边器(左)和光电式寻边器(右)

2)Z轴设定器

Z轴设定器主要用于确定工件坐标系原点在机床坐标系中的Z轴,或者说是确定刀具在机床坐标系中的高度。Z轴设定器有光电式和指针式等类型,如图9-17所示,通过光指针判断刀具与对刀器是否接触,对刀精度一般可达0.005mm。Z轴设定器带有电指示或磁性表座,可以牢固地附着在工件或夹具上,其高度一般为50mm或100mm。

图9-17　指针式Z轴设定器

对刀实例视频

2.对刀实例

以在方形工件上使用试切法找工件中心为例。

X轴:在手轮模式下,主轴正转,将刀具Z方向移动至工件一侧下方3~4mm处,移动X轴靠近工件,在刀具接触工件前,降低手轮倍率,刀具切削工件后停止移动,按下POS(坐标位置),按下屏幕下方软键(全部),记录机械坐标X值设为X1,沿Z轴正方向退刀。用同样方法接近工件另一侧,记录另一个X值设为X2。将两边记录后的X值相加除以二[(X1+X2)/2],得到的数据就是工件原点在机床坐标系的坐标值,填入G54中如图9-18所示位置中。

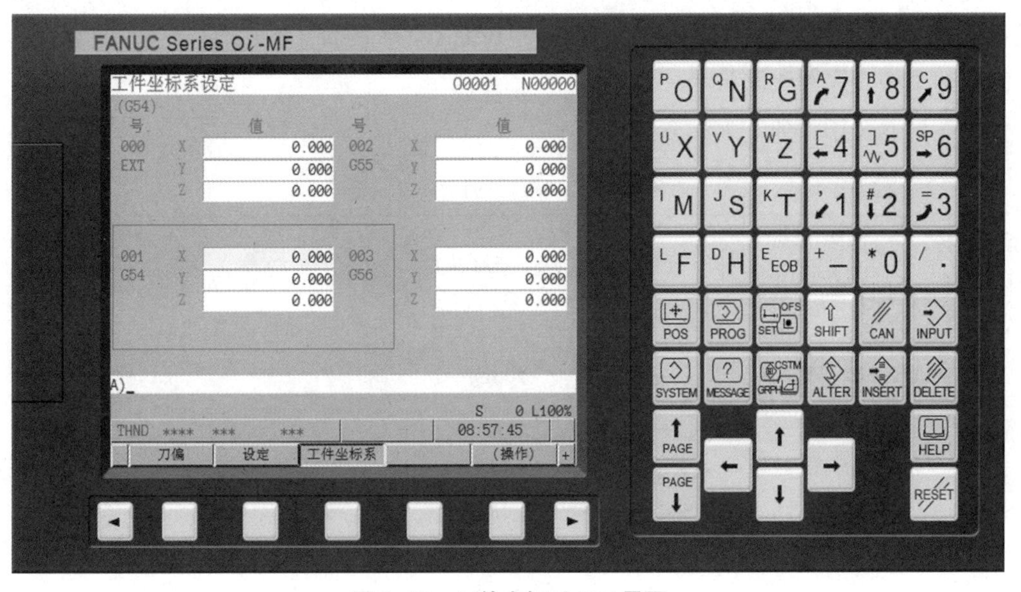

图9-18　工件坐标系G54界面

Y轴:与X轴同理。

Z轴:将刀具移至工件上方,主轴正转,让刀具快速移动到靠近工件上表面有一定安全距离的位置,然后降低速度移动让刀具端面接近工件上表面。让刀具端面慢慢接近工件表面,使刀具端面恰好碰到工件上表面,再将Z轴抬高0.01mm,记下此时机床坐标系中的Z值,填入G54坐标系。(Z轴对刀会破坏工件表面,尽量选择将刀具停在切除部分)

多把刀具Z轴对刀多采用刀具长度补偿,首先将G54坐标系Z设置为0,然后填入每把刀具对应长度补偿值内的Z轴对刀数据。

9.3.3 加工中心案例

例9-1 使用加工中心完成如图9-19所示零件，材料为6061铝块，毛坯尺寸为100mm×100mm×22mm。

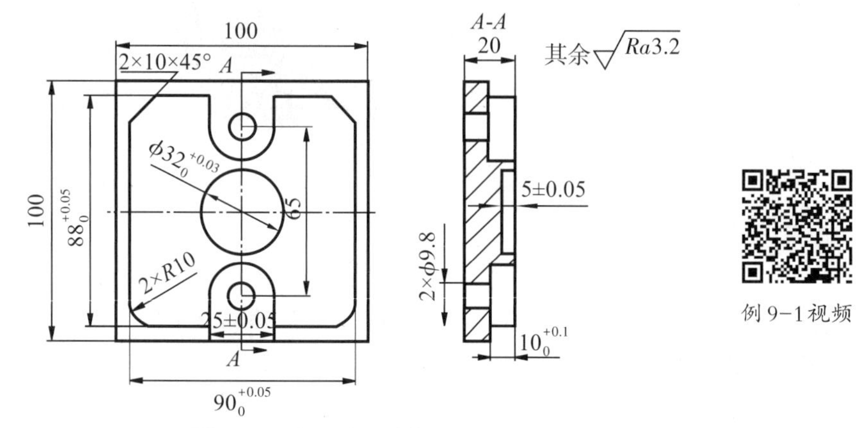

图9-19 加工中心实例一

1. 加工分析

此零件结构简单，由一个外轮廓、一个内轮廓和两个通孔组成，一次装夹完成轮廓和通孔加工，反面装夹控制高度，毛坯尺寸100mm×100mm不需要加工。

2. 加工中心实例一工艺卡

加工中心实例一加工工艺卡，见表9-3。

表9-3 加工中心实例一加工工艺卡

零件图号	图9-19	加工中心实例一加工工艺卡			毛坯材料	6061
机床型号	VM850				毛坯尺寸	100mm×100mm×22mm
刀具		量具			夹具、工具	
T1	φ14mm键槽铣刀	1	游标卡尺（0~150mm）		1	平口钳
T2	φ9.5mm麻花钻	2	深度尺		2	常用辅具
T3	φ63mm面铣刀					
工序	工序内容		切削用量			备注
			主轴转速/(r/min)	进给速度/(mm/min)	切削深度/mm	
1	开机、复位、回零					建立机床坐标系
2	分别将铣刀装进刀库					注意备注铣刀编号
3	使用平口钳装夹毛坯					保证伸出长度大于12mm，并注意毛坯装平夹紧
4	对刀操作					
5	手动编写，输入程序					表9-4

续表

零件图号	图9-19	加工中心实例一加工工艺卡		毛坯材料	6061
机床型号	VM850			毛坯尺寸	100mm×100mm×22mm
6	校验程序				工件坐标系Z方向设置抬高100,查看正确刀具路径图
7	手动铣平面	2000	100	0.5	
8	粗加工	2500	150	10	每次下刀深度2.5mm,分4次逐层加工,刀具半径补偿值设置7.1,留加工余量0.2mm
9	精加工	2500	150	10	测量并精加工,达到图示尺寸精度
10	调头装夹,手动铣平面	2500	100	1.5	保证高度20mm
11	去毛刺				锉刀处理
12	零件精度检验				
13	清理保养机床				

3.参考程序及注释

加工中心实例一参考程序及注释见表9-4。

参考程序视频

表9-4　加工中心实例一参考程序及注释

程序段	程序内容	备注
	00001;	程序名
NC0010	T1 M6	换刀操作,使用1号ϕ14mm键槽铣刀
NC0020	G90 G54 G00 X70 Y0;	使用G54工件坐标系
NC0030	M03 S2500;	主轴正转,转速2500r/min
NC0040	M08	切削液开
NC0050	G43 H01 Z100	使用刀具长度正补偿,1号刀具长度补偿
NC0060	Z5;	安全平面
NC0070	G01 Z-10 F150;	多次逐层铣削,最终深度10mm,进给量150mm/min
NC0080	G41 D01 X45;	使用刀具半径左补偿,1号刀具半径补偿
NC0090	Y-34;	加工节点
NC0100	G02 X35 Y-44 R10;	
NC0110	G01 X12.5;	
NC0120	Y-32.5;	
NC0130	G03 X-12.5 R12.5;	
NC0140	G01 Y-44;	

续表

程序段	程序内容	备注
NC0150	X-35;	加工节点
NC0160	G02 X-45 Y-34 R10;	
NC0170	G01 Y34;	
NC0180	X-35 Y44;	
NC0190	X-12.5;	
NC0200	Y32.5;	
NC0210	G03 X12.5 R12.5;	
NC0220	G01 Y44;	
NC0230	X35;	
NC0240	X45 Y34;	
NC0250	Y0;	
NC0260	G40 X70;	取消刀具半径补偿至起刀点
NC0270	G00 Z100;	
NC0280	G90 G54 G00 X0 Y0;	
NC0290	M03 S2500;	
NC0300	M08	
NC0310	G43 H01 Z100	
NC0320	Z5;	
NC0330	G01 Z-5 F150;	
NC0340	G41 D01 X16;	
NC0350	G03 I-16;	整圆加工
NC0360	G40 G01 X0;	
NC0370	G00 Z100;	
NC0380	T2 M6	换刀操作,使用2号ϕ9.8mm的钻头
NC0390	G90 G54 G00 X0 Y32.5;	
NC0400	M03 S1500;	主轴正转,转速1500r/min
NC0410	M08;	
NC0420	G43 H02 Z100	使用刀具长度正补偿,2号刀具长度补偿
NC0430	Z5;	
NC0440	G81 Z-20 F150;	钻孔循环
NC0450	Y-32.5;	
NC0460	G80;	钻孔循环取消
NC0470	G00 Z100;	
NC0480	M30;	程序结束并返回程序头

例9-2 使用加工中心完成如图9-20所示零件，材料为6061铝块，毛坯尺寸为100mm×100mm×22mm。

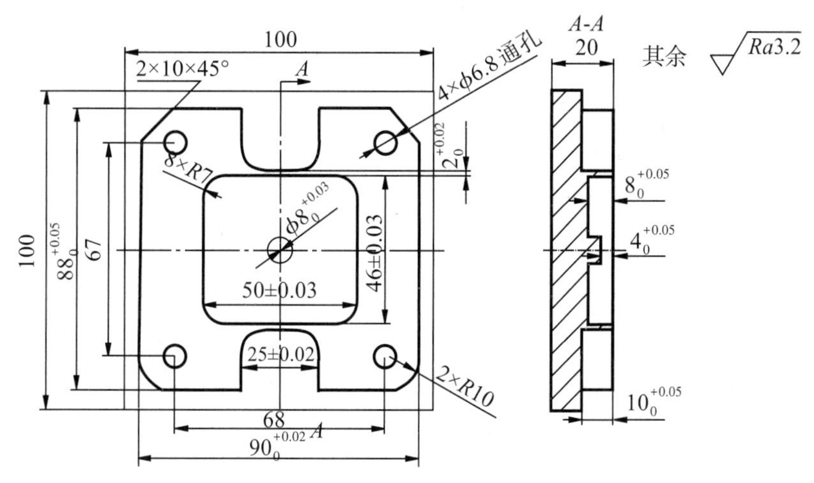

图9-20 加工中心实例二

1.加工分析

此零件由三个轮廓和四个通孔组成，内轮廓中有$\phi 8$的凸台岛屿，高度为4mm，需注意刀具路径设计时不能过切。一次装夹完成轮廓和通孔加工，反面装夹控制高度，毛坯尺寸100mm×100mm不需要加工。

2.加工中心实例二工艺卡

加工中心实例二加工工艺卡，见表9-5。

表9-5 加工中心实例二加工工艺卡

<table>
<tr><td>零件图号</td><td>图9-20</td><td colspan="3" rowspan="2">加工中心实例二加工工艺卡</td><td>毛坯材料</td><td>6061</td></tr>
<tr><td>机床型号</td><td>VMC850</td><td>毛坯尺寸</td><td>100mm×100mm×22mm</td></tr>
<tr><td colspan="2">刀具</td><td colspan="3">量具</td><td colspan="2">夹具、工具</td></tr>
<tr><td>T1</td><td>φ14mm键槽铣刀</td><td>1</td><td colspan="2">游标卡尺(0~150mm)</td><td>1</td><td>平口钳</td></tr>
<tr><td>T2</td><td>φ6.8mm麻花钻</td><td rowspan="2">2</td><td colspan="2" rowspan="2">深度尺</td><td rowspan="2">2</td><td rowspan="2">常用辅具</td></tr>
<tr><td>T3</td><td>φ63mm面铣刀</td></tr>
<tr><td rowspan="2">工序</td><td colspan="2" rowspan="2">工序内容</td><td colspan="3">切削用量</td><td rowspan="2">备注</td></tr>
<tr><td>主轴转速/(r/min)</td><td>进给速度/(min/min)</td><td>切削深度/mm</td></tr>
<tr><td>1</td><td colspan="2">开机、复位、回零</td><td></td><td></td><td></td><td>建立机床坐标系</td></tr>
<tr><td>2</td><td colspan="2">分别将铣刀装进刀库</td><td></td><td></td><td></td><td>注意备注铣刀编号</td></tr>
<tr><td>3</td><td colspan="2">使用平口钳装夹毛坯</td><td></td><td></td><td></td><td>保证伸出长度大于12mm，并注意毛坯装平夹紧</td></tr>
<tr><td>4</td><td colspan="2">对刀操作</td><td></td><td></td><td></td><td></td></tr>
<tr><td>5</td><td colspan="2">手动编写，输入程序</td><td></td><td></td><td></td><td>表9-6</td></tr>
</table>

续表

零件图号	图9-20	加工中心实例二加工工艺卡		毛坯材料	6061
机床型号	VMC850			毛坯尺寸	100mm×100mm×22mm
6	校验程序				工件坐标系Z方向设置抬高100,查看正确刀具路径图
7	手动铣平面	2000	100	0.5	
8	粗加工	2500	150	10	每次下刀深度2.5mm,分4次逐层加工,刀具半径补偿值设置7.1,留加工余量0.2mm
9	精加工	2500	150	10	测量并精加工,达到图示尺寸精度
10	调头装夹,手动铣平面	2500	100	1.5	保证高度20mm
11	去毛刺				锉刀处理
12	零件精度检验				
13	清理保养机床				

3.参考程序及注释

加工中心实例二参考程序及注释,见表9-6。

表9-6 加工中心实例二参考程序及注释

加工内容	程序段	程序内容	备注
		O0001;	程序名
外轮廓	NC0010	T1 M6	换刀操作,使用1号ϕ14mm键槽铣刀
	NC0020	G90 G54 G00 X70 Y0;	
	NC0030	M03 S2500;	主轴正转,转速2500r/min
	NC0040	M08	切削液开
	NC0050	G43 H01 Z100	
	NC0060	Z5;	
	NC0070	G01 Z-10 F150;	下刀深度10mm,进给量150mm/min
	NC0080	G41 D01 X45;	使用刀具半径左补偿,1号刀具半径补偿
	NC0090	Y-34;	加工节点
	NC0100	G02 X35 Y-44 R10;	
	NC0110	G01 X12.5;	
	NC0120	Y-32;	
	NC0130	G03 X5.5 Y-25 R7;	
	NC0140	G01 X-5.5;	
	NC0150	G03 X-12.5 Y-32 R7;	
	NC0160	G01 Y-44;	
	NC0170	X-35;	

续表

加工内容	程序段	程序内容	备注
外轮廓	NC0180	G02 X-45 Y-34 R10；	加工节点
	NC0190	G01 Y34；	
	NC0200	X-35 Y44；	
	NC0210	X-12.5；	
	NC0220	Y32；	
	NC0230	G03 X-5.5 Y25 R7；	
	NC0240	G01 X5.5；	
	NC0250	G03 X12.5 Y32 R7；	
	NC0260	G01 Y44；	
	NC0270	X35；	
	NC0280	X45 Y34；	
	NC0290	Y0；	
	NC0300	G40 X70；	取消刀具半径补偿至起刀点
	NC0310	G00 Z100；	
内轮廓	NC0320	G90 G54 G00 X12 Y0；	
	NC0330	M03 S2500；	
	NC0340	M08	
	NC0350	G43 H01 Z100	
	NC0360	Z5；	
	NC0370	G01 Z-5 F150；	
	NC0380	G41 D01 X25；	
	NC0390	Y16；	
	NC0400	G03 X18 Y23 R7；	
	NC0410	G01 X-18；	
	NC0420	G03 X-25 Y16 R7；	
	NC0430	G01 Y-16；	
	NC0440	G03 X-18 Y-23 R7；	
	NC0450	G01 X18；	
	NC0460	G03 X25 Y-16 R7；	
	NC0470	G01 Y0；	
	NC0480	G40 X12；	
	NC0490	G00 Z100；	
ϕ8圆台	NC0500	G90 G54 G00 X15 Y0；	起刀点
	NC0510	M03 S2500；	

续表

加工内容	程序段	程序内容	备注
φ8圆台	NC0520	M08	
	NC0530	G43 H01 Z100	
	NC0540	Z5;	
	NC0550	G01 Z-5 F150;	
	NC0560	G41 D01 X4;	
	NC0570	G02 I-4;	整圆加工
	NC0580	G40 G01 X15;	
	NC0590	G00 Z100;	
	NC0600	T2 M6	换刀操作,使用2号φ6.8mm麻花钻
孔	NC0610	G90 G54 G00 X34 Y33.5;	
	NC0620	M03 S1500;	主轴正转,转速1500r/min
	NC0630	M08;	
	NC0640	G43 H02 Z100	
	NC0650	Z5;	
	NC0660	G81 Z-20 F150;	钻孔循环
	NC0670	Y-33.5;	
	NC0680	X-34;	
	NC0690	Y33.5;	
	NC0700	G80;	钻孔循环取消
	NC0710	G00 Z100;	
	NC0720	M30;	程序结束并返回程序头

第10章 线切割技能训练

10.1 线切割加工概述

10.1.1 线切割加工原理

线切割基于电火花熔蚀原理，以移动着的金属丝（钼丝或铜丝）作电极，接脉冲电源的负极，工件通过绝缘板安装在工作台上，接脉冲电源的正极，中间注入工作液，在电极丝与工件之间产生火花放电熔蚀，工作台带动工件按所要求的形状运动，从而达到加工的目的。若使电极丝相对工件进行有规律的倾斜运动，还可以切割出带锥度的工件，如图10-1所示。

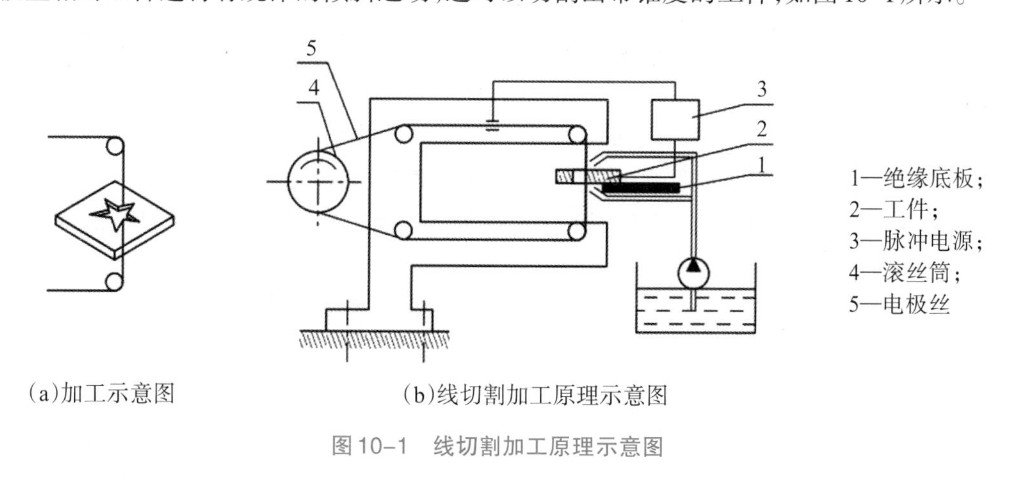

（a）加工示意图　　（b）线切割加工原理示意图

图10-1　线切割加工原理示意图

10.1.2 线切割加工的应用

线切割加工为新产品试制、精密零件加工及模具制造开辟了一条新的工艺途径，主要应用范围包括以下几个方面。

（1）模具加工。电火花线切割加工时，调整不同的偏移补偿值，只需一次编程就可以切割凸模、凸模固定板、凹模及卸料板等。模具配合间隙、加工精度通常都能达到0.01~0.02mm（快走丝）和0.002~0.005mm（慢走丝）的要求。此外，还可加工挤压模、粉末冶金模、弯曲模、塑压模等，也可加工带锥度的模具。

（2）切割电火花成形加工用的电极。一般穿孔加工用的电极和带锥度型腔加工用的电极以及铜钨、银钨合金之类的电极材料，用线切割加工特别经济。同时也适用于加工细微复杂形状的电极。

(3)难加工零件的加工。凸轮、样板、成形刀具及精密狭槽等微型零件的加工中,利用机械切削加工很困难,采用电火花线切割加工则比较合适。

(4)新产品试件的加工。新产品试制时,用线切割在板料上直接割出零件。由于不需另行制造模具,可大大缩短制造周期,降低成本。

(5)贵重金属的下料。由于线切割加工用的电极丝尺寸比切削刀具尺寸小,故可用它切割薄片和贵重金属材料。

10.1.3 线切割加工的优缺点

1.加工对象不受硬度的限制,可用于一般切削方法难以加工或者无法加工的金属材料和半导体材料,特别适合淬火工具钢、硬质合金等高硬度材料的加工,但无法加工非金属导电材料。

2.能加工细小、形状复杂的工件,由于电极丝直径最小可达0.01mm,所以能加工出窄缝、锐角(小圆角半径)等细微结构,不过无法加工盲孔。

3.加工精度较高。由于电极丝是不断移动的,所以电极丝的磨损很小,目前电火花加工精度已经能达到μm级,完全可以满足一般精密零件的加工要求。

4.加工时产生的切缝窄,金属蚀除量少,有利于材料的再利用。

5.工件材料过厚时,工作液较难进入和充满放电间隙,会对加工精度和表面粗糙度造成影响。

6.加工过程中可能会在工件表面出现裂纹、变形等问题,加工之前应适当进行热处理和粗加工,消除材料性能和毛坯形状的缺陷,提高加工精度。

7.通过数控编程技术对工件进行加工,可对加工参数进行调整,易于实现自动加工。

10.2 线切割机床

10.2.1 线切割机床型号

线切割机床型号包括汉语拼音字母和阿拉伯数字两部分,代表机床类别、特性及基本参数。国标规定的数控电火花线切割机床的型号DK7732的含义如下:

D——机床类别代号,表示电加工机床;

K——机床特性代号,表示数控机床;

7——组代号,表示电火花加工机床;

7——系代号,表示快走丝线切割机床;

32——基本参数,表示机床横向行程为320mm。

10.2.2 线切割机床组成

数控线切割机床主要由机床本体、脉冲电源、数控系统、工作液循环系统和机床附件等组成,如图10-2所示。

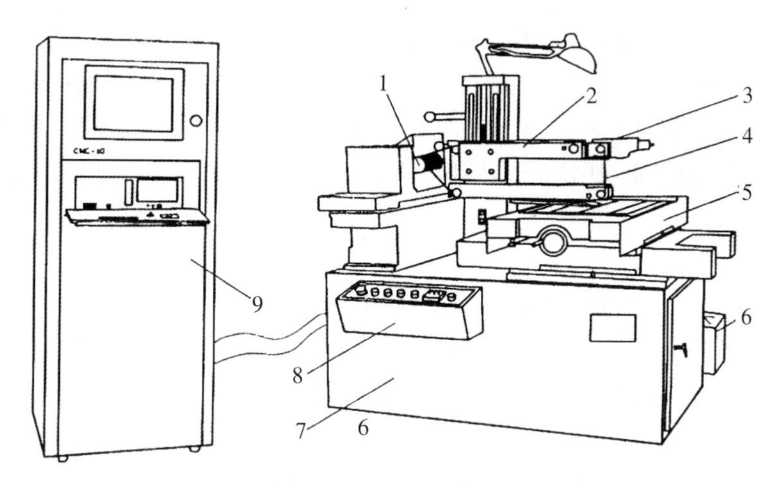

图10-2　线切割机床外观图

1—动丝筒；2—丝架；3—锥度装置；4—电极丝；5—工作台；6—工作液箱；7—床身；8—操纵盒；9—控制柜

1.机床本体

数控线切割机床的机床本体主要由床身、工作台、运丝机构和丝架组成。

(1)床身：床身主要用于支承工作台、动丝筒及丝架，一般为铸件，有足够的强度和刚度，通常采用箱式结构。

(2)工作台：工作台主要用于支承和装夹工件。工作台由十字拖板、滚动导轨、丝杠传动副、齿轮副等机构组成，由步进电动机驱动。

(3)运丝机构：运丝机构的作用是使电极丝以一定的张力和稳定的速度运动。电极丝均匀地缠绕在储丝筒上，电动机通过弹性联轴器带动储丝筒做正、反向交替转动，对于高速运丝机构要保证电极丝进行高速往复运动。

(4)丝架：丝架对电极丝起支撑作用，它与走丝机构组成了线切割机床的走丝系统。

2.脉冲电源

数控线切割机床的脉冲电源和电火花加工的脉冲电源相似，都是把普通的交流电转换成高频率的单向脉冲电源。线切割加工脉冲峰值电流受加工表面粗糙度和电极丝直径的限制，脉冲峰值电流一般在1~5A范围内。

在一定工艺条件下，增加脉冲宽度，使单个脉冲放电能量增加，可提高切割速度，但表面粗糙度值增加，同时电极丝损耗变大，脉冲宽度一般低于60μs。减少脉冲间隔，即提高脉冲频率，也可以提高切割速度。

3.数控系统

数控线切割机床数控系统的作用是控制加工轨迹和加工过程。轨迹控制是为了获得所需的工件形状和尺寸。加工过程控制是根据放电间隙大小与放电状态控制进给速度，保证进给速度与工件材料的蚀除速度平衡。

4.工作液循环及过滤系统

数控线切割机床的工作液循环及过滤系统主要由工作液箱、工作液泵、流量控制阀、进液管、回液管和过滤网罩组成，是为了能充分、连续地向加工区供给干净的工作液，及时排出电蚀产物，并对电极丝和工件进行冷却，保持脉冲放电过程稳定。线切割加工中应用的工作液种类很多，有煤油、乳化液、去离子水、蒸馏水和酒精等，一般低速走丝线切割机床的工作液采用最多的是去离子水，快速走丝线切割机床的工作液采用最多的是乳化液。

10.2.3 线切割机床分类

电火花线切割加工按控制方式分：靠模仿型控制、光电跟踪控制、数字程序控制及微机控制等；按脉冲电源形式分：RC电源、晶体管电源、分组脉冲电源及自适应控制电源等；按加工特点分：大、中、小型以及普通直壁切割型与锥度切割型等；按走丝速度分：慢速走丝和快速走丝。

线切割加工机床通常按电极丝的走丝速度分为快走丝线切割机床（走丝速度一般为8~10m/s）和慢走丝线切割机床（走丝速度低于0.2m/s）。快慢速走丝数控线切割机床的加工特点如表10-1所示。

表10-1 快慢速走丝数控线切割机床的加工特点

项目	类型	
	快速走丝	慢速走丝
走丝速度/(m/s)	8~10	≤0.2
电极丝材料	钼丝、钨钼丝	黄铜丝、铜合金及其镀覆材料
精度保持	走丝抖动大，精度较难保持	走丝平稳，精度容易保持
电极丝的工作状态	循环重复使用	一次性使用
工作液	特制乳化油水溶液	去离子水
工作液绝缘强度/(kΩ×cm)	0.5~50	10~100
最高切割速度/(mm/min)	300	300（国外）
最高尺寸精度/mm	±0.01	±0.005
表面粗糙度/μm	0.63	0.16
数控装置	开环、步进电机形式	闭环、半闭环、伺服电机
程序形式	3B、4B程序，国际ISO代码程序	国际ISO代码程序

慢走丝电火花线切割加工可以达到比快走丝电火花线切割加工更高的加工精度，目前加工精度可以稳定达到±0.001mm；目前慢走丝电火花线切割加工广泛应用于精密冲模、粉末冶金压模、样板、成形刀具和特殊、精密零件的加工。

10.3　线切割编程加工

10.3.1　线切割编程

线切割编程根据工件几何图形，确定工艺流程，编写加工程序，可分手工编程和自动编程两类。

1. 手工编程

使用逐点比较法，能够控制加工同一平面上直线和圆弧组成的任何图形的工件。在我国数控慢走丝线切割通常采用 G(ISO)代码，而数控快走丝线切割编程指令一般用B代码，分为3B、4B和5B格式，其中3B格式最常见。

ISO代码格式：Nxxxx　Gxx　Xxxxxxx　Yxxxxxx　Ixxxxxx　Jxxxxxx

其中，N为程序段号，为1~4位数字顺序序号；G代表准备功能，与数控铣床代码类似；X、Y代表直线或圆弧终点坐标值，为1~6位数，以μm为单位；I、J为圆弧四圆弧起点的坐标值，以μm为单位。

3B指令格式：BX　BY　B　J　G　Z

其中，BX、BY为坐标指令字；BJ为计数长度指令字；G为计数方向指令字；Z为加工指令字。

2. 自动编程

对于形状轮廓较为复杂的线切割加工工件，通常采用CAM软件自动编程。目前线切割加工自动编程所使用的软件有很多，较为常用的主要有MasterCAM、Cimatron及CAXA等。

10.3.2　线切割工件装夹

1. 悬臂式装夹

装夹简单方便，通用性强。但由于工件平面难与工作平台找平，工件悬伸端易受力挠曲，易出现切割出的侧面与工件上、下平面间的垂直度误差。通常只在工件加工要求低或悬臂部分短的情况下使用，如图10-3所示。

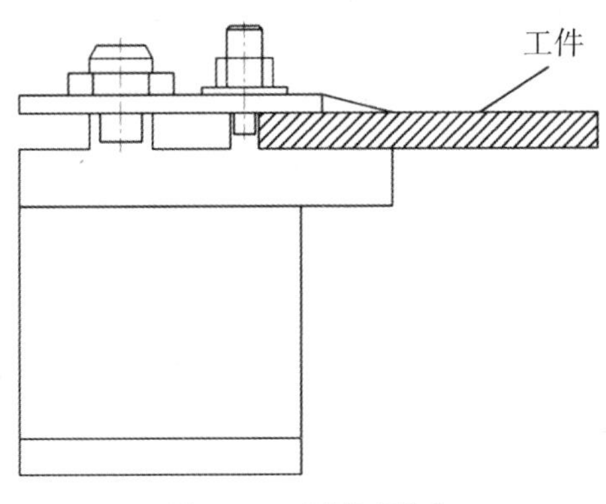

图10-3　悬臂式装夹

2. 两端支撑方式装夹

工件两端固定在两相对工作台面上,装夹简单方便,支撑稳定,定位精度高。但要求工件长度大于两工作台面的距离,不适合装夹小型工件,且工件刚性要好,中间悬空部不会产生挠曲,如图10-4所示。

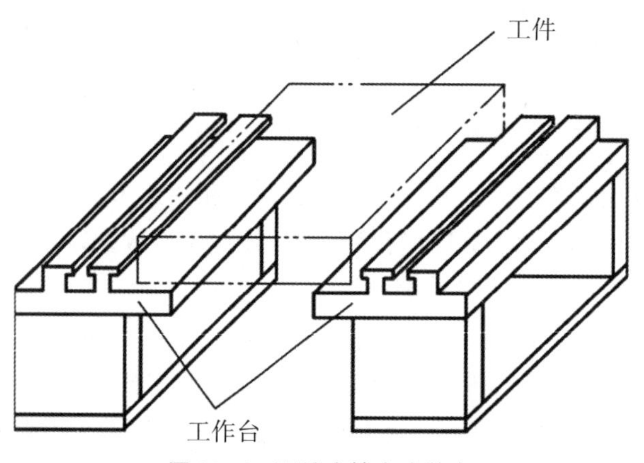

图10-4 两端支撑方式装夹

3. 桥式支撑方式装夹

在通用夹具上放置垫铁后,先在两端支撑的工作台面上架上两根支撑垫铁,再在垫铁上安装工件,垫铁的侧面也可做定位面使用。方便灵活,通用性强,对大、中、小型工件都适用,如图10-5所示。

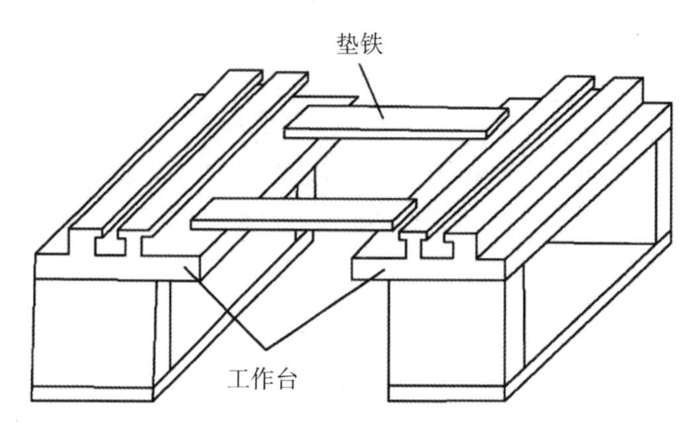

图10-5 桥式支撑方式装夹

4. 板式支撑方式装夹

根据常规工件的形状和尺寸大小,制成带各种矩形或圆形孔的平板作为辅助工作台,将工件安装在支撑板上。装夹精度高,适用于批量生产各种小型和异型工件。但无论切割型孔还是外形都需要穿丝,通用性也较差,如图10-6所示。

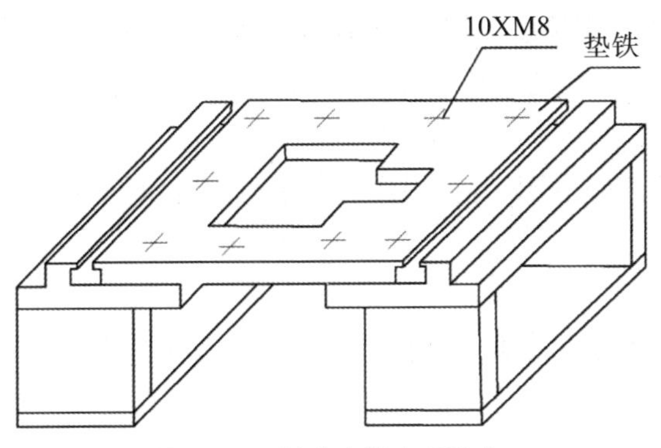

图10-6 板式支撑方式装夹

5.复式支撑方式装夹

在工作台面上装夹专用夹具并校正好位置，再将工件装夹于其中。对于批量加工可大大缩短装夹和校正时间，提高效率，如图10-7所示。

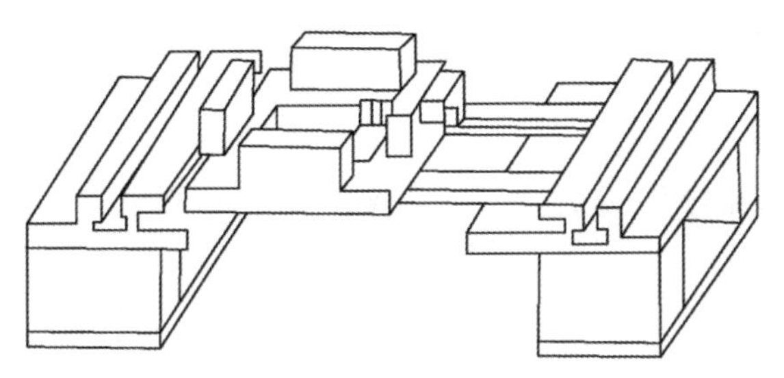

图10-7 复式支撑方式装夹

10.4 线切割加工练习

10.4.1 线切割安全操作规程

1.必须穿合身的工作服、戴工作帽，衣袖要扎紧，女同学必须把长发纳入帽内；禁止穿高跟鞋、拖鞋、凉鞋、裙子、短裤及戴围巾。

2.开机前应按设备润滑要求，对机床有关部位注油润滑。

3.恰当选取加工参数，按规定顺序进行操作，防止造成断丝等故障。

4.加工前应检查工件的位置是否安装正确，防止碰撞丝架和因超程撞坏丝杠、螺母等传动部件。

5.为了防止切割过程中工件爆裂伤人，加工之前应安装好防护罩。

6.机床附近不得放置易燃易爆物品，防止因工作液一时供应不足产生的放电火花引起事故。

7.在检修机床、电器、加工电源、控制系统时，应切断电源，防止触电和损坏电路元件。

8.开启电源后，不可用手或手持的导电工具同时接触加工电源的两输出端（钼丝与工件），以防触电。

9.禁止用湿手按开关或接触电器部分,防止工作液等导电物进入电器部分。一旦发生因电器短路造成的火灾,应首先切断电源,立即用四氯化碳、干冰等合适的灭火器灭火,严禁用水灭火。

10.操作结束后,要切断电源,清扫工作台表面的铁屑和场地卫生。

10.4.2 线切割加工案例

例 10-1 在电火花线切割机上加工如图 10-8 所示零件,材料为 Q235,毛坯尺寸为 70mm×30mm×7mm。

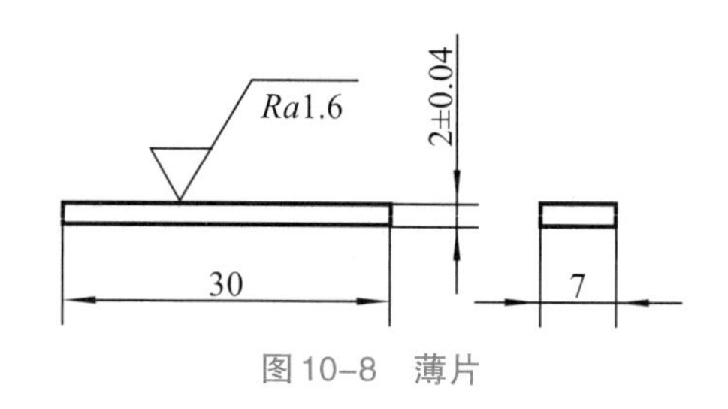

图 10-8 薄片

1.加工分析

此零件属于典型基础零件,采用悬臂式装夹,压板螺栓固定,一次装夹完成零件加工。

2.薄片加工工艺卡

薄片加工工艺卡,见表 10-2。

表 10-2 薄片加工工艺卡

<table>
<tr><td>零件图号</td><td>图 10-8</td><td colspan="3" rowspan="2">薄片加工工艺卡</td><td colspan="2">毛坯材料</td><td>Q235</td></tr>
<tr><td>机床型号</td><td>DK7732</td><td colspan="2">毛坯尺寸</td><td>70mm×30mm×7mm</td></tr>
<tr><td colspan="2">刀具</td><td colspan="3">量具</td><td colspan="3">夹具、工具</td></tr>
<tr><td colspan="2" rowspan="2">ϕ0.18mm 钼丝</td><td>1</td><td colspan="2">游标卡尺(0~150mm)</td><td>1</td><td colspan="2">压板螺栓</td></tr>
<tr><td>2</td><td colspan="2">外径千分尺(0~25mm)</td><td>2</td><td colspan="2">垫片若干</td></tr>
<tr><td rowspan="2">工序</td><td colspan="2" rowspan="2">工序内容</td><td colspan="3">切削用量</td><td colspan="2" rowspan="2">备注</td></tr>
<tr><td>主轴转速/(r/min)</td><td>进给速度/(mm/min)</td><td>背吃刀量/mm</td></tr>
<tr><td>1</td><td colspan="2">确定加工路线</td><td></td><td></td><td></td><td colspan="2"></td></tr>
<tr><td>2</td><td colspan="2">对刀</td><td></td><td></td><td></td><td colspan="2"></td></tr>
<tr><td>3</td><td colspan="2">退出工件</td><td></td><td></td><td></td><td colspan="2"></td></tr>
<tr><td>4</td><td colspan="2">进给相应尺寸</td><td></td><td></td><td></td><td colspan="2"></td></tr>
<tr><td>5</td><td colspan="2">加工</td><td></td><td></td><td></td><td colspan="2"></td></tr>
</table>

例 10-2　在电火花线切割机上加工如图 10-9 所示样板零件，材料为 Q235，毛坯尺寸为 70mm×50mm×7mm。

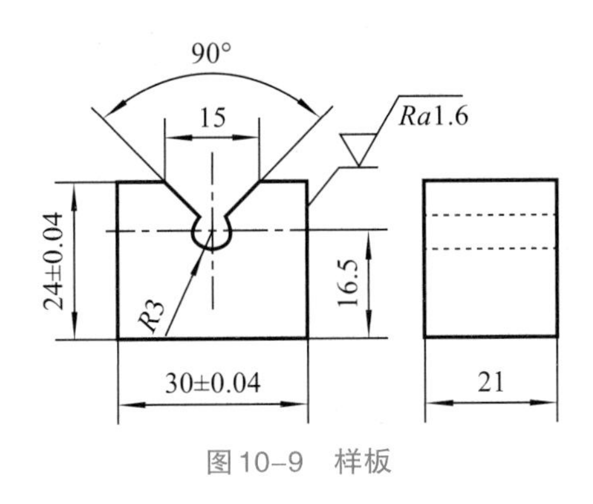

例 10-2视频

图 10-9　样板

1. 加工分析

此零件属于典型样板零件，采用悬臂式装夹，压板螺栓固定，一次装夹完成零件加工，加工路径如图 10-10 所示。

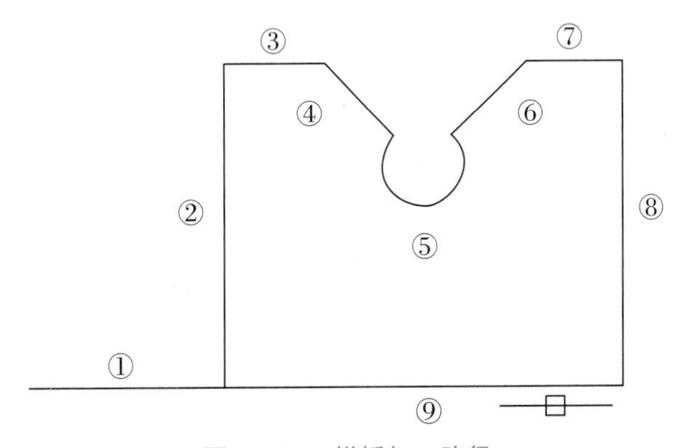

图 10-10　样板加工路径

2. 样板加工工艺卡

样板加工工艺卡见表 10-3。

表 10-3　样板加工工艺卡

<table>
<tr><td>零件图号</td><td>图 10-9</td><td colspan="3" rowspan="2">样板加工工艺卡</td><td>毛坯材料</td><td>Q235</td></tr>
<tr><td>机床型号</td><td>DK7732</td><td>毛坯尺寸</td><td>70mm×50mm×7mm</td></tr>
<tr><td colspan="2">刀具</td><td colspan="3">量具</td><td colspan="2">夹具、工具</td></tr>
<tr><td colspan="2" rowspan="2">ϕ0.18mm 钼丝</td><td>1</td><td colspan="2">游标卡尺（0~150mm）</td><td>1</td><td>压板螺栓</td></tr>
<tr><td>2</td><td colspan="2">外径千分尺（0~25mm）</td><td>2</td><td>垫片若干</td></tr>
<tr><td rowspan="2">工序</td><td colspan="2" rowspan="2">工序内容</td><td colspan="3">切削用量</td><td rowspan="2">备注</td></tr>
<tr><td>主轴转速/（r/min）</td><td>进给速度/（mm/min）</td><td>背吃刀量/mm</td></tr>
</table>

续表

零件图号	图10-9	样板加工工艺卡		毛坯材料	Q235
机床型号	DK7732			毛坯尺寸	70mm×50mm×7mm
1	确定加工路线,起始点A点加工路线,按照图10-10所示的①②③……⑨进行				
2	计算坐标系				
3	填写程序单				
4	按程序表进行加工				

3. 参考程序及注释

外轮廓加工的参考程序及注释,见表10-4。

表10-4 外轮廓加工的参考程序及注释

程 序	注 释
G92 X-5000 Y0	起始点坐标
G90	绝对坐标编程
G01 X0 Y0	路线①
G41	左补偿
G01 X0 Y8000	路线②
G01 X2500 Y8000	路线③
G01 X4293 Y6207	路线④
G03 X5707 Y6207 I707 J707	路线⑤
G01 X7500 Y8000	路线⑥
G01 X10000 Y8000	路线⑦
G01 X10000 Y0	路线⑧
G01X0 Y0	路线⑨
G40	取消刀补
M99	程序结束

参考文献

[1]沈坚,周建华,刘新佳.金工实习[M].北京:电子工业出版社,2020.
[2]张学军.工程训练与创新[M].北京:人民邮电出版社,2020.
[3]陈昌华.工程训练指导教程[M].北京:机械工业出版社,2019.
[4]毕海霞,王伟,郑红伟.工程训练[M].北京:机械工业出版社,2019.
[5]黄明宇.金工实习:冷加工[M].北京:机械工业出版社,2019.
[6]张玉华,杨树财.工程训练实用教程[M].北京:机械工业出版社,2017.
[7]孙涛,陈本德.工程训练[M].西安:西安电子科技大学出版社,2015.
[8]朱华炳,田杰.工程训练简明教程[M].北京:机械工业出版社,2015.
[9]张木青,于兆勤.机械制造工程训练[M].2版.广州:华南理工大学出版社,2007.
[10]孙以安,陈茂贞.金工实习教学指导[M].上海:上海交通大学出版社,1998.